Oeldorf/Olfert
Kompakt-Training
Material-Logistik

Kompakt-Training
Praktische Betriebswirtschaft
Herausgeber Professor Klaus Olfert

www.kiehl.de

Material-Logistik

Von
Prof. Dipl.-Kfm. Gerhard Oeldorf und
Prof. Dipl.-Kfm. Klaus Olfert

5., erweiterte Auflage

Herausgeber:
Prof. Klaus Olfert
76530 Baden-Baden

ISBN 978-3-470-**53345**-2 · 5., erweiterte Auflage 2015

© NWB Verlag GmbH & Co. KG, Herne 2004

Kiehl ist eine Marke des NWB Verlags

Satz: SATZ-ART Prepress & Publishing GmbH, Bochum
Druck: Griebsch & Rochol Druck GmbH & Co. KG, Hamm

Kompakt-Training Praktische Betriebswirtschaft

Das Kompakt-Training Praktische Betriebswirtschaft ist aus der Notwendigkeit entstanden, dass Wissen immer häufiger unter erheblichem Zeit- und Erfolgsdruck erworben oder reaktiviert werden muss. Den vielfältigen betriebswirtschaftlichen Fakten und Zusammenhängen, die aufzunehmen sind, stehen eng begrenzte Zeitbudgets gegenüber.

Die vorliegende Fachbuchreihe ist darauf ausgerichtet, die Leser darin zu unterstützen, rasch und fundiert in die verschiedenen betriebswirtschaftlichen Themenbereiche einzudringen sowie diese aufzufrischen. Sie eignet sich in besonderer Weise für:

► Studierende an Fachhochschulen, Akademien und Universitäten

► Fortzubildende an öffentlichen und privaten Bildungsinstitutionen

► Fach- und Führungskräfte in Unternehmen und sonstigen Organisationen.

Das Kompakt-Training Praktische Betriebswirtschaft ist auch zum Selbststudium sehr gut geeignet, nicht zuletzt wegen seiner herausragenden Gestaltungsmerkmale. Jeder einzelne Band der Fachbuchreihe zeichnet sich u. a. aus durch:

► kompakte und praxisbezogene Darstellung

► systematischen und lernfreundlichen Aufbau

► viele einprägsame Beispiele, Tabellen, Abbildungen

► 50 praxisbezogene Übungen mit Lösungen

► MiniLex mit 150 bis 200 Stichworten.

Für Anregungen, die der weiteren Verbesserung dieses Lernkonzeptes dienen, bin ich dankbar.

Prof. Klaus Olfert
Herausgeber

Feedbackhinweis

Kein Produkt ist so gut, dass es nicht noch verbessert werden könnte. Ihre Meinung ist uns wichtig. Was gefällt Ihnen gut? Was können wir in Ihren Augen verbessern? Bitte schreiben Sie einfach eine E-Mail an: **feedback@kiehl.de**

Als kleines Dankeschön verlosen wir unter allen Teilnehmern einmal pro Monat ein Buchgeschenk!

Vorwort zur 5. Auflage

Im Rahmen der Material-Logistik werden logistische und materialwirtschaftliche Gestaltungselemente zusammengefasst. Dementsprechend stellt sie eine konsequent unter logistischen Aspekten gestaltete Materialwirtschaft dar.

Die Material-Logistik umfasst sämtliche Aufgaben, welche die räumliche, zeitliche und mengenmäßige Bereitstellung der Materialien durch die Lieferanten, ihre Zuführung zum und ihren Einsatz im Produktionsprozess sowie ihre Verteilung an die Kunden bzw. Abnehmer betreffen. Dementsprechend werden im vorliegenden Buch in acht Kapiteln behandelt:

- ► Grundlagen
- ► Bedarfs-Logistik
- ► Bestands-Logistik
- ► Beschaffungs-Logistik
- ► Produktions-Logistik
- ► Lager-Logistik
- ► Distributions-Logistik
- ► Entsorgungs-Logistik.

Die Material-Logistik stellt in verständlicher Weise die Gegebenheiten und Problemstellungen dar, mit denen sich industrielle Unternehmen auseinanderzusetzen haben. Der Textteil enthält eine große Anzahl von Abbildungen, Tabellen und Beispielen. Er wird um 50 Aufgaben bzw. kleine Fälle (mit Lösungen) ergänzt sowie um einen umfänglichen lexikalischen Teil als „MiniLex".

Die Neuauflage wurde inhaltlich verbessert und aktualisiert, und sowohl der Aufgabenteil als auch das MiniLex wurden erweitert.

Gerne haben wir Anregungen der Leserinnen und Leser in der Neuauflage aufgegriffen. Wir danken dafür herzlich. Hinweise, die der Verbesserung des Buches dienen, sind uns auch künftig willkommen.

Prof. Klaus Olfert
Prof. Gerhard Oeldorf
Baden-Baden/Heidelberg, im Mai 2015

Benutzungshinweise

Aufgaben/Fälle

Die Aufgaben/Fälle im Übungsteil dienen der Wissens- und Verständniskontrolle. Auf sie wird jeweils im Textteil hingewiesen:

Aufgabe 1 > Seite 189

Aufgabe 2 > Seite 189

Der Übungsteil befindet sich am Ende des Buches. Es wird empfohlen, die Aufgaben/Fälle unmittelbar nach Bearbeitung der entsprechenden Textstellen zu lösen.

Aus Gründen der Praktikabilität und besseren Lesbarkeit wird darauf verzichtet, jeweils männliche und weibliche Personenbezeichnungen zu verwenden. So können z. B. Mitarbeiter, Arbeitnehmer, Vorgesetzte grundsätzlich sowohl männliche als auch weibliche Personen sein.

C. Bestands-Logistik

INHALTSVERZEICHNIS

G. Distributions-Logistik

A. Grundlagen

Unternehmen sind planmäßig organisierte Betriebswirtschaften, die dazu dienen, Güter bzw. Dienstleistungen zu beschaffen, zu verwerten, zu verwalten und abzusetzen. Sie können z. B. **Industrieunternehmen** sein, bei denen die Produktion von Sachgütern mithilfe ggf. vielfältiger Maschinen bzw. Anlagen im Vordergrund steht, oder **Handelsunternehmen**, die selbst keine Sachgüter fertigen, sondern vorrangig die Aufgabe übernehmen, die Distribution von Gütern zu bewirken.

Gleichgültig, ob Unternehmen industriell ausgerichtet sind, als Handelsunternehmen tätig werden oder sonstige Dienstleistungen anbieten, erfordert die Erbringung ihrer Leistungen, dass **Auszahlungen** dafür notwendig werden. Andererseits führt die erfolgreiche Verwertung ihrer Leistungen zu **Einzahlungen**. Unternehmen sind entsprechend durch zwei **Bereiche** geprägt:

► Den **Leistungs(wirtschaftlichen) Bereich**, in dem die Kombination der Produktionsfaktoren erfolgt, um die Leistungen herbeizuführen. **Produktionsfaktoren** sind:

Arbeit	Tätigkeit der Mitarbeiter zur Erfüllung von Aufgaben
Betriebsmittel	Sämtliche Einrichtungen und Anlagen des Unternehmens
Werkstoffe	Für den Leistungsprozess als Materialien benötigte Roh-, Hilfs-, Betriebsstoffe

In **industriellen Unternehmen** umfasst der Leistungsbereich den Materialbereich, Produktionsbereich und Marketingbereich. Er ist einerseits mit dem Beschaffungsmarkt und andererseits mit dem Absatzmarkt verbunden, zwischen denen **leistungswirtschaftliche Prozesse** ablaufen:

Der **Materialbereich** beschafft auf dem Beschaffungsmarkt die für die Produktion erforderlichen Werkstoffe und Zulieferteile, die daraufhin zu lagern und zu verteilen sind, ggf. aber auch das Produktionsprogramm ergänzende Waren. **Keine Aufgabe** des Beschaffungsbereiches ist die Beschaffung von Betriebsmitteln und Arbeitskräften. Da sie beträchtlich andere Merkmale aufweisen als Werkstoffe, befasst sich mit ihnen der Produktions- bzw. Personalbereich.

Der **Produktionsbereich** ist dafür zuständig, unter Einsatz der erforderlichen Betriebsmittel, z. B. Maschinen und Werkzeuge, die Bearbeitung und Verarbeitung der Werkstoffe durchzuführen. In industriellen Unternehmen stellen Sachgüter das Ergebnis des Produktionsprozesses dar. Dem **Marketingbereich** kommt die Aufgabe zu, die gefertigten Produkte und ggf. ergänzend die angebotenen Waren unter Einsatz marketingpolitischer Instrumente an die Kunden abzusetzen, d. h. die erstellten Leistungen zu verwerten.

▸ Der **Finanz(wirtschaftliche) Bereich** steht dem Leistungsbereich gegenüber. Er befasst sich mit den Einzahlungen und Auszahlungen, die so zu gestalten sind, dass die **Zahlungsfähigkeit** des Unternehmens nicht gefährdet wird. Wie gezeigt, werden die Zahlungen durch die Erstellung und Verwertung der Leistungen bewirkt.

Die **finanzwirtschaftlichen Prozesse** laufen – wie die leistungswirtschaftlichen Prozesse – zwischen dem Absatzmarkt und dem Beschaffungsmarkt ab, sind jedoch gegenläufig zu diesen:

Im Rahmen der **Material-Logistik** steht der leistungswirtschaftliche Prozess im Mittelpunkt der Betrachtung. In ihr werden logistische und materialwirtschaftliche Gestaltungselemente zusammengeführt, d. h. sie ist eine konsequent unter logistischen Aspekten gestaltete Materialwirtschaft.

Die einzelnen Leistungsprozesse werden anhand der Abläufe im Rahmen eines Auftrages schrittweise durchlaufen, um – beginnend bei den Werkstoffen – den Produktionsfortschritt in seinen einzelnen Logistikstufen aufzuzeigen.

Als Grundlagen der Material-Logistik sollen behandelt werden:

	Logistik
Grundlagen	Leistungsprozess
	Materialwirtschaft

Zunächst erfolgen demnach elementare Ausführungen zur Logistik, die sodann um besondere Aspekte der verschiedenen materialwirtschaftlichen Logistikbereiche sowie um grundlegende Aussagen zur Produktions-Logistik ergänzt werden. Im Anschluss daran werden wesentliche Aspekte des Leistungsprozesses dargestellt. Das Kapitel schließt mit einer Charakterisierung der Materialwirtschaft.

1. Logistik

Die Logistik ist die Summe aller Tätigkeiten, die sich mit der Planung, Steuerung und Kontrolle des gesamten Flusses innerhalb und zwischen Wirtschaftseinheiten befasst, der sich auf Materialien, Personen, Energie und Informationen bezieht.

Da die Logistik sich nicht nur mit Transportprozessen befasst, sondern auch Prozesse der Lagerung oder Speicherung sowie der zeitlichen Verfügbarkeit von Leistungen widerspiegelt, beinhaltet sie sowohl einen räumlichen Aspekt als auch einen zeitlichen Aspekt.

In den letzten Jahren wurde die Einbindung der Logistik in die Unternehmen **immer bedeutsamer**, da sich die Situation der Unternehmen drastisch verändert hat. Die Ursachen hierfür lagen vor allem im Umfeld der Unternehmen. Zu nennen sind vor allem:

- die Globalisierung der Märkte
- die Verschärfung des Wettbewerbs
- die Verkürzung der Produktlebenszyklen
- die Steigerung der Rohstoff- und Halbfabrikationspreise.

Der Anteil der **Logistikkosten** ist in den letzten Jahren stark gestiegen und beträgt in einigen Branchen inzwischen bis zu 30 % des Umsatzes. Hier liegt ein erhebliches Rationalisierungspotenzial, dessen sich die Unternehmen bedienen sollten. Um dies zu bewerkstelligen, müssen sie ein **geschlossenes Logistikkonzept** entwickeln bzw. nutzen, das es ermöglicht, Schwachstellen aufzudecken und die betrieblichen Prozesse zielgerichtet zu gestalten.

Die Logistik ist eine **Querschnittsfunktion**, die auf die Unternehmensziele ausgerichtet ist und drei betriebliche Funktionsbereiche miteinander verknüpft:

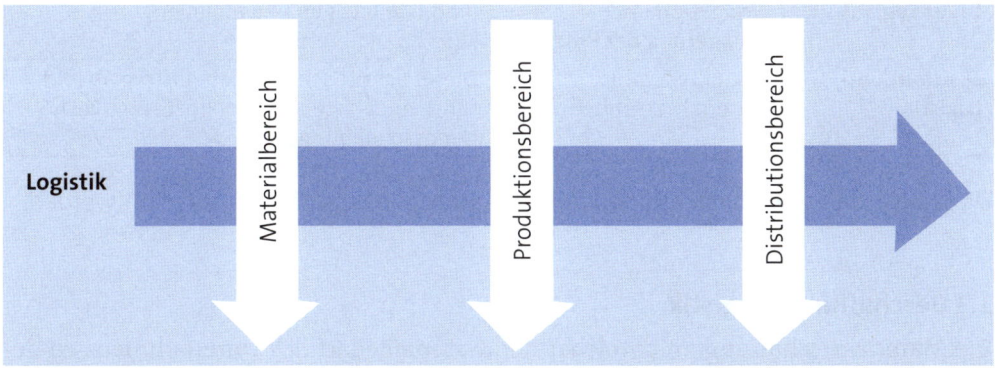

Immer häufiger wird zusätzlich auch von der **Entsorgungs-Logistik** gesprochen, bei welcher der Güterfluss in umgekehrter Richtung fließt. Dementsprechend sollen im Folgenden behandelt werden:

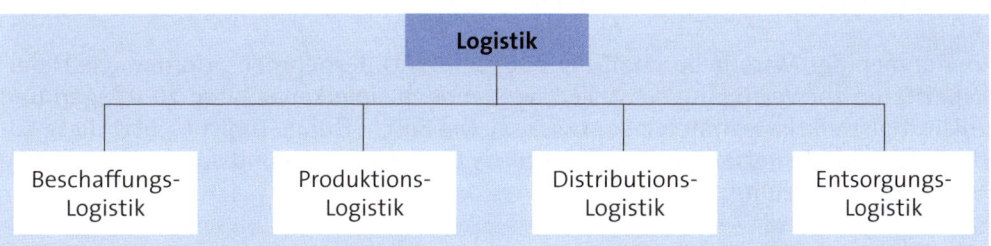

Die einzelnen Logistikbereiche werden im Rahmen der **Auftragsbearbeitung** durchlaufen und zeigen damit deren Abfolge in den einzelnen Prozessschritten. Ziel der Auftragsbearbeitung ist es, dabei sämtliche Daten zu erfassen und in eine Auftragsdatei einzupflegen. Die Auftragsbearbeitung erfolgt in folgenden **Schritten:**

| Auftrag annehmen | Erforderliches Material feststellen | Materialbestand abgleichen | Material bestellen | Produkt fertigen/ einlagern | Produkt versenden |

Die einzelnen Prozessschritte sind auf verschiedene **Logistik-Bereiche** gerichtet:

Erfassung des Kundenauftrags	Annahme des Kundenauftrags	Sämtliche Angaben des Kundenauftrags werden zu einem Fertigungsauftrag, in dem die relevanten Daten gespeichert werden. Eine Kreditprüfung des Kunden und eine Verfügbarkeitsprüfung folgen.
Bedarfs-Logistik	Feststellung des Materialbedarfs	Dies ist erforderlich, da notwendiges Auftragsmaterial geplant werden muss.
Bestands-Logistik	Abgleichung des Materialbestandes	Teile, die vorrätig sind, werden für den Auftrag reserviert. Teile, die reserviert sind, können evtl. umdisponiert werden.
Lager-Logistik	Produktion und Einlagerung der Produkte	Produkte fertigen und einlagern.
Distributions-Logistik	Produkte/Waren/ Material versenden	Dieser Schritt schließt den Auftrag ab und führt zu nachgelagerten Prozessen (Rechnungsschreibung).

Diese Schritte sollen in nachfolgenden Ausführungen detailliert untersucht werden.

1.1 Beschaffungs-Logistik

Die Materialbeschaffung, mit welcher der Materialbedarf des Unternehmens zu decken ist, befasst sich vor allem mit folgenden **Aufgaben:**

► Einholung und Auswertung von Angeboten

► Auswahl der Lieferanten

► Preisverhandlungen und Abschlüssen.

Im Rahmen der Materialbeschaffung gilt es, dem Unternehmen erforderliche Lieferkapazitäten zur Verfügung zu stellen, vorhandene Lieferkapazitäten zu pflegen und zukünftige Lieferkapazitäten zu entwickeln. Die Beschaffungs-Logistik nutzt diese Kapazitäten, um den erforderlichen Güterfluss herbeizuführen und sorgt damit für die Materialbereitstellung.

Einzelne beschaffungslogistische **Aufgaben** können z. B. sein:

- ► Bedarfsermittlung und Disposition
- ► Festlegen und Überwachen von Liefermengen und -terminen
- ► Festlegen von Verpackungs-, Transport- und Versandvorschriften
- ► Eingangskontrolle und Einlagerung
- ► Bestandsüberwachung.

Die Beschaffungs-Logistik hat einen Ausgleich zwischen der Forderung nach niedrigen Beständen und der Forderung nach ausreichender Versorgung der Fertigung herbeizuführen.

1.2 Produktions-Logistik

Die Produktion dient dazu, Produkte herzustellen. Um dies wirtschaftlich zu bewirken, bedarf es der Produktions-Logistik, zu deren **Aufgaben** zählen:

- ► innerbetrieblicher Transport und Bereitstellung
- ► Zwischenlagerung von Fertigungsmaterial, Teilen oder Baugruppen
- ► materialflussgerechte Fabrikstruktur
- ► Planung und Steuerung der Produktion.

Die Produktion hat die Kapazitäten im erforderlichen Umfang und mit entsprechender Flexibilität zur Verfügung zu stellen. Die optimale Nutzung der Kapazitäten wird mithilfe der Produktions-Logistik bewirkt. Dabei führt die unterschiedliche Anordnung bzw. Organisation der Fertigungsstellen, z. B. als Werkstatt-, Fließ-, Einzel-, Serien- oder Massenfertigung zu verschiedenartigen **Anforderungen** an die Produktions-Logistik.

Die Höhe der Bestände und die Auftragsdurchlaufzeit in der Fertigung hängen wesentlich von einer gut funktionierenden Planung und Steuerung sowohl der Fertigung als auch des innerbetrieblichen Transportes ab.

1.3 Distributions-Logistik

Die Distributions-Logistik befasst sich mit der optimalen Distribution der Produkte. Zu den **Aufgaben** der Absatz-Logistik lassen sich rechnen:

- ► Standortwahl der Distributionslager
- ► Lagerhaltung
- ► Auftragsabwicklung
- ► Verpackung und Kommissionierung
- ► Warenausgang und Transport
- ► Ersatzversorgung.

Die Distributions-Logistik bezieht sich vor allem auf:

▸ das **Fertigwarenlager**, dessen abzuwickelnde Tätigkeiten mit der Übernahme der Fertigerzeugnisse aus der Fertigung beginnen und mit der Bereitstellung für den Versand an den Kunden enden, z. B. als Disposition, Kommissionierung, Verpackung und Transportplanung

▸ den **Vertrieb**, der neben der Akquisition als Vertriebsaufgabe auch absatzlogistische Aufgaben zu übernehmen hat, wozu die kaufmännische Auftragsabwicklung, die Absatzprognose, die Absatzplanung, die Bedarfsmeldung und die Bestellauslösung zählen.

Die Distributions-Logistik gestaltet hier die Schnittstelle im Güterfluss zwischen dem Hersteller und den Kunden zur Sicherung des Absatzes unter kostenoptimalen Gesichtspunkten und unter Berücksichtigung der vom Markt geforderten Lieferfähigkeit und Lieferzeit.

1.4 Entsorgungs-Logistik

Die Entsorgungs-Logistik beschäftigt sich vor allem mit Zielgrößen und dem entsorgungsstrategischem Handlungsspielraum, der innerbetrieblichen und externen Entsorgungs-Logistik und der Minimierung der Kosten der Entsorgungs-Logistik. Ihre **Aufgaben** im Hinblick auf die Abfallgüter sind vor allem:

▸ Sammeln

▸ Sortieren

▸ Zwischenlagern

▸ Lagern

▸ Verpacken

▸ Transportieren.

Die Entsorgungs-Logistik hat eine hohe Gemeinsamkeit mit den Kernprozessen des Transports, des Umschlages und der Lagerung in den Bereichen Beschaffung, Produktion und Absatz.

Früher wurde eher von **Abfall-Logistik** gesprochen, da es kostengünstiger war diesen Abfall zu entsorgen. Heute ist der Gedanke der Nachhaltigkeit den Unternehmen bewusst und verlangt ein entsprechendes zeitgemäßes Reagieren. Die Produktkalkulation hat den entsorgungslogistischen Aspekt zu berücksichtigen, da er zu erheblichen Kosten führt. So müssen heute z. B. für die Beseitigung von Autobatterien, Reifen, Altöl oder schrottreifen Autos erhebliche finanzielle Mittel aufgewendet werden.

2. Leistungsprozess

Durch die Ausrichtung der Wirtschaft im Rahmen der Globalisierung wurde der Leistungsprozess vielfältigen Änderungen unterworfen. Die Orientierung an der Wertschöpfungskette führte zu einem Lernprozess, der durch Begriffe wie Qualität, Lean Management und hoher Kostenrelevanz geprägt war.

2.1 Betriebsprozess

Der Einkauf wies früher eine der Produktion untergeordnete Rolle auf, der wenig Spielraum zur Gestaltung zukam. Heute ist er in ein übergeordnetes Beschaffungsteam eingebunden, das einen hohen Einfluss auf die Kosten hat. Die Nutzung der Motivation der Mitarbeiter sowie die Abkehr von der Fließfertigung führten zur **dritten industriellen Revolution** (*Womack u. a.*) im Rahmen des Toyota-Planungssssystems.

Ein Überblick über die Entwicklung zeigt die **Veränderungen:**

Zeit	Konzepte und Arten	Vertreter	Inhalte
1988	Qualitätsmanagement	*Duran, Deming, Imai*	Qualitätsrevolution
1990	Zweites industrielles Paradigma	*Toyota*	Lean Management
1992	Dritte industrielle Revolution	*Womack u. a.*	Automobilindustrie
1990	Formen des Sourcing	Industrie	Kostenverantwortung

Die Anforderungen an die spezifischen Aufgaben der Produktion führten in den USA zu einer organisatorischen **Trennung** der Aufgaben von Marketing, Accounting und Operations Management:

► Das **Marketing** umfasst alle Operationen, die ein Produkt am Markt zum Erfolg führen. Neben dem Einsatz von Marketinginstrumenten sind auch Marktanalysen, Produktinnovationen und Aufgaben des Public Relations bedeutsam.

► Zum **Financing/Accounting** zählen Aufgaben, die den Leistungsprozess begleiten, wie Buchführung, Kostenrechnung, Finanzierung/Investition. Sie garantieren das Überleben des Unternehmens aus finanzieller Sicht.

► Das **Operations Management** steht für Beschaffung, Produktion und Verteilung/ Absatz und ist somit der Kernbereich der Leistungserstellung, der Auftragsplanung, Einkaufs- und Bestandsführung, Produktionsplanung und Produktionsgestaltung beinhaltet. Die Erfüllung der Produktionsaufgabe führt auch zu Maßnahmen im Produktions- und Materialcontrolling, Qualitätsmanagement und Logistikmanagement.

Besonders aufgrund der Unterstützung durch IT-Programme sind sämtliche Prozesse bzw. Grundfunktionen, die mit der Leistungserstellung in Verbindung stehen, einer gemeinsamen Analyse unterzogen. Daher umfasst die Leistungserstellung mit dem **Materialbereich**, **Produktionsbereich** und **Absatzbereich** heute auch:

- Qualitätsmanagement und Lean Management
- Innovation und Kostenverantwortung
- Modularisierung und Globalisierung.

Die gestiegenen Anforderungen an die Erstellung von Gütern nehmen heute einen sehr viel breiteren Raum ein, da durch Globalisierung und Kundenorientierung ein internationaler Wettbewerb gegeben ist.

2.1.1 Qualitäts- und Lean Management

Eine hohe Qualität ist eine Vorraussetzung zeitgerechter Produktion. Unternehmen erwarten eine **Null-Fehler-Produktion** aus den vorgelagerten Prozessen. Daher sind fehlerhaft gelieferte Teile vom Vorlieferanten sofort zu eliminieren, damit diese nicht zu Unterbrechungen in der Produktion führen und somit die Funktionsfähigkeit der Endprodukte gefährden.

Lean Management führt zu einer Verschlankung der Unternehmenshierarchie und bewirkt, dass Entscheidungen auf der operativen Ebene bewirkt werden. So wird der **Einkauf** heute bestimmt durch:

- ständige Verbesserungsprozesse bei den Beschaffungsgütern
- Optimierung der Einkaufsaktivitäten
- Kooperation mit Lieferanten.

Das Problem der Unternehmen besteht darin, wie hochwertige Produkte angeboten werden können und dabei eine Einwirkung auf die Kosten möglich ist. Dies sind Forderungen nach Fehlerfreiheit unter Beachtung schlanker Betriebsstrukturen.

2.1.2 Innovation und Kostenverantwortung

Innovation ist auf die Entwicklung und Einführung neuer Produkte gerichtet. Sie läuft in mehreren **Phasen** ab:

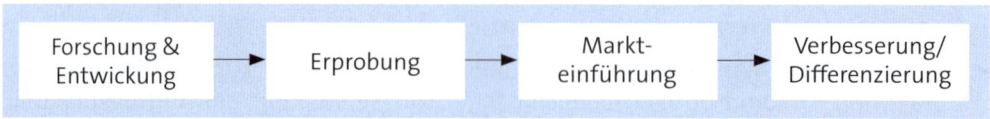

Forschung & Entwicklung → Erprobung → Markteinführung → Verbesserung/Differenzierung

Zur erfolgreichen **Umsetzung** einer Innovationsidee sind dabei unternehmensseitig erforderlich:

► die Beobachtung und Übernahme technologischer/marktseitiger Trends

► die Schaffung und Weiterentwicklung innovativer Organisationsstrukturen.

Die Materialwirtschaft trägt inzwischen die Verantwortung für die Kosten der Produktion. Die Orientierung an der Wertschöpfungskette verlangt ein hohes Maß an Marktüberblick. Hier sind es besonders die Fragen des Outsourcing, termingenauer Lieferung und von Kooperationen mit den Lieferanten, die bei höheren Abnahmemengen zu Kostenreduzierungen bereit sind.

2.1.3 Modularisierung bzw. Globalisierung

Zeitgemäße Planungen gehen von Modulen bzw. Systemen aus, die zu beschaffen sind. Diese werden inzwischen weltweit bezogen, was wegen der günstigen Bezugskosten verschiedene **Auswirkungen** hat:

► Die Kapitalbindung in Beständen und Transportkosten sowie die gestiegenen Anforderungen von Kunden an die Lieferfähigkeit der Unternehmen steigern die Bedeutung der Wertketten im Rahmen eines **Supply Chain Management** – s. Seite 27.

► Die Planung der logistischen Kette und der operativen Steuerung erhöht die Komplexität, da Umladevorgänge (Lkw, See- und Binnenschiff) zusätzliche Geschäftsvorfälle verursachen.

► Längere Transportzeiten durch die Globalisierung der Lieferkette führen zu höheren Beständen im Transport, da das Ausbleiben einer Lieferung den Liefertermin gefährden kann.

2.2 Wertschöpfungskette

Der Markt verlangt heute kurze Entwicklungszeiten, eine schnellere Marktfähigkeit der Produkte sowie eine globale Vernetzung durch starke Modularisierung. Hierdurch kommen neue Anforderungen auf die Materialwirtschaft zu:

► **Kompetenzstreben**

► **Prozessbetrachtung**

► **Supply Chain Management**.

2.2.1 Kompetenzstreben

Die Materialwirtschaft spielte früher eher eine untergeordnete Rolle. Sie diente dazu, das benötigte Material nach Menge, Zeit und Preis zu beschaffen. Inzwischen verlangt die globale Vernetzung nach Einkäufern, die weltweit agieren und ihre Aufgabe in Beschaffungsteams lösen. Dies zeigt sich durch:

► Reduzierung der Beschaffungskosten

► Arbeiten in Teams aus Beschaffung, Produktion, Forschung & Entwicklung

► Gestaltung der Managementbeziehungen.

2.2.2 Prozessbetrachtung

Ein Prozess ist ein Bündel von Aufgaben, zu deren Erfüllung es verschiedener Inputs (= Produktionsverfahren, Informationen) bedarf, die mit Methoden bearbeitet werden und zu einem Ergebnis führen, das zur Wertschöpfung beiträgt. Hierbei unterscheidet *Porter* drei **Kategorien von Prozessen:**

► **Führungsprozesse**, welche die Managementprozesse beinhalten und verantwortlich für Unternehmensaufbau, Organisation, Personal und die äußeren Rahmenbedingungen (Infrastruktur) sind

► **Unterstützungsprozesse**, die keine Führungsaufgabe haben, sondern dem Unternehmen bei der Erfüllung seiner Kernaufgabe unterstützend zur Verfügung stehen (Beschaffungsmodalitäten)

► **Kernprozesse**, welche die Operations darstellen und zeigen, ob das Unternehmen sein Aufgabe im Rahmen der Kundenorientierung erfüllt. Dies wird vor allem durch Eingangs-Logistik, Produktion und Ausgangs-Logistik bewirkt, da hierdurch die Wertschöpfung realisiert wird.

2.2.3 Supply Chain Management

Supply Chain Management lässt sich als die prozessorientierte Gestaltung, Lenkung und Entwicklung aller Aktivitäten von der Beschaffung der Rohmaterialien bis zum Verkauf an den Endverbraucher – also über die gesamte logistische Kette – definieren. Sein **Ziel** ist die Sicherung und Steigerung des Erfolgs der beteiligten Unternehmen durch

- besseren Kundenservice
- kürzere Durchlaufzeiten und Lieferzeiten
- geringere Bestände
- Einfluss auf Kosten durch Qualität
- bessere Auslastung der Kapazitäten
- höhere Liefertreue
- Überwachung der Prozesskosten
- Eingreifen bei Fehlbeständen und Qualitätsmängeln.

Dies erfordert die Einbindung aller Beteiligten in der Wertschöpfungskette. Hierbei werden sämtliche Lieferanten bis zum Endabnehmer einbezogen. Das betrachtete Unternehmen hat dabei die Aufgabe, seine **eigene Kette** (sowohl die Lieferanten des Lieferanten als auch die Kunden des Kunden) ständig zu beobachten.

2.3 Strategisches Material-Management

Unternehmen müssen sich festlegen, welche Integrationsbreite und Integrationstiefe sie anstreben. In beiden Fällen ist es notwendig, sich auf die vorhandenen **Kernkompetenzen** zu stützen. Hier bestehen Vorteile gegenüber den Mitkonkurrenten, die es auszubauen gilt. Im Rahmen des strategischen Material-Managements sind Fragen des **Outsourcing** zu beantworten:

- Kann das Knowhow des Lieferanten genutzt werden?
- Kann der Lieferant wegen besserer Nutzung der Fixkosten günstiger liefern?
- Kann der Lieferant als Entwicklungspartner herangezogen werden?
- Kann die Wettbewerbsfähigkeit durch Partner gestärkt werden?

Das strategische Management basiert auf zwei **Aspekten:**
- **Fünf-Kräfte-Modell**
- **Efficient Consumer Response**.

2.3.1 Fünf-Kräfte-Modell

Das Modell dient dazu, eigene Stärken und Schwächen zu erkennen, wobei Unternehmen in einem Spannungsfeld mit Abnehmern/Kunden, Lieferanten und der Konkurrenz stehen. Dies muss strategisch untersucht und gelöst werden, wozu das Fünf-Kräfte-Modell von *Porter* dient (*Geiß*):

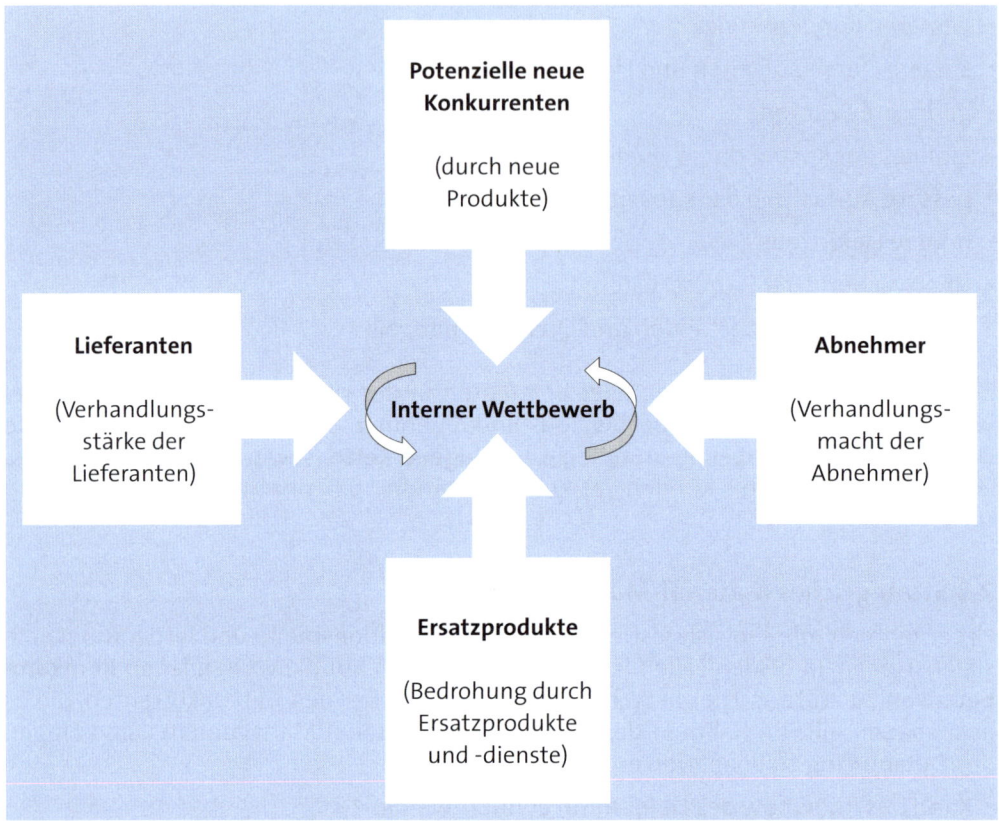

Zwischen Unternehmen besteht eine **gespannte Situation** durch Mitbewerber, die eine Bedrohung für die Wirtschaftlichkeit darstellen. So sind Kunden in der Lage, auf Preise, Qualität und Zusatzleistungen in der Logistik einzuwirken oder auch eine Rückwärtsintegration zum liefernden Unternehmen anzustreben. Als bedeutender erweist sich die Gefahr, dass Zulieferer eine Vorwärtsintegration anstreben und damit zu neuen Konkurrenten werden. Steigende Einstandspreise beeinflussen unmittelbar das Betriebsergebnis.

Mitbewerber dringen mit neuen Anlagen und höheren Automatisierungsgraden auf den Markt und können billiger anbieten. Dies resultiert aus geringeren Fixkosten der Anlagen, einem höheren Lernkurveneffekt sowie neuen Produktinnovationen. Strategische Vorteile des Unternehmens jedoch sind, dass die Marke (Produkt) eingeführt ist, das Marketing entwickelt und die Kundentreue gewährleistet ist.

Dabei stellen Mitbewerber oft Produkte her, die auch als Ersatzprodukte zu sehen sind. Die Endpreise für Produkte mit gleichen Funktionen müssen daher einer genauen Analyse unterzogen werden.

2.3.2 Efficient Consumer Response

Im Rahmen der Supply Chain empfiehlt sich die Vorgehensweise nach ECR (Efficient Consumer Response). Es zielt auf die **Optimierung der Güterbewegungen** zwischen Lieferanten, Produzenten und Kunden entlang der Supply Chain ab. Dies verlangt eine Kooperation zwischen den Beteiligten. ECR wird durch folgende **Strategien** realisiert:

ECR	Ziele	Methodik
Efficient Replenishment	Materialnachfrage	Just In Time, Synchronisierung von Einkauf/Produktion
Efficient Store Assortment	Kundenorientierte Sortimentsgestaltung, Category Management	Bilden von Geschäftseinheiten und Warengruppen, Bedarfsorientierung nach Warengruppen
Efficient Promotion	Abstimmung bei Aktionen, Verkaufsunterstützung	Verfügbarkeit, Handlingsaufwand, Reaktion auf Kundenverhalten
Efficient Product Introduction	Produktneueinführung	Reaktion auf Kundenverhalten, keine Flops

2.4 Operatives Material-Management

Die Entwicklung einer Beschaffung beginnt mit der Systematisierung der benötigten Warengruppen. Hierbei entscheidet das Unternehmen, wie diese von den bisherigen Lieferanten bezogen werden können. Die Umsetzung erfolgt durch die Prozessverantwortlichen über die Vorgabe der Beschaffungsstrategie, Beschaffungspolitik und Beschaffungsziele sowie der Festlegung des optimalen Beschaffungs- und Einkaufssystems.

Die Einbindung der **Zulieferer** erfolgt durch das Abschließen von Logistikvereinbarungen (Lieferverträgen, Sammellieferungen). Auf der dispositiven Ebene findet die Entscheidung für Make-or-Buy und Lagerteile statt. Für **A-Teile** sind Marktanalysen und eine Marktbeobachtung durchzuführen. Bei den **C-Teilen** findet eine vereinfachte Disposition (Verbrauchssteuerung) auf der Grundlage von Meldebeständen statt.

Zu betrachten sind:

- ▸ **lokale Beschaffung**
- ▸ **SCM-Beschaffung**
- ▸ **Logistikprozesse**.

2.4.1 Lokale Beschaffung

Bei bisher fehlerloser Produktion werden Teile von lokalen Anbietern beschafft, und es wird versucht, Module/Baugruppen in die lokale Beschaffung zu verlagern. Dazu sind sowohl die eigene Beschaffungsorganisation als auch die Fähigkeiten der Lieferanten zu entwickeln. Wichtige **Aspekte** sind hierbei:

► Vergleich der Materialkosten zu den restlichen Herstellkosten

► Potenziale durch die Beschaffung über lokale Lieferanten

► Festlegung der Teile bei heimischen Zulieferanten hinsichtlich Qualität

► Schaffen von Strukturen für eine lokale Beschaffungsorganisation.

Als Anbieter kommen meist Unternehmen des Mittelstandes in Betracht, die bei hoher Qualität Zulieferer der Industrie sind und sich erfolgreich am Markt behaupten.

2.4.2 SCM-Beschaffung

Von den Herstellkosten eines Produkts entfällt ein erheblicher Teil (z. T. 60 % - 80 %) auf Materialkosten. Eine **integrierte Fertigung** verlangt daher die Einbeziehung der Beschaffung in diesen Prozess. Werden die Module/Komponenten in einfachen, aber arbeitsintensiven und schlecht automatisierbaren Fertigungsverfahren hergestellt, ist ein Bezug am Niedriglohnstandort vorteilhaft. Liefertreue und Lieferqualität kann an solchen Standorten leiden und muss durch eigenes technisches Personal sichergestellt werden.

Meist hindern bei SCM-Beschaffung fehlende technologisch entwickelte Zulieferer, sprachlich/kulturelle Unterschiede sowie mangelnde Kenntnisse den Aufbau von Beziehungen. Dadurch sind die Prozesse oft zeitaufwändiger.

2.4.3 Logistikprozesse

Die Ziele aus dem Beschaffungsprozess sind auf der **strategischen Ebene** durch die organisatorische Vorgabe der Beschaffungsstrategie, Beschaffungspolitik und Beschaffungsziele zu gestalten. Die **taktische Ebene** ist dadurch gekennzeichnet, dass die Anforderungen an das Informationssystem für Beschaffung und Einkauf bestimmt sowie Logistikverträge und Lieferkonditionen festgelegt werden müssen.

Auf der **operativen/dispositiven Ebene** sind die Arten der Disposition (bedarfsgesteuert/verbrauchsgesteuert) für Teile festzulegen. A-Teile müssen durch genaue Marktanalysen bzw. Marktbeobachtung einer ständigen Lieferantenauswahl unterzogen werden. Bei C-Teilen werden die bestellten Materialien und Teile im Wareneingang angeliefert, kontrolliert, eingelagert und für die Produktion bereitgestellt.

Es handelt sich also um ein ständiges Zusammenspiel strategischer Aspekte mit operativen Vorgehensweisen. Die Umsetzung neuer Strategien in den täglichen Abläufen stellt dabei ein wichtiges Erfordernis dar.

2.5 Werkzeuge/Tools

Vielfach werden die Prozesse unterstützt durch Werkzeuge, die helfen Probleme zu analysieren und einer Lösung zuzuführen. Der Anstoß erfolgt meist durch die Unternehmensleitung und ist dann in den einzelnen **Ebenen** zu realisieren:

▶ **Strategische Ebene**

Strategisches Vorgehen	Werkzeuge/Möglichkeiten des Einsatzes
Balanced Scorecard	Ableitung einer Strategie (Mission & Vision), sowie der Erfolgsfaktoren nach Kunden-, Prozess-, Wissens- und Finanzperspektiven
Globalisierung	Aufbau von Netzen
Just-In-Time (JIT) nach Toyota	Abstimmung vor-, nachgelagerter Prozesse, Null-Fehler-Produktion, hohe Qualität, exakte Mengen/Zeiten, Holpflicht
Lean Management	Stärkung von Eigenverantwortlichkeit
Simultaneous Engineering	Beschleunigung der Prozesse im Zeitablauf
FMEA QFD	Methoden zum Abbau von Risiken
Efficient Consumer Response	Methoden zur Steigerung der Kundenzufriedenheit

▶ **Taktische Ebene**

Taktisches Vorgehen	Werkzeuge/Möglichkeiten des Einsatzes
Einkaufsportale	Nutzung des Internet für Beschaffungsaktivitäten
Ausschreibungen	Nutzung von Auktionen für verbesserten Einkauf
Standardisierung	Sicherstellen von Abläufen für Personen/Zeiten bezogen auf Bestellung, Lagerbestände, Rüsten

▶ **Operative Ebene**

Operatives Vorgehen	Werkzeuge/Möglichkeiten des Einsatzes
Six Sigma	Fehlerreduzierung im Bereich von PPM (Parts per Million)
Qualität, TQM	Einführung von Qualitätszirkeln auf der operativen Ebene
Kaizen	Kontinuierlicher Verbesserungsprozess, Implementierung in kleinen Schritten, Motivation zur eigenen Arbeit
Poka Yoke	Unbeabsichtigte Fehler verhindern, Diagramme, Schablonen

3. Materialwirtschaft

Die Kombination der elementaren Produktionsfaktoren als Betriebsmittel, Werkstoffe und menschliche Arbeit im Rahmen eines **güterwirtschaftlichen Prozesses** macht es notwendig, die Produktionsfaktoren zu beschaffen und planvoll einzusetzen.

Um die Bereitstellung der für den güterwirtschaftlichen Prozess erforderlichen Güter nach Art, Menge und Zeit sorgen sich die entsprechenden Abteilungen des Unternehmens, z. B.:

► die **Materialwirtschaft**, die Rohstoffe, Hilfsstoffe, Betriebsstoffe, Zulieferteile, Baukästen, Module, Erzeugnisse, Waren und Verschleißwerkzeuge beschafft, lagert, verteilt und entsorgt

► die **Produktionswirtschaft**, die sich mit den Betriebsmitteln wie Maschinen, maschinellen Anlagen, Werkzeugen – außer Verschleißwerkzeugen – und Vorrichtungen befasst.

Die Beschaffung der Produktionsfaktoren und der Absatz der betrieblichen Leistungen sind aber – wie eingangs bereits dargestellt – nicht nur Elemente eines güterwirtschaftlichen Prozesses, sondern erfordern ebenso einen **finanzwirtschaftlichen Prozess**, denn für die zu beschaffenden Produktionsfaktoren fallen Auszahlungen an, die betrieblichen Leistungen führen zu Einzahlungen.

Die **Materialwirtschaft** umfasst alle unternehmenspolitischen Maßnahmen der Planung, Durchführung und Kontrolle der Materialbeschaffung, Materiallagerung, Materialverteilung und Materialentsorgung. Ihre Aktivitäten lassen sich – vereinfacht – darstellen, wobei unterschiedliche Arten von **Materialien** (M) fließen:

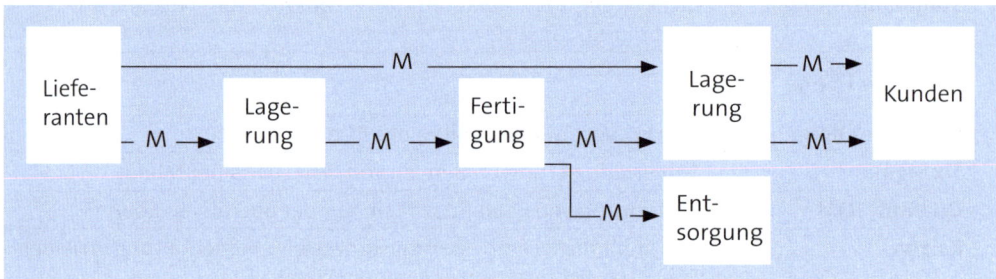

Damit ist die Materialwirtschaft in zweifacher Weise mit anderen Wirtschaftseinheiten verbunden:

► am **Beschaffungsmarkt** als Nachfrager nach Materialien

► am **Absatzmarkt** als Anbieter von Erzeugnissen und Waren.

Der Materialwirtschaft obliegt die Aufgabe, die benötigten Materialien nach Art, Menge und Zeit **kostenoptimal** bereitzustellen. Sie soll unter verschiedenen **Aspekten** behandelt werden.

3.1 Material

Zunächst sollen die Gegenstände, mit denen sich die Materialwirtschaft befasst, dargestellt werden. Dabei geht es um:

- **Arten**
- **Standardisierung**
- **Analyse**
- **Nummerung**.

Standardisierung, Analyse und Nummerung des Materials werden der **Materialrationalisierung** zugerechnet.

3.1.1 Arten

Die Arten des Materials, mit denen die Materialwirtschaft zu arbeiten hat, sind:

- **Rohstoffe** als Stoffe, die unmittelbar in das zu fertigende Erzeugnis eingehen und dessen Hauptbestandteil bilden. Das Erzeugnis eines Unternehmens kann als Rohstoff für ein nachgeschaltetes Unternehmen dienen, wenn dieses eine Weiterbearbeitung des Erzeugnisses vornimmt.

Beispiele

Tuche in der Bekleidungsindustrie, Bleche in der Automobilindustrie

- **Hilfsstoffe**, die ebenfalls unmittelbar in das zu fertigende Erzeugnis eingehen, aber im Vergleich zu den Rohstoffen lediglich eine Hilfsfunktion erfüllen, da ihr mengen- und wertmäßiger Anteil gering ist. Eine auf das einzelne Stück bezogene kostenmäßige Erfassung der Hilfsstoffe findet aus Gründen der Wirtschaftlichkeit nicht statt.

Beispiele

Leim, Schrauben, Lack bei der Möbelherstellung

Den Hilfsstoffen werden meist auch Verpackungsmaterialien – Kartons, Packpapier usw. – zugerechnet.

▸ **Betriebsstoffe**, die selbst keinen Bestandteil des fertigen Erzeugnisses bilden, sondern mittelbar oder unmittelbar bei der Herstellung des Erzeugnisses verbraucht werden. Zu den Betriebsstoffen rechnen alle Güter, die den Leistungsprozess ermöglichen und in Gang halten.

Beispiele

Energiestoffe, Schmierstoffe, Büromaterialien, Betriebsmaterialien

Roh-, Hilfs- und Betriebsstoffe werden zusammen als **Werkstoffe** bezeichnet:

Werkstoffe		
Rohstoffe	Hilfsstoffe	Betriebsstoffe

▸ **Zulieferteile** als Güter, die einen hohen Reifegrad aufweisen und in die zu fertigenden Erzeugnisse eingehen. Sie können auch den **Rohstoffen** zugerechnet werden, was in der Praxis häufig der Fall ist.

Beispiele

Motoren in der Automobilindustrie, Aggregate für Kühlschränke

▸ **Baukästen**, die eine Gesamtheit an hoch standardisierten Baugruppen und Teilen darstellen sowie **Module** als einzelne standardisierte Bauteile, welche in unterschiedlichen Kombinationen zu einem neuen Gesamtsystem führen. Durch sie wird die Menge an Teilen und Varianten reduziert.

Module haben in den vergangenen Jahren immer größere Bedeutung erlangt. Sie sind für alle Fertigungsstufen beschaffbar. Dies geschieht inzwischen auf **speziellen Märkten** und kann erfolgen als:

Single Sourcing	Hier wird auf einen Lieferanten zurückgegriffen, der hohe Qualität sowie Kostenvorteile bietet, was allerdings zu Abhängigkeiten und Abfluss von Knowhow führen kann.
Dual Sourcing	Hier wird für einfache Produkte jeweils der günstigste Anbieter gewählt, was die Abhängigkeit des beschaffenden Unternehmens verringert.
Multiple Sourcing	Es erfolgt eine ständige Suche nach Anbietern, die günstigere Beschaffungspreise ermöglichen.

Modular Sourcing	Hier werden keine Einzelteile mehr beschafft, sondern Module, deren Lieferanten die Verantwortung für die Lieferzeit, die Qualität und den Service übernehmen. Sie wiederum haben Vorlieferanten. Durch Modular Sourcing ist es möglich, die Anzahl der Lieferanten um 50 % - 70 % zu senken.
Global Sourcing	Bei ihm wird auf die Weltmärkte zurückgegriffen, wobei meist niedrigen Lohnkosten der Vorzug gegeben wird und eine Verlagerung von Prozessen mit geringer Wertschöpfung erfolgt.

▶ **Erzeugnisse**, zu denen alle vom Unternehmen selbst gefertigten Vorräte an Gütern gerechnet werden. Sie können sein:

Fertig-erzeugnisse	Sie sind vom Unternehmen selbst gefertigte Vorräte, die versandfertig sind. Es wird auch lediglich von Erzeugnissen bzw. von Enderzeugnissen gesprochen.
Unfertige Erzeugnisse	Sie umfassen alle Vorräte an Erzeugnissen, die noch nicht verkaufsfähig sind, für die aber im Unternehmen bereits Kosten entstanden sind.

▶ **Waren** als gekaufte Vorräte, die das Produktionsprogramm ergänzen und neben den selbst gefertigten Gütern – den Erzeugnissen – im Verkaufsprogramm des Unternehmens enthalten sind. Sie werden im Unternehmen weder bearbeitet noch verarbeitet. Waren verlassen das Unternehmen demnach im gleichen Zustand, wie sie beschafft worden sind.

▶ **Verschleißwerkzeuge** als Werkzeuge, die nicht der ständigen Betriebsbereitschaft zuzurechnen sind. Es handelt sich um Verbrauchsteile, die ähnlich den Betriebsstoffen ständig neu zu ergänzen sind oder um Werkzeuge, die speziell für einen Auftrag angefertigt oder angeschafft und anschließend verschrottet werden.

Aufgabe 1 > Seite 189

3.1.2 Standardisierung

Die Standardisierung des Materials dient der **Steigerung der Wirtschaftlichkeit** des Unternehmens. Sie ist besonders bedeutsam, weil in der Materialwirtschaft erhebliche finanzielle Mittel gebunden sind, die es zu minimieren gilt.

Bei der Standardisierung des Materials handelt es sich um die **Vereinheitlichung von Gütern**, die sich auf bestimmte Eigenschaften und/oder Mengen bezieht. Dabei sind zu unterscheiden:

▶ Die **Normung**, die eine Vereinheitlichung von Einzelteilen durch das Festlegen von Größe, Abmessung, Form, Farbe, Qualität. Sie schränkt die Vielzahl denkbarer Problemlösungen ein, wodurch die Beschaffung von Materialien vereinfacht, beschleunigt und verbilligt werden kann. Ebenso lassen sich durch Normung der Materialeingang, die Lagerhaltung und die Distribution vereinfachen.

Grundsätzlich sind Normen als **Empfehlungen** anzusehen. Sie erhalten aber zwingenden Charakter, wenn sie sich auf Lieferverträge, Gesetze oder Verordnungen beziehen.

Normen können nach ihrem **Geltungsbereich** sein:

- internationale Normen (ISO-Normen)
- deutsche Normen (DIN-Normen)
- Verbandsnormen (VDI, VDE, VDA)
- Werksnormen.

► Im Gegensatz zur Normung stellt die **Typung** die Vereinheitlichung ganzer Erzeugnisse oder Aggregate dar, z. B. hinsichtlich Art, Größe, Ausführungsform. Mit ihrer Hilfe können die Rentabilität gesteigert, Kosten eingespart, Investitionen verringert und die Verwaltung vereinfacht werden.

Die Typung kann **überbetrieblich** erfolgen, z. B. indem branchengleiche Unternehmen kooperieren, Verbände zusammenarbeiten, Großabnehmer sie fordern oder der Staat typisierende Vorschriften erlässt. Es ist aber auch möglich, dass einzelne Unternehmen **innerbetrieblich** mit der Typung eine Standardisierung ihrer Erzeugnisse vornehmen, die z. B. erfolgen kann mithilfe von

- **Baukästen**, die ein Ordnungsprinzip darstellen, das den Aufbau einer Zahl verschiedener Dinge aus einer Sammlung genormter Bausteine ermöglicht.
- **Modularisierung**, bei der ein System (z. B. Videoplayer) in Teilsysteme gegliedert wird. Diese bilden eigenständige Leistungskomponenten und gehen in das Endprodukt ein.
- **Sonstigen Typenbeschränkungen**, z. B. die Abstufung von aufeinander abgestimmten Typenreihen, die Schaffung von Mehrzweckerzeugnissen, die Vermehrung von Varianten, die auf einem Grundtyp aufbauen.

► Schließlich kann die Standardisierung eine **Mengenstandardisierung** sein. Bei ihr handelt es sich um die „Normung" des Materialverbrauches, indem der Materialbedarf sorgfältig ermittelt und die prognostizierte Menge nach Beendigung des Leistungsprozesses mit der tatsächlich benötigten Menge verglichen wird.

Eine darauf folgende **Abweichungsanalyse** soll offen legen, weshalb ein Mehr- oder Minderverbrauch eingetreten ist, und Wege aufzeigen, die Abweichungen künftig auszuschließen. Auf diese Weise wird es möglich, Schwächen in der Materialwirtschaft, aber auch der Fertigungswirtschaft zu beheben.

3.1.3 Analyse

Die Analyse des Materials stellt einen weiteren Schritt zur Steigerung der Wirtschaftlichkeit des Unternehmens dar. Dabei lassen sich als traditionelle Verfahren unterscheiden:

► Die **ABC-Analyse**, die ein Instrument ist, das dazu dient, die Materialien im Unternehmen nach der Verteilung ihrer Werthäufigkeit in A-Güter, B-Güter und C-Güter zu klassifizieren. Für industrielle Unternehmen gilt:

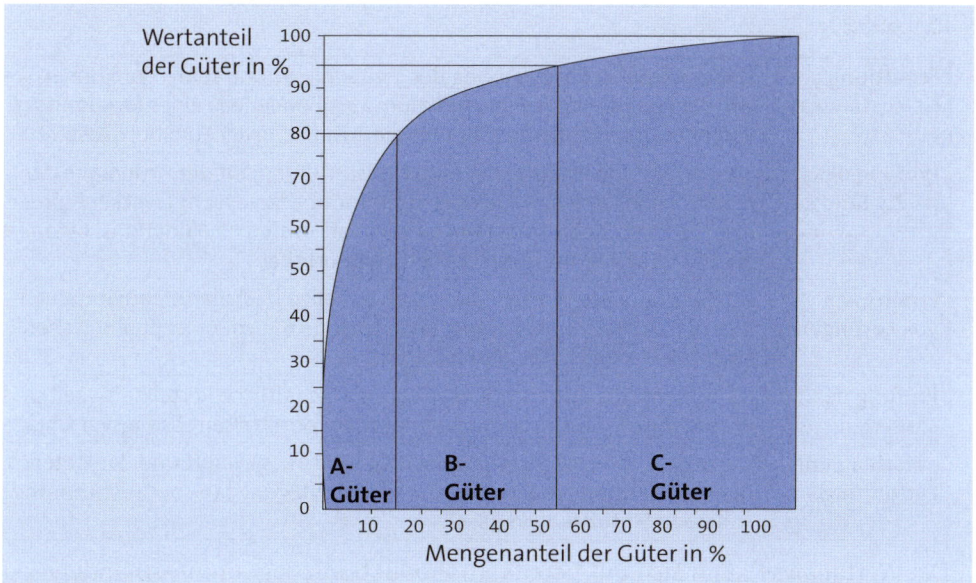

Das Bild zeigt:

Güter	Mengenanteil	Wertanteil
A-Güter	ca. 15 %	ca. 80 %
B-Güter	ca. 35 %	ca. 15 %
C-Güter	ca. 50 %	ca. 5 %

Die **Klassifizierung** von A-, B- und C-Gütern erfolgt in vier **Schritten:**

- **Erfassung der Jahresbedarfswerte** für jede Materialart durch Multiplikation der jeweiligen Mengen und Preise
- **Sortierung der einzelnen Jahresbedarfswerte** vom höchsten Bedarfswert (Rang 1) bis zum niedrigsten Bedarfswert (Rang n)
- **Ermittlung der Prozentanteile** der einzelnen Jahresbedarfswerte im Verhältnis zum gesamten Jahresbedarf
- **Festlegung der Wertgruppen** (A, B, C) auf der Grundlage der kumulierten Prozentanteile.

Das Unternehmen kann umso wirtschaftlicher arbeiten, je mehr Anstrengungen es bei A-Gütern unternimmt. Bei C-Gütern werden hohe Anstrengungen dagegen nur einen kostenmäßig geringen Nutzen bringen.

▶ Die **Wertanalyse**, deren Zielsetzung es ist, den vom Kunden erwarteten Nutzen kostenminimal zu stiften. Mit ihr sollen Kostensenkungspotenziale beim Produkt bzw. dessen einzelnen Funktionen herausgefunden werden, ohne dass der angestrebte Nutzen vermindert wird. Sie geschieht in **Wertanalyse-Teams**, die sich aus Mitgliedern der einzelnen Unternehmensbereiche sowie gegebenenfalls auch aus externen Spezialisten und/oder Lieferanten zusammensetzen.

Der **Ablauf** der Wertanalyse erfolgt in mehreren festgelegten **Schritten** – siehe DIN 69910:

Ermittlung des Ist-Zustandes	Dabei wird eine Beschreibung des Erzeugnisses und seiner Funktionen sowie der Funktionsträger als funktionsausübende Teile eines Erzeugnisses vorgenommen. Außerdem erfolgt die Ermittlung der Funktionskosten.
Prüfung des Ist-Zustandes	Sie umfasst die Prüfung der Funktionserfüllung auf der Grundlage der Funktionsbeschreibung, wobei auf unnötige bzw. nicht zweckentsprechende Funktionen zu achten ist. Daraufhin sind die Funktionskosten im Hinblick auf ihre Angemessenheit zu beurteilen.
Ermittlung von Lösungen	Das Wertanalyse-Team bedient sich dabei vielfach der Kreativitätstechniken, z. B. des Brainstorming, der Methode 635, der morphologischen Methode – siehe *Olfert/Rahn, Olfert*.
Prüfung der Lösungen	Sie bezieht sich insbesondere auf die wirtschaftliche Vorteilhaftigkeit und die technische Durchführbarkeit der zuvor ermittelten Lösungsvorschläge.
Vorschlag und Einführung	Der vorteilhafteste Lösungsvorschlag wird ausgewählt und der Unternehmensleitung zur Realisierung vorgeschlagen, die – bei Zustimmung – dessen Einführung verlasst.

Die Wertanalyse kann sich auf bereits im Produktionsprogramm vorhandene oder erst in das Produktionsprogramm aufzunehmende Erzeugnisse beziehen.

Weitere Verfahren zur Analyse des Materials werden von *Oeldorf/Olfert* beschrieben.

3.1.4 Nummerung

Neben der Standardisierung und der Analyse des Materials – und in Verbindung mit beiden – ist die Nummerung des Materials ein weiteres Instrument, die Wirtschaftlichkeit des Unternehmens positiv zu beeinflussen.

Die Nummerung wird auch **Verschlüsselung** genannt und hat die Aufgabe, Gegenstände einem einheitlichen Ordnungsprinzip zu unterwerfen, die sachlich zusammengehören. Sie dient folgenden **Zwecken:**

▶ **Identifikation** des Materials, wobei eine bestimmte Nummer einer Sache zugeordnet wird. Sie ist absolut eindeutig, da keine Nummer doppelt oder mehrere Nummern für die gleiche Sache vergeben werden dürfen.

▶ **Klassifizierung** des Materials, wobei einer Nummer bestimmte Merkmale zugeordnet werden, z. B. Formen, Eigenschaften.

‣ **Information** über das Material, wobei aus der Schlüsselnummer durch Angabe sinnvoll geordneter und sprechender Abkürzungen je Materialart weitgehende Hinweise z. B. über Art, Größe, Hersteller gegeben werden.

Dazu werden verschiedene **Arten** bzw. **Systeme von Nummernschlüsseln** genutzt, bei denen Elemente identifizierender, klassifizierender und informierender Art miteinander verbunden werden, als:

‣ **Systematische Nummernschlüssel**, deren Ordnungsprinzip auf einer strengen Logik beruht. Zu unterscheiden sind:

Klassifizierende Nummernschlüssel	Bei ihnen hängen die Klassifizierungsmerkmale hierarchisch voneinander ab. Jeder Gegenstand lässt sich aufgrund der aneinander gereihten Klassifizierungsschlüssel und Informationsschlüssel eindeutig erkennen bzw. benennen. Sie werden auch als **sprechende Nummernschlüssel** bezeichnet.
Verbundschlüssel	Hier werden Informationsschlüssel und/oder Klassifizierungsschlüssel mit dem Identifizierungsschlüssel verschmolzen. Die Auswahlmöglichkeiten werden dadurch auf eine einzige Ordnungsdimension eingeengt. Sie stellen **halbsprechende Nummernschlüssel** dar.

‣ **Systemfreie Nummernschlüssel**, bei denen jedem Gegenstand eine systemfreie Zähl-Nummer oder Ident-Nummer zugeteilt und die Klassifizierungsmerkmale in einem ergänzenden, nebengeordneten Klassifizierungsschlüssel erfasst werden.

Die Nummerung ist nicht nur für die Materialwirtschaft bedeutsam, z. B. im Rahmen der Beschaffung und Lagerung, sondern auch in Verbindung mit anderen Unternehmensbereichen, z. B. dem Fertigungsbereich, dem Absatzbereich sowie dem Finanz- und Rechnungswesen.

Aufgabe 2 > Seite 189

3.2 Aufgaben

Die Aufgaben, die sich der Materialwirtschaft stellen, sollen kurz umrissen werden:

‣ **Materialbeschaffung**

‣ **Materiallagerung**

‣ **Materialverteilung**

‣ **Materialentsorgung**.

Sie werden in den später folgenden Hauptkapiteln des Buches näher beschrieben. Als **Prozess** lassen sie sich wie folgt darstellen:

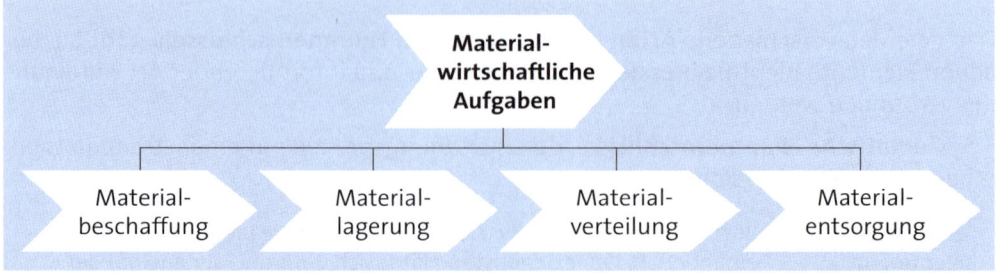

3.2.1 Materialbeschaffung

Die Materialbeschaffung hat die für die Fertigung erforderlichen Materialien und zum Verkauf bestimmten Waren im Unternehmen zur Verfügung zu stellen. Dabei muss sie zwei **Erfordernissen** gerecht werden:

► Die Materialien sind in der erforderlichen **Menge, Art** und **Qualität** zum richtigen Termin zu beschaffen.

► Die Materialien sind unter Beachtung des Prinzips der Wirtschaftlichkeit – und damit **kostenoptimal** – zu beschaffen.

Um die Materialbeschaffung in geeigneter Weise durchführen zu können, ist es notwendig, dem Beschaffungsvorgang voranzustellen:

► Die **Ermittlung des erforderlichen Materialbedarfes**, die Ausgangspunkt aller Aktivitäten im Rahmen der Materialwirtschaft ist. Dabei wird unterschieden:

Primär-bedarf	Das ist der Bedarf des Marktes an Erzeugnissen, verkaufsfähigen Gruppenteilen, Ersatzteilen, Modulen und Waren. Er ist unter der Voraussetzung bestimmbar, dass konkrete **Kundenaufträge** vorliegen, wobei zwischen Auftragseingang und Liefertermin alle zur Auftragserfüllung notwendigen Tätigkeiten vorzunehmen sind. Sind konkrete Kundenaufträge nicht gegeben, da für einen anonymen Markt produziert wird, erfolgt die industrielle Leistungserstellung aufgrund von **Lageraufträgen**. Der Primärbedarf wird deshalb mithilfe mathematisch-statistischer Verfahren vorausgesagt, z. B. dem Mittelwert-Verfahren.

Sekundär-bedarf	Dabei handelt es sich um den zur Festlegung der Erzeugnisse und Ersatzteile benötigten Bedarf an Rohstoffen, Einzelteilen und Baugruppen. Kann der Sekundärbedarf von einem gegebenen Fertigungsplan abgeleitet werden, bedient man sich der **Stücklisten** bzw. der **Verwendungsnachweise** zu seiner Ermittlung. Mathematisch-statistische Verfahren sind einzusezen, wenn eine Bedarfsermittlung auf diese Weise nicht möglich ist, weil ► kein Fertigungsplan vorliegt ► die Abgänge vom Fertigungsplan her nicht planbar sind ► wegen geringer Bedarfswerte nicht geplant wird.
Tertiär-bedarf	Das ist der bei der Fertigung für die Erfüllung des Fertigungsplanes notwendige Bedarf an Hilfsstoffen, Betriebsstoffen und Verschleißwerkzeugen. Bei der Ermittlung des Tertiärbedarfs wird nur in wenigen Fällen von einem Plan ausgegangen. Seine Ermittlung erfolgt aufgrund von Nachfragestatistiken oder technologischen Kennziffern, z. B. dem Verbrauch pro Maschine und Stunde.

► Die **Ermittlung des vorhandenen Materialbestandes**, die mithilfe der Lagerbuchhaltung möglich ist. Sie erfasst die Lagerbewegungen als:

Abgänge	Sie resultieren aus der Verringerung von Werkstattbeständen im Rahmen der Auftragserfüllung bzw. von Erzeugnisbeständen im Rahmen der Verkaufsabrechnung.
Zugänge	Sie ergeben sich aus Lieferungen von Materialien bzw. Erzeugnissen und aus Auftragsfertigmeldungen.

Als Ergebnis der Bestandsführung ergeben sich **Lagerstatistiken**, die als Bestandsstatistiken Auskunft über den Materialbestand geben und als Bewegungsstatistiken offenlegen, welche Bewegungen seit der letzten Bestandslistung erfolgt sind und warum.

Die **Festlegung der Materialbeschaffungsmenge** erfolgt sodann unter drei Gesichtspunkten:

► aufgrund des Vergleiches von Materialbedarf und Materialbestand, woraus sich die **technische Losgröße** ergibt

► unter Berücksichtigung der anfallenden Kosten, die zur **wirtschaftlichen Losgröße** führt

► unter Beachtung von **Risikoüberlegungen**, um die Verfügbarkeit des Materials zu gewährleisten.

Aufgabe 3 > Seite 190

3.2.2 Materiallagerung

Die Materiallagerung hat sich mit den beschafften Materialien vom Zeitpunkt des Zuganges im Unternehmen bis zum Zeitpunkt des Abganges aus dem Unternehmen zu befassen. Dabei sind zu unterscheiden:

► **Materialeingang**, der in mehreren Schritten erfolgt:

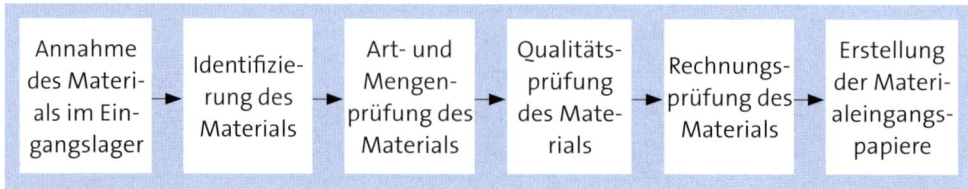

Annahme des Materials im Eingangslager → Identifizierung des Materials → Art- und Mengenprüfung des Materials → Qualitätsprüfung des Materials → Rechnungsprüfung des Materials → Erstellung der Materialeingangspapiere

► Die **Materiallagerung**, die sich vorrangig auf die materiellen Prozesse bezieht, da die physische Handhabung der Materialien besonders bedeutsam ist, z. B.:

- die **Einlagerung** als Zuführung des Materials zum Ort der Lagerung
- die **Umlagerung** als Wechsel des Lagerortes
- die **Auslagerung** als Entnahme des Materials vom Lagerort
- die **Bereitstellung** des gelagerten Materials für die Produktion.

Die materiellen Prozesse bedürfen der Disposition und Dokumentation. Dazu zählen die Registrierung des Materials, Zu- und Abbuchungen, Umterminierungen sowie Vormerkungen, die auch als Reservierungen bezeichnet werden.

Läger sind Einrichtungen, die Materialien aufbewahren und verfügbar halten.

► Der **Materialabgang** schließt den Prozess der Materiallagerung ab. Er erfolgt aufgrund von Anforderungen, die von unterschiedlichen Bereichen des Unternehmens an das Lager gegeben werden.

Als materieller Prozess erfolgt eine **Auslagerung** des angeforderten Materials. Er macht die Erfassung dieser Lagerbewegung erforderlich, die meist auf der Grundlage von Materialentnahmescheinen bzw. Materialanforderungsscheinen vorgenommen wird, bei Lieferungen an Kunden sind das Lieferscheine.

Aufgabe 4 > Seite 190

3.2.3 Materialverteilung

Die Materialverteilung hat die erstellten Güter oder Waren den Kunden zuzuführen. Dies muss in enger Zusammenarbeit mit dem Absatzbereich erfolgen. Ihre **Problemstellungen** sind vor allem:

► Festlegung der Liefermöglichkeit
► Festlegung der Verteilung

► Errichtung von Außenlägern

► Festlegung der Außenverpackung.

Mit der Optimierung der Materialverteilung befasst sich heute vielfach die betriebliche **Logistik** als der Summe aller Tätigkeiten, die sich mit der Planung, Steuerung und Kontrolle des gesamten Flusses innerhalb und zwischen Wirtschaftseinheiten befasst.

Im Rahmen der Materialverteilung lassen sich besonders als **Tätigkeiten** nennen:

► Die **Auftragsbearbeitung**, die alle Auftragsdaten verwaltet, von der Angebotserstellung über den Auftrag und die Auftragsdurchführung bis zur Auslieferung der fertig gestellten Erzeugnisse.

► Die **Einleitung des Versandes**, die erfolgt, sobald die Aufträge fertig gestellt sind. Sie werden im Auslieferungslager bereit gestellt, wobei gegebenenfalls Lieferanweisungen zu beachten sind, die bei der Auftragsannahme vereinbart wurden.

► Der **Transport**, der für die versandfertigen Aufträge bewirkt werden muss. Dabei geht es um Lagertätigkeiten, Verpackungstätigkeiten und Transporttätigkeiten.

Neben den dargestellten Maßnahmen ist auf eine aussagekräftige **Lagerführung** zu achten, denn die Erfüllung der Distributionsfunktion setzt ausreichende Lagerbestände voraus.

Aufgabe 5 > Seite 190

3.2.4 Materialentsorgung

Mit der Bereitstellung der Materialien ist es dem Unternehmen möglich, seine Leistungserstellung zu bewirken. Wenn die Materialien in vollem Umfang in die Erzeugnisse eingegangen sind, ist der materialwirtschaftliche Prozess abgeschlossen. Es ist aber auch möglich, dass Materialien nicht oder nicht in vollem Umfang zu Bestandteilen der Erzeugnisse geworden sind, und deshalb eine weitere materialwirtschaftliche Maßnahme notwendig wird, die Materialentsorgung.

Im Interesse eines möglichst umfassenden Umweltschutzes hat der Gesetzgeber in den vergangenen Jahren vielfältige **Rechtsvorschriften** erlassen, die in Gesetzen und Verordnungen ihren Niederschlag finden.

Die Materialentsorgung erfolgt im Rahmen der **Entsorgungs-Logistik**. Darunter ist die Gesamtheit der planmäßigen Aktionen und die Organisation zu verstehen, die der Vermeidung und Verringerung von Abfallstoffen sowie der Behandlung von Abfallstoffen unter besonderer Berücksichtigung der Wirtschaftlichkeit der angestrebten Verfahren dienen (*Bloech*).

An erster Stelle sollte für die Entsorgungs-Logistik immer die Vermeidung und Verringerung der Abfallstoffe stehen, die unvermeidliche Behandlung von Abfallstoffen sollte so umweltgerecht wie möglich erfolgen. Zu unterscheiden sind:

▸ Die **Abfallbegrenzung**, die der beste Weg ist, eine umweltgerechte Unternehmenspolitik zu betreiben. Damit wird das Problem der Abfallbehandlung minimiert.

▸ Die **Abfallbehandlung**, die notwendig wird, wenn sich die Abfälle nicht vermeiden lassen. Sie müssen entsorgt und mithilfe geeigneter und rechtmäßig zugelassener Verfahren behandelt werden.

Die Abfallbeseitigung ist mitunter als besonders problematisch anzusehen, da die Verfahren ökologisch nicht immer völlig sicher sind und der Deponieraum nicht mit den Abfallmengen wächst.

Aufgabe 6 > Seite 191

3.3 Organisation

Die Organisation ist die dauerhaft gültige Ordnung bzw. Struktur eines zielorientierten soziotechnischen Systems, also eines Unternehmens. Als Arten der Organisation lassen sich unterscheiden – siehe ausführlich *Olfert, Olfert/Rahn*:

▸ **Aufbauorganisation**

▸ **Prozessorganisation**.

3.3.1 Aufbauorganisation

Durch die Aufbauorganisation wird ein Unternehmen in arbeitsteilige Einheiten gegliedert. Sie ist die auf Dauer ausgerichtete Gestaltung des Unternehmens unter hierarchischen Gesichtspunkten und kann sich auf das gesamte Unternehmen beziehen, in das die Materialwirtschaft eingeordnet ist, oder auf den Aufbau der Materialwirtschaft. Dementsprechend sind zu betrachten:

3.3.1.1 Unternehmen

Der Unternemensaufbau kann sehr unterschiedlich sein. Dabei hat die Unternehmensgröße insbesondere Einfluss auf die Aufbauorganisation:

▸ In **Klein- und Mittelunternehmen** kann die Materialwirtschaft unterschiedlich eingeordnet sein. Es bieten sich an:

Zentrale Organisation	Bei ihr ist die Materialwirtschaft der Unternehmensleitung als selbstständiger Funktionsbereich unterstellt. Damit besteht die Möglichkeit, sämtliche materialwirtschaftlichen Problemstellungen gesamtheitlich zu lösen.
Dezentrale Organisation	Die Materialbeschaffung und Materialverteilung sind meist der kaufmännischen Leitung, die Materiallagerung und Materialentsorgung der technischen Leitung unterstellt.

Die **Organisationsform** ist bei Klein- und Mittelbetrieben demnach üblicherweise die Sektoralorganisation oder Funktionalorganisation.

▸ Bei **Großunternehmen** gestaltet sich die Strukturierung der Aufbauorganisation erheblich schwieriger als in Klein- und Mittelunternehmen, insbesondere wenn verschiedene Werke und heterogene Produktionsprogramme gegeben sind. Auch hier sind möglich:

Zentrale Organisation	Dabei werden die materialwirtschaftlichen Aufgaben von einer einzigen Abteilung wahrgenommen. Das hat den **Vorteil**, dass diese Aufgaben planerisch, organisatorisch und personell optimal erfüllt werden können.
Dezentrale Organisation	Sie bietet sich an, wenn sämtliche Funktionsbereiche – z. B. einer Erzeugnisgruppe – einem Werk unterstellt sind. Die Folge ist eine stärkere Spezialisierung, die zu einer größeren Verselbstständigung der Werke führt.

Als **Organisationsformen** sollen unterschieden werden:

Stab-Linien-Organisation	Bei ihr wird das Liniensystem mit dem Stabsprinzip verbunden. Dabei lässt sich die Unternehmensleitung von Fachkräften unterstützen, die als Stäbe tätig sind. Obgleich Stäbe grundsätzlich kein unmittelbares Weisungsrecht haben, wird ihnen in der Material-Logistik häufig ein **begrenztes funktionales Weisungsrecht** übertragen, um z. B. folgende Einzelaufgaben bewältigen zu können: ▸ Beschaffungsmarketing ▸ Qualitätswesen ▸ Festlegung von Beschaffungsstrategien ▸ Losgrößenrechnung.

Sparten-Organisation	Sie findet sich hauptsächlich in Großunternehmen mit völlig verschiedenartigen Erzeugnissen oder Erzeugnisgruppen. Für diese werden selbstständige Unternehmensbereiche – die Sparten oder Divisions – gebildet, die in eigener Verantwortung die Funktionen des Unternehmens wahrnehmen. **Voraussetzung** für die Bildung von Divisions ist die sachliche, oft auch geografische Trennung der Lager-, Fertigungs- und Vertriebseinheiten. Bedingt durch andersartige Produktionsprogramme bzw. unterschiedliche Branchen werden in den verschiedenen Divisions abweichende Material- und Lagerhaltungspolitiken verfolgt. Trotz der Aufteilung in relativ selbstständige Unternehmensbereiche werden die Funktionen, die das Gesamtunternehmen betreffen, meist zentral geführt, während die übrigen Funktionen in die Divisions eingegliedert sind. Dabei operieren die zentralen Bereiche als Stabsstellen mit funktionalem Weisungsrecht, welche zentrale Vorgaben an die Division richten, die dort zu realisieren sind. Die Spartenorganisation wird auch **Divisionalorganisation** genannt.
Matrix-Organisation	Bei ihr werden die verschiedenen Funktionen eines Unternehmens in einer zweidimensionalen Anordnung vertikal und horizontal gegeneinander angeordnet und miteinander verbunden. Dabei werden die einzelnen Abteilungen eines Unternehmens, ▸ Materialwirtschaft ▸ Absatzwirtschaft/Marketing ▸ Forschung/Entwicklung ▸ Finanz-/Rechnungswesen ▸ Fertigungswirtschaft horizontal angeordnet, während vertikal die Funktionen aufgetragen werden, die zentral von der Unternehmensleitung ausgeübt und häufig mit Richtlinienkompetenzen ausgestattet werden, z. B. Planung, Organisation, Controlling.

Einflussfaktoren der Aufbauorganisation lassen sich in **interne Faktoren**, z. B. Leistungsprogramm, Unternehmensgröße, Fertigungs- und Informationstechnologie, Rechtsform und **externe Faktoren**, z. B. Arbeitsmarkt, Kunden, Lieferanten, Kapitalgeber, Gesetzgeber und Gesellschaft unterscheiden.

Die weltweite Zusammenarbeit von Unternehmen erfordert geeignete Instrumente zur Bewältigung der materiallogistischen Aufgaben. Eine **Verknüpfung** der gesamten Lieferantenkette erweist sich als notwendig. Sie ist nur mithilfe der IT-Technologie realisierbar, bei der die Informationen aller Beteiligten der Kette verfügbar sind. Auf diese Weise ist es möglich, über die Grenzen der einzelnen Unternehmen hinauszugehen und somit **übergreifend** zu erreichen:

▸ Programmplanung der einzelnen Unternehmen

▸ Fertigungssteuerung der einzelnen Unternehmen

▸ Steuerung der Materialversorgung entlang der Kette

▸ Optimierung der Wertschöpfung über die gesamte Wertkette.

SCOR als Supply Chain Operation Reference Model beschreibt sämtliche Geschäftsprozesse, um Lieferantenaktivitäten zu analysieren und zu verbessern:

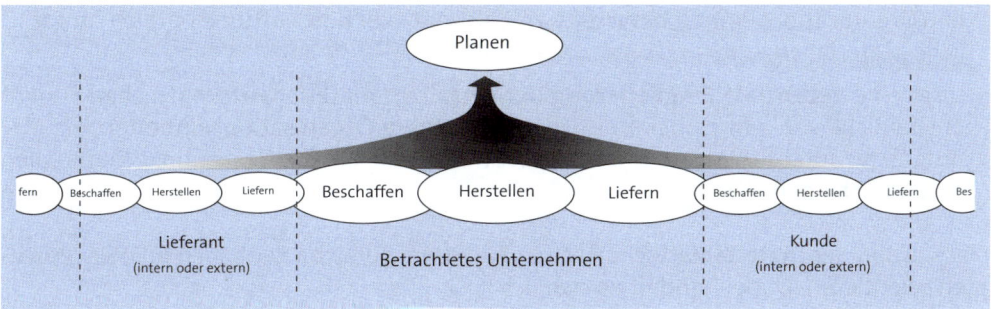

Die einzelnen Ketten sind so auszurichten, dass eine ganzheitliche Gestaltung der Prozesse von den Vorlieferanten bis zum Endkunden abgebildet wird. Dazu ist ein übergeordnetes Planungssystem erforderlich.

Traditionelle Systeme waren dadurch gekennzeichnet, dass die einzelnen Unternehmen unabhängig voneinander ihre Bedarfe ermittelten und ein Informationsaustausch zwischen den Stufen nicht stattfand. Es kann zu einem **Aufschaukelungseffekt** bzw. **Bullwhip-Effekt** kommen. Diese Schwankungen können durch eine **Integration in Supply Chains** vermieden werden. Durch die hohe Aktualität sowie die zeitnahe Ermittlung des Materialflusses und Liefertermins sind möglich:

► Verbesserung von Service und Termintreue

► Reduzierung der Auftragsdurchlaufzeiten

► Reduzierung von Beständen in der Supply Chain

► Flexibilität der integrierten Ketten.

Aufgabe 7 > Seite 191

3.3.1.2 Materialwirtschaft

Die Materialwirtschaft kann aufbauorganisatorisch als **Funktionsbereiche** umfassen:

► Beschaffungswirtschaft

► Lagerwirtschaft

► Materialverteilung

► Abfallwirtschaft.

Dabei kann die **Eingliederung** der materialwirtschaftlichen Funktionsbereiche verschieden erfolgen:

▸ Bei einer **zentralen Eingliederung** der materialwirtschaftlichen Funktionsbereiche werden sämtliche von ihnen wahrzunehmenden Aufgaben von jeweils einer einzelnen Organisationseinheit bewältigt, z. B. als zentraler Beschaffungsbereich für sämtliche Materialien.

▸ Liegt eine **dezentrale Eingliederung** der einzelnen materialwirtschaftlichen Funktionsbereiche vor, gibt es bei ihnen jeweils mehrere Organisationseinheiten, die ihre Aufgaben durchführen, z. B. als Beschaffungsbereich für bestimmte Materialien bzw. verschiedene Werke.

Der Aufbau der materialwirtschaftlichen Funktionsbereiche kann sich an zwei **Prinzipien** orientieren. Dabei handelt es sich um

▸ das **Verrichtungsprinzip**, bei dem die einzelnen Einheiten in den Funktionsbereichen nach dem organisatorischen Ablauf bzw. Prozess gegliedert werden, im Beschaffungsbereich z. B. als Angebotsbearbeitung, Bestellwesen, Terminkontrolle, Qualitätskontrolle, Rechnungsprüfung

▸ das **Objektprinzip**, das durch eine Gliederung gekennzeichnet ist, die sich an den Materialgruppen bzw. Erzeugnisgruppen orientiert, z. B. Rohstoffen, Hilfsstoffen, Betriebsstoffen bzw. Waschmaschinen, Kühlschränken.

Eine Kombination von Verrichtungsprinzip und Objektprinzip ist möglich.

Aufgabe 8 > Seite 191

3.3.2 Prozessorganisation

Die Prozessorganisation befasst sich mit der Strukturierung der Ablaufprozesse. Das bedeutet, dass die zu untersuchenden Prozesse in ihre elementaren Aufgaben gegliedert werden und daraus – unter Beachtung von Raum und Zeit – Regelungen von Arbeitsgängen zur Aufgabenerfüllung getroffen werden. Zu unterscheiden sind:

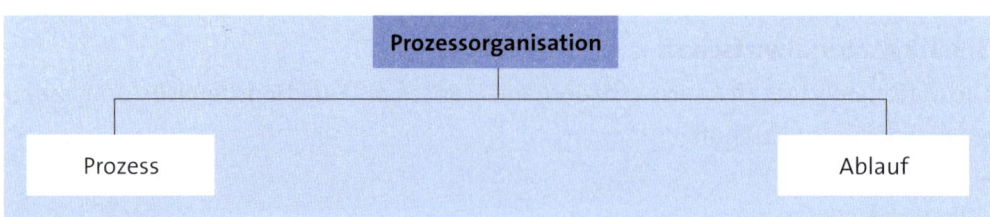

3.3.2.1 Prozesse

Als Prozesse, welche die materialwirtschaftlichen Problemkreise betreffen, sind zu nennen:

- **Unternehmensbezogene Prozesse**, die inzwischen stark computerorientiert sind. Ein gesamtheitliches Konzept, das die Prozesse industrieller Unternehmen ordnet, ist das CIM-Konzept. Es stellt die bisherigen Insellösungen in geschlossener Weise dar.

- **MRP bzw. MRP I (= Material Requirements Planning)**, bei dem ein Auftrag startet, wenn das erforderliche Material zur Verarbeitung bereitsteht. Durch Stücklistenauflösung wird der periodengenaue Nettobedarf ermittelt. Eine Verfügbarkeit der erforderlichen Produktionsmittel (Maschinen) wird nicht geprüft.

- **MRP II (= Manufactoring Resources Planning)**, bei dem zusätzlich zu den ermittelten Nettobedarfen auch die Produktionsmittel in ihrer zeitlichen Verfügbarkeit geplant werden. Die Komplexität der Planung bedingt oft eine mehrmalige Durchführung der Einplanung der Ressourcen.

- **ERP (= Enterprise Resources Planning)**, welches das gesamte Unternehmen als integrierte Lösung in die Verarbeitung mit einbezieht, z. B. werden Materialkosten gleichzeitig als Verbindlichkeiten verbucht. Zur Erfüllung der betrieblichen Anforderungen werden Software-Lösungen angeboten (siehe *SAP*).

- **Push-Pull-Systeme** als Systeme der Fertigungssteuerung sind so gestaltet, dass die Ressourcen wie Beschaffung, Fertigung und Auftragsabschluss optimal abgestimmt sind.

Push-Systeme	Bei ihnen erfolgt der Anstoß mit der Auftragsdurchführung und durchläuft die einzelnen Produktionsstufen. Der Auftrag wird durch die Fertigung „gedrückt". Die Bedeutung der Beschaffung liegt in der Versorgung der Produktion mit großen Materialmengen und Auswirkungen auf die Lagerbestände. Eine Reaktion ist bei Fließfertigung (= Massenfertigung) nur eingeschränkt möglich.
Pull-Systeme	Hier werden die Produkte kundenorientiert am Liefertermin ausgerichtet. Sie orientieren sich an der Wertschöpfungskette und die Produktion ist so gestaltet, dass „just-in-time" zugeliefert wird. Auf Anforderung des nachgelagerten Arbeitsplatzes werden die Teile produziert und bereitgestellt. Somit läuft der Informationsprozess entgegen dem Materialfluss.

Der Punkt, an dem die Teile (Push) an Pull-Systeme weitergeleitet werden, wird **„Entkopplungspunkt"** genannt und zeigt die Möglichkeit der Durchdringung des Kundenauftrags in die vorgelagerten Produktionsstufen.

- **CIM** bedeutet **Computer Integrated Manufacturing**. Das Konzept stellt eine Verknüpfung der primär betriebswirtschaftlichen Module im Rahmen eines Produktionsplanungs- und Produktionssteuerungssystems (PPS) mit den primär technischen Modulen dar:

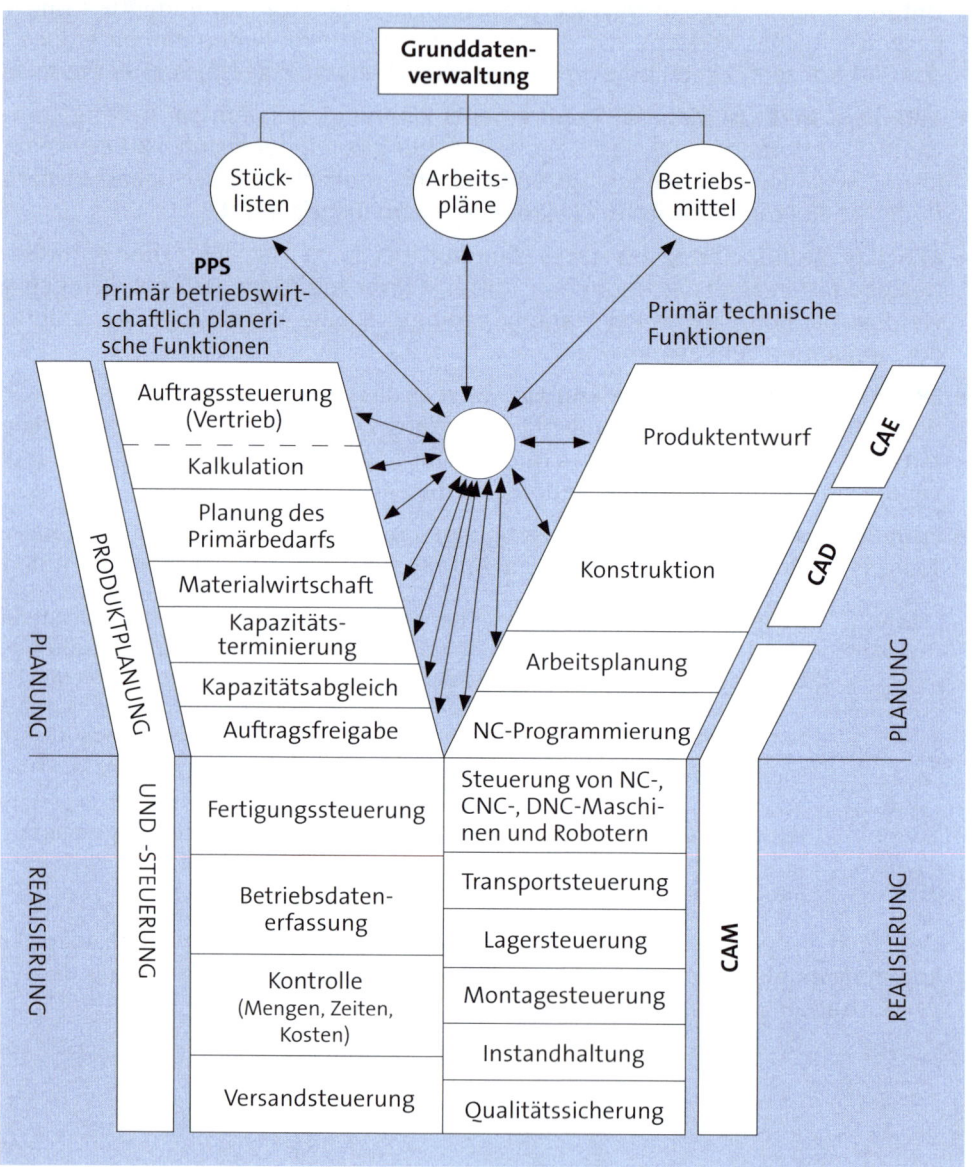

Dabei versteht man unter:

Grunddaten-verwaltung	Sie begleitet die unternehmensbezogenen Prozesse und stellt zur Verfügung:
	▶ die für die Materialwirtschaft und Zeitwirtschaft benötigten **Stammdaten**
	▶ die für einen konkreten Fertigungsauftrag benötigten **Daten des Fertigungsplanes**, der Grundlage für die Fertigungssteuerung ist.
PPS	Das PPS-System ist ein rechnerunterstütztes System zur mengen-, termin- und kapazitätsgerechten Planung, Veranlassung und Überwachung der Produktionsabläufe, mit dem erreicht werden sollen:
	▶ kurze Durchlaufzeiten
	▶ hohe Termintreue
	▶ geringere Kapitalbindung durch niedrige Bestände
	▶ hohe und gleichmäßige Kapazitätsauslastung.
CAD	**Computer Aided Design** als computergestütztes Entwerfen von Einzelteilen, Baugruppen und ganzen Erzeugnissen. Sie werden mithilfe von CAD entwickelt, konstruiert und technisch berechnet. Außerdem erfolgt die Erstellung der erforderlichen Unterlagen, z. B. auch der Stücklisten.
CAM	**Computer Aided Manufactoring** dient der Steuerung und Überwachung der Betriebsmittel, insbesondere der Werkzeugmaschinen, Lager- und Transportsysteme. Mit seiner Hilfe wird damit der eigentliche Fertigungsvorgang gesteuert und überwacht.

▶ Als **materialwirtschaftliche Prozesse** lassen sich unterscheiden:

Materielle Prozesse	Sie beziehen sich auf die Gewinnung, Bearbeitung und Verarbeitung von Gütern sowie die damit verbundenen Transportvorgänge.
	Das **Schwergewicht** liegt dabei auf der raum-zeitlichen Strukturierung von Arbeitsgängen, als deren wesentliche Teile sich die Bestimmung der Arbeitsgänge und ihre Zusammenfassung zu Arbeitsgangfolgen, die Leistungsabstimmung, die Regelung der zeitlichen Belastung von Arbeitsträgern und die Ermittlung der kürzesten Durchlaufwege nennen lassen.
Informationelle Prozesse	Sie gehen mit dem Materialfluss einher. Dabei ist es die Aufgabe des Informationssystems, die den materiellen Vorgängen zu Grunde liegenden Vorgänge zu erfassen, zu speichern, zu analysieren und zu interpretieren, um dadurch neue materielle Prozesse auszulösen.

3.3.2.2 Ablauf

Die Prozessorganisation soll die konkreten Ablaufprozesse in detaillierter Form regeln. **Schwerpunkte** einer verrichtungsorientierten Gliederung des Materialbereiches sind:

- Die **Bedarfsermittlung**, die den Ausgangspunkt aller Aktivitäten im Rahmen der Materialwirtschaft darstellt. Sie wird durch einen Bedarf im Fertigungsbereich ausgelöst, der die Menge an Materialien, die innerhalb eines bestimmten Zeitraums an eine verbrauchende Stelle abgegeben wird, bestimmt.

  Der Materialbedarf wird mit der Zielsetzung ermittelt, das Fertigungsprogramm mengen- und termingerecht zu erfüllen bzw. die Lieferbereitschaft zu sichern.

- Die **Bestandsrechnung**, die Voraussetzung für die Durchführung der Beschaffung ist. Grundlagen sind:

Lager-buchhaltung	Mit ihr werden sämtliche **Zugänge** und **Abgänge** erfasst, die aufgrund von Lieferscheinen bzw. Materialentnahmescheinen erfolgen. Die Lagerbuchhaltung kann, je nach Rationalisierungsgrad, unterschiedlich organisiert sein.
Lager-bewegungen	Sie führen zu **Bestandsveränderungen** und werden von verschiedenen betrieblichen Abteilungen veranlasst, insbesondere als: - **Abgänge**, die zu einer Verminderung der Bestände führen - **Zugänge**, die sich aus Lieferungen sowie aus Auftragsfertigungsmeldungen ergeben.
Lager-statistiken	Sie werden als Ergebnis der **Bestandsführung** erstellt und können Bestandsstatistiken sowie Bewegungsstatistiken sein.

- Die **Beschaffung**, deren Aufgabe es ist, zu jedem Zeitpunkt eine Bedarfsdeckung auf wirtschaftliche Weise zu sichern. Über eine Mengenrechnung und eine Terminrechnung wird der entsprechende Bestellvorschlag vorbereitet. Die Bestellungen können einerseits interne Fertigungsaufträge, andererseits externe Bestellungen sein.

  Die laufenden Bestellungen sind zu überwachen, wobei nicht selten Änderungen in Form von Umterminierungen (zeitkritisch), Mahnungen (verspätete Lieferung) und Stornierungen (fehlerhafte Bestellungen) vorzunehmen sind.

- Die **Lagerung**, die in engem Zusammenhang mit der Bestandsrechnung gesehen werden muss, bei welcher der Informationsaspekt im Vordergrund steht, da die Registrierung und Verbuchung der Bestände zu Entscheidungen im Bereich der Bedarfs- und Bestellabwicklung führt. Sie umfasst Materialannahme, Materialprüfung, Materiallagerhaltung und Materiallagerverwaltung.

  Bei der Lagerung werden die **materiellen Prozesse** vorrangig behandelt, da die physische Handhabung der Materialien – wie Materialprüfung, Einlagerung, Umlagerung, Bereitstellung – besonders bedeutsam sind.

Aufgabe 9 > Seite 192

3.4 Konzepte

Die in den letzten Jahren rasch fortschreitende Internationalisierung und Globalisierung erforderten von den Unternehmen immer stärker, spezielle Führungskonzepte systematisch aufzubauen und nachzuweisen. Dies ist insbesondere unter drei **Ausrichtungen** geschehen:

- der **Qualitätssicherung**, die sich auf alle Unternehmensbereiche wie auch auf die Produkte und Mitarbeiter bezieht
- dem **Umweltschutz**, der bei allen betrieblichen Prozessen hinreichend zu berücksichtigen ist und aus materialwirtschaftlicher Sicht insbesondere auch Fragen der Entsorgung und des Recycling umfasst
- der **Sicherheit**, die sich auf die Fertigungsverfahren sowie auf die eingesetzten Materialien bezieht, um Mitarbeiter, Kunden und sonstige Personen zu schützen.

Dementsprechend sollen als aktuell bedeutsame **Führungskonzepte** unterschieden werden:

- **Qualitätskonzept**
- **Umweltkonzept**
- **Sicherheitskonzept**.

3.4.1 Qualitätskonzept

Als **Qualität** wird die Summe aller Aktivitäten verstanden, die innerhalb eines Unternehmens und seiner Außenbeziehungen zu Kunden und Lieferanten darauf ausgerichtet ist, die an das Unternehmen gestellten Erwartungen zu erfüllen.

DIN ISO 8402 beschreibt die Qualität im Sinne der Beschaffenheit eines Gegenstandes als *„die Gesamtheit von Merkmalen einer Einheit bezüglich ihrer Eignung, festgelegte und vorausgesetzte Erfordernisse zu erfüllen"*.

Mithilfe seiner auf die Qualität ausgerichteten Anstrengungen ist es dem Unternehmen möglich, sich einen Wettbewerbsvorteil zu sichern. Die qualitätsbezogenen Aktivitäten erfolgen nicht als einmaliger Vorgang, der abgeschlossen wird, wenn bestimmte Qualitätsanforderungen erfüllt sind, sondern als **kontinuierlicher Verbesserungsprozess (KVP)**.

Kaizen stellt einen unternehmensphilosophischen Rahmen im Bereich der Material- und Fertigungswirtschaft dar, der die Qualität der Produkte bzw. Dienstleistungen, der Arbeitsprozesse sowie die Produktivität, Flexibilität und Wettbewerbsfähigkeit eines Unternehmens einschließt. Es umfasst (*Imai*):

- ► Kundenorientierung
- ► TQC (Total Quality Control) als umfassende Qualitätskontrolle
- ► Mechanisierung
- ► QC (Quality Control) als Qualitätskontroll-Zirkel
- ► Vorschlagswesen
- ► Automatisierung
- ► Arbeitsdisziplin
- ► TP (Total Production Maintenance) als umfassende Produktivitätskontrolle

- ► Kanban
- ► Qualitätssteigerung
- ► Just-In-Time
- ► Fehlerlosigkeit
- ► Kleingruppenarbeit
- ► Kooperation der Management-ebenen
- ► Produktivitätssteigerung
- ► Entwicklung neuer Produkte

Im Rahmen von Kaizen bescheibt Imai auch die 3 MUs (= Muda, Muri, Mura) als Formen der Verluste. Besonders die Arten der Verschwendung (jap. **Muda**) sind hervorzuheben. Muda zeigt sich durch:

Überpro-duktion	Produkte werden laut Auftrag nicht benötigt, Produktionsanlagen sind nicht ausgelastet.
Bestände/Lagerhaltung	Aufträge sind nicht exakt geplant, Materialbestände in Lägern binden Kapital.
Herstellung/Laufwege	Unnötige Tätigkeiten, die nicht wertschöpfend sind, werden vorgenommen.
Flächen	Produktionswege und Materialfluss sind nicht abgestimmt.
Transport	Es erfolgen unnötige Transporte und Materialumschläge, ein optimaler Materialfluss ist nicht gegeben.
Nacharbeit/Ausschuss	Das Unternehmen verzichtet auf eine Anwendung von Qualitätsmanagement.
Wartezeit	Material ist nicht verfügbar.

Daneben geht *Imai* noch auf Unausgeglichenheit (jap. **Mura**) infolge unzureichender Abstimmung der Materialwirtschaft und der Produktionskapazitäten ein. Ein weiterer Grund für Verluste ist Überlastung (jap. **Muri**) durch Übermüdung, Stress, Termindruck und Fehler.

Die **Kundenorientierung** ist dabei das tragende Element. Das Festlegen der Produktqualität dient dazu, den Kunden zufrieden zu stellen. Dazu zählen auch alle Mitarbeiter, die von der Erreichung der Qualitätsziele betroffen sind. Kundenorientierung umfasst somit nicht nur den Endverbraucher oder Endverwender als externen Kunden bzw. Nutzer einer Leistung sondern auch den internen Kunden. Jeder Mitarbeiter hat einen Kunden für die zu erbringende Leistung im nachgelagerten Prozess.

Zur Unterstützung bei der Anwendung des KVP empfiehlt sich die Vorgehensweise nach dem **PDCA-Zyklus**. Er orientiert sich grundlegend am bereits beschriebenen Führungsprozess. Er besteht aus folgenden **Schritten** (*Deming*):

Plan (Planen)	Analyse der derzeitigen Situation unter Einsatz der „sieben statistischen Werkzeuge":	
	► Das **Pareto-Diagramm** (= ABC-Analyse) stellt Daten von einem bestimmten Merkmal in geordneter Größe in Form eines Balkendiagramms dar	
	► Das **Ursache-Wirkungsdiagramm** (= Fischgrätendiagramm) dient dazu, verschiedene Einflussgrößen eines Problems geordnet darzustellen.	
	► Das **Histogramm** ist eine grafische Darstellung von Werten als Häufigkeitsverteilung mithilfe von Säulendiagrammen aus der die Streuung und Verteilung der Werte erkennbar ist.	
	► Das **Streudiagramm** zeigt die Beziehung zwischen zwei Merkmalgrößen. Die Art und Stärke ihres Zusammenhanges ist in der grafischen Darstellung erkennbar (Korrelationsdiagramm).	
	► **Kurven** dienen der übersichtlichen Darstellung von Daten. Sie können sein: - Balken-, Linien-, Kreis-, Spinnendiagramme.	
	► Die **Kontrollkarte** ist ein Formblatt, das der Prozessüberwachung dient, um rasch zu erkennen, wenn der Prozess außer Kontrolle gerät.	
	► **Prüfformulare** dienen der Darstellung der Ergebnisse von Routineprüfungen in Form von Tabellen.	
Do (Tun)	Umsetzung der Planung durch die Mitarbeiter, wobei auftretende Probleme sofort einer Verbesserung im Rahmen von Qualitätszirkeln unterzogen werden.	
Check (Checken)	Überprüfung des Gelingens der erwarteten Verbesserung durch das Management oder Inspektionen, d. h. der Realisierung des Planes.	
Act (Aktion)	Standardisierung der neuen Methoden bei positivem Ergebnis, sonst Anstoß eines neuen Zyklus.	

Das **Qualitätsmanagement** hat die Aufgabe, Ziele zu formulieren und diese durch aufbau- und prozessorganisatorische Regelungen zu realisieren. Das Fehlen einer international anerkannten und abgestimmten Grundlage zur Beurteilung der Qualitätsfähigkeit von Unternehmen, die Geschäftsbeziehungen zueinander aufnehmen, führte zum Normensystem ISO 9000:2001. Es definiert allgemeine Anforderungen an Qualitätsmanagement-Systeme (QMS). Die zentralen Elemente der Kernnorm sind (*Fraunhofer*):

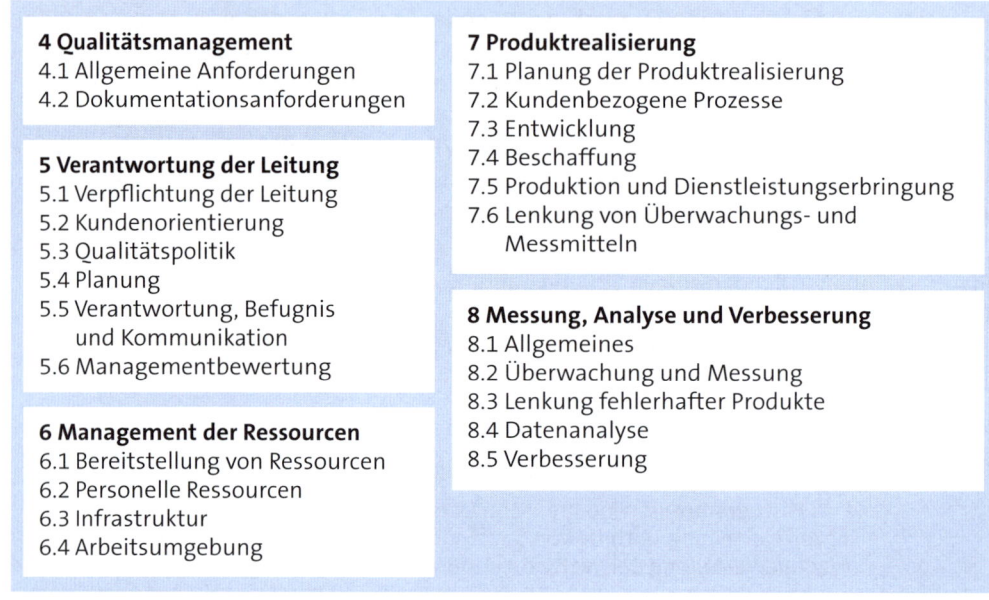

4 Qualitätsmanagement
4.1 Allgemeine Anforderungen
4.2 Dokumentationsanforderungen

5 Verantwortung der Leitung
5.1 Verpflichtung der Leitung
5.2 Kundenorientierung
5.3 Qualitätspolitik
5.4 Planung
5.5 Verantwortung, Befugnis
   und Kommunikation
5.6 Managementbewertung

6 Management der Ressourcen
6.1 Bereitstellung von Ressourcen
6.2 Personelle Ressourcen
6.3 Infrastruktur
6.4 Arbeitsumgebung

7 Produktrealisierung
7.1 Planung der Produktrealisierung
7.2 Kundenbezogene Prozesse
7.3 Entwicklung
7.4 Beschaffung
7.5 Produktion und Dienstleistungserbringung
7.6 Lenkung von Überwachungs- und
   Messmitteln

8 Messung, Analyse und Verbesserung
8.1 Allgemeines
8.2 Überwachung und Messung
8.3 Lenkung fehlerhafter Produkte
8.4 Datenanalyse
8.5 Verbesserung

Unternehmen, die den Anforderungen dieser Normenreihe entsprechen, werden von unabhängigen Stellen zertifiziert. Dies erfolgt, um bei den Kunden das Vertrauen in die Qualitätsfähigkeit der Betriebsprozesse von Lieferanten zu bestärken, ohne dass Lieferunternehmen aufwändig auf ihre Verlässlichkeit hin zu überprüfen sind. Große Unternehmen verlangen von ihren Lieferanten heute immer häufiger eine **Zertifizierung** als Voraussetzung für die Auftragsvergabe.

Das Konzept des Qualitätsmanagements bedarf der **Dokumentation**. Sie umfasst:

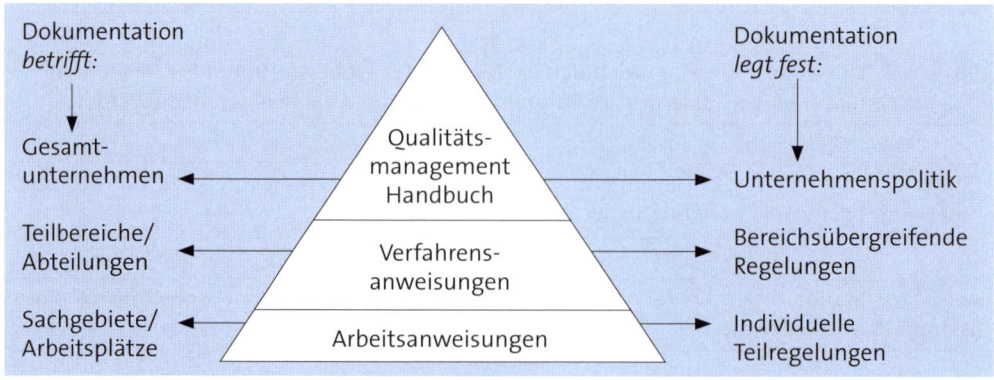

Das **Ziel** der Normen liegt in der vollständigen Darstellung aller Anforderungen an QM-Systeme und der Anleitung zu ihrer Erstellung, um so eine Vergleichbarkeit der Systeme zu gewährleisten. Der Aufbau der Normen in Verbindung mit dem prozessorientierten Ansatz bietet eine sehr gute Integrationsmöglichkeit verschiedener Managementsysteme, wie beispielsweise die Verknüpfung von Qualität, Umwelt und Arbeitssicherheit zu einem Integrierten Managementsystem.

3.4.2 Umweltkonzept

Natürliche Ressourcen stehen in Zukunft in immer beschränkterem Umfang zur Verfügung. Deshalb sind die Unternehmen aufgerufen, die Umwelt zu erhalten bzw. wiederherzustellen, indem sie ein geeignetes **Umweltschutzmanagement** betreiben. In Verbindung mit dem technischen Umweltschutz sind die notwendigen Maßnahmen zu ergreifen.

Die **Dokumentation** des Umweltkonzeptes hat für jeden Standort oder Betrieb des Unternehmens in einem Handbuch zu erfolgen, das Aufschluss über die begleitende Umweltplanung bei Einführung neuer Produkte, neuer Fertigungsverfahren und neuer Fertigungsanlagen sowie im Rahmen eines kontinuierlichen Verbesserungsprozesses (KVP) gibt.

Die Öko-Audit-Verordnung sowie die DIN-Norm 14001 regeln die Prüfung der Umwelt im **Öko-Audit**. Sie schaffen den Rahmen für ein Konzept, mit dem das Unternehmen

► seine Umweltpolitik festlegt

► sein Umweltprogramm aufstellt

► sein Umweltmanagememt/-system einführt

► eine Umweltprüfung i. S. eines Öko-Audit durchführt

► die Öffentlichkeit mit einer Umwelterklärung informiert.

3.4.3 Sicherheitskonzept

Die Sicherheit umfasst Arbeitssicherheit, Unfallverhütung und Gesundheitsschutz. In der Vergangenheit lag das Hauptaugenmerk auf dem technischen Arbeitsschutz. Arbeitsverfahren und Arbeitsmethoden, die der Bearbeitung oder Verarbeitung des Materials dienten, wurden unter Sicherheitsgesichtspunkten bestmöglich gestaltet.

Heute gehen die Sicherheitsbestrebungen weiter. Sie erstrecken sich von der Fertigung über die Nutzung der Produkte durch die Käufer bis hin zu ihrer Außerbetriebnahme.

In den Unternehmen drohen ständig unerwünschte Folgen aus Unfällen, die Ausfälle von Mitarbeitern durch Verletzungen sowie Fertigungsausfälle sein können. Kennzeichnend ist dabei, dass das interne Kontrollsystem einer Organisation nur die signifikanten Ausfälle erfasst.

Statistiken zeigen, dass auf einen Unfall mit Todesfolge etwa 30.000 unsichere Handlungen und Bedingungen entfallen, die zu keinen oder nur geringen Ausfällen führen. Es gilt, Gründe für diese unsicheren Handlungen zu erkennen und damit die mit hohen Verlusten behafteten Ausfälle zu minimieren.

Das **OHSAS 18001** „Arbeitsschutzmanagementsysteme-Spezifikation" ist bislang noch nicht als international gültige Norm verabschiedet, beruht jedoch im Wesentlichen auf dem englichen Standard BS 8800:1996. Diese „Vornorm" enthält Anforderungen an Arbeitsschutzmanagementsysteme, mithilfe derer Unternehmen ihre Arbeitsschutzrisiken lenken und ihre diesbezügliche Leistung verbessern können.

Aufgabe 10 > Seite 192
Aufgabe 11 > Seite 193

B. Bedarfs-Logistik

Die Bedarfs-Logistik bildet in der Prozesskette, die der Auftrag durchläuft, das erste Teilmodul im Gesamtablauf. Sie stellt dabei einen wichtigen Baustein dar, weil ermittelt werden muss, welche Materialien bzw. Baugruppen erforderlich sind. Ist der Bedarf an Einsatzgütern für die Leistungsprozesse nicht erkennbar bzw. nicht zu ermitteln, so kann ein Auftrag nicht gestartet werden.

Die **Auftragskette** bildet sich wie folgt, wobei zu erkennen ist, dass hier auf „Erforderliches Material feststellen" einzugehen ist:

Die möglichst genaue Bedarfsermittlung im Rahmen der Auftragsabwicklung ist die Voraussetzung dafür, dass der Bedarf an Modulen, Teilen, Materialien und Gütern eines Unternehmens gedeckt werden kann. Sie hat zu geschehen:

- artgerecht (*Welche Materialien werden benötigt?*)
- mengengerecht (*Wieviel Materialien werden gebraucht?*)
- zeitgerecht (*Wann müssen die Materialien verfügbar sein?*)

Was unter „möglichst genauer" **Ermittlung** des Materialbedarfes zu verstehen ist, hängt ab von:

- Den **Möglichkeiten der Ermittlung**, die sich leichter oder schwieriger gestalten können, z. B. bei unsicheren Absatzerwartungen der zu fertigenden oder zuzukaufenden Güter.
- Dem **Wertanteil der Materialien** am Gesamtbedarf. Dabei gilt:

A-Güter	Ihr Bedarf ist so genau wie möglich zu ermitteln.
B-Güter	Hier soll eine weitgehend genaue Ermittlung erfolgen.
C-Güter	Es kann eine Schätzung oder Prognose vorgenommen werden.

Nach der Genauigkeit der Bedarfsermittlung lassen sich entsprechend drei **Vorgehensweisen** unterscheiden:

Materialbedarf	Programmorientierte Ermittlung → für A- und B-Güter
	Verbrauchsorientierte Ermittlung → für C-Güter
	Schätzungsweise Ermittlung → für C-Güter

Die **Schätzung** des Materialbedarfes muss vorgenommen werden, wenn eine verbrauchsorientierte Bedarfsermittlung nicht möglich ist, weil keine Erfahrungswerte der Vergangenheit vorliegen. Sie ist nur bei Materialien mit sehr geringem Wert vertretbar.

1. Programmorientierte Bedarfsermittlung

Die programmorientierte Bedarfsermittlung ist ein zukunftsorientiertes Verfahren, das für die Güter des Sekundärbedarfes erfolgt, die als Rohstoffe, Einzelteile und Module meist A-Güter oder B-Güter sind. Sie beruht auf zwei **Informationsquellen:**

▶ Dem **Produktionsprogramm**, das auf der Grundlage des Absatzprogrammes erstellt wird und festlegt, welche Aufträge von der Fertigung in bestimmten Perioden durchzuführen sind. Es ist Ausgangspunkt für die Ermittlung des Materialbedarfes.

Die vom Unternehmen zu fertigenden Erzeugnisse sind im Fertigungsbereich zu planen. Daraufhin ist der Rohstoffbedarf für die einzelnen Perioden festzulegen. Baugruppen, die in das Erzeugnis eingehen, sind frühzeitig zu planen und zu fertigen, damit sie im Zeitpunkt des Bedarfes bereitstehen.

Dem Produktionsprogramm können zu Grunde liegen:

Lager-aufträge	Sie sind die Grundlage der industriellen Leistungserstellung, wenn dem Unternehmen ein **anonymer Markt** gegenübersteht. Die Gesamtheit der Lageraufträge einer Periode stellt das Produktionsprogramm dar, das i. d. R. auf den Erkenntnissen der Marktforschung beruht. Mit ihrer Hilfe wird der **Primärbedarf** für die einzelnen Erzeugnisse prognostiziert, woraus das Produktionsprogramm abgeleitet wird.
Kunden-aufträge	Bei ihnen besteht ein **direkter Bezug** des Unternehmens **zu den Abnehmern** der Erzeugnisse, für die unmittelbar gefertigt wird. Häufig werden dabei Materialien verwendet, die speziell hierfür beschafft oder gefertigt werden müssen. Der **Primärbedarf** ergibt sich aus den Auftragseingängen der einzelnen Kunden.

▶ Den **Erzeugnissen**, die Gegenstand des Produktionsprogrammes sind. Sie stellen, wie gezeigt wurde, den Primärbedarf dar, aus dem der Sekundärbedarf abgeleitet wird, welcher als Bedarf zu verstehen ist, der sich auf die einzelnen in den Erzeugnissen enthaltenen Teile bezieht.

Zur Ermittlung des **Sekundärbedarfes** werden Stücklisten, welche die Bestandteile eines Erzeugnisses aufweisen, oder Verwendungsnachweise gebraucht, die dokumentieren, in welchen Erzeugnissen die einzelnen Bestandteile zu finden sind.

Aufgabe 12 > Seite 194

Als programmorientierte Bedarfsermittlung sollen behandelt werden:

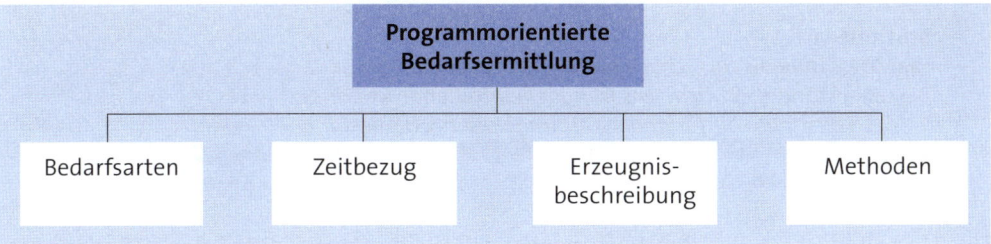

1.1 Bedarfsarten

Bei der Ermittlung des Materialbedarfes werden als Bedarfsarten unterschieden:

- **Bruttobedarf**
- **Nettobedarf**.

1.1.1 Bruttobedarf

Durch die Multiplikation des Primärbedarfes mit den Mengenangaben der Erzeugnisbestandteile aus den Stücklisten ergibt sich der **Sekundärbedarf**. Um den Bruttobedarf zu ermitteln, ist außerdem noch der Zusatzbedarf zu berücksichtigen:

	Sekundärbedarf
+	Zusatzbedarf
=	**Bruttobedarf**

Der **Zusatzbedarf** ist der ungeplante Bedarf, der zusätzlich von einem Teil benötigt wird, z. B. als Mehrbedarf für Wartung und Reparatur oder als ausschuss- bzw. schwundbedingter Mehrbedarf.

Der Bruttobedarf ist geeignet, für die langfristige Planung des Materialbedarfes herangezogen zu werden, die lediglich als eine **Rahmenplanung** den Bedarf ermittelt. Eine genaue Ermittlung des Materialbedarfes macht es hingegen erforderlich, die Bestände an Materialien zu berücksichtigen.

1.1.2 Nettobedarf

Eine genaue Materialplanung ist somit erst durch die Ermittlung des Nettobedarfes möglich, bei dem die **Bestände** vom Bruttobedarf abgesetzt werden:

	Sekundärbedarf
+	Zusatzbedarf
=	**Bruttobedarf**
-	Lagerbestände *als tatsächlich im Lager vorhandene Bestände*
-	Bestellbestände *als nächstens im Lager eintreffende Bestände*
+	Vormerkbestände *als für andere Aufträge reservierte Bestände*
=	**Nettobedarf**

Der Nettobedarf ist der Beschaffungsbedarf für die Materialien, deren Bedarf programmorientiert ermittelt wird.

1.2 Zeitbezug

Das Produktionsprogramm weist nicht nur aus, welche Erzeugnisse herzustellen sind, sondern gibt auch an, wann dies zu geschehen hat. Um die Erzeugnisse termingerecht verfügbar zu haben, ist es notwendig, eine zeitliche Planung vorzunehmen. Dabei geht es um:

▸ **Arbeitstagekalender**

▸ **Beschaffungszeit**

▸ **Durchlaufzeit**.

1.2.1 Arbeitstagekalender

Mit dem Arbeitstagekalender wird ein Zeitrahmen festgelegt, der Perioden gleicher Länge enthält. In ihm werden nur **Arbeitstage** berücksichtigt, die fortlaufend nummeriert sind. Zu unterscheiden sind:

▸ **dreistelliger Arbeitstage-Kalender** (000 - 999; umfasst ca. 4 Jahre)

▸ **jahresbezogener Arbeitstage-Kalender** (000 - ca. 250; umfasst 1 Jahr).

Der jahresbezogene Arbeitstage-Kalender kann ausgedehnt werden, indem der dreistelligen Zahl die letzte Ziffer des betreffenden Jahres vorangestellt wird, z. B. Arbeitstag 187 des Jahres 2016 als 6187.

1.2.2 Beschaffungszeit

Bei der Materialdisposition ist die Beschaffungszeit für die Materialien zu berücksichtigen, denn viele Materialien stehen normalerweise nicht unverzüglich nach ihrer Anforderung zur Verfügung, sondern erfordern Zeiten für:

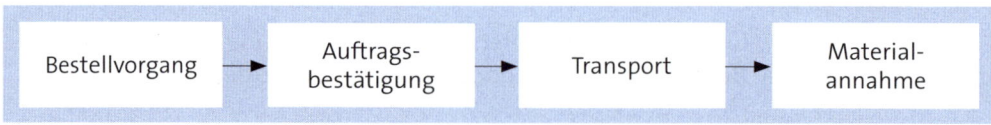

Dazu können noch **Lieferfristen** oder **Lieferverzögerungen** kommen.

1.2.3 Durchlaufzeit

Die Durchlaufzeit ist die Zeit, die vom Zeitpunkt der Bereitstellung für den ersten Arbeitsgang bis zum Abschluss des letzten Arbeitsganges benötigt wird. Sie ergibt sich demnach aus der Differenz von Fertigungstermin und Anlieferungstermin. Die Durchlaufzeit umfasst:

▶ die Gesamtheit aller einzelnen **Arbeitszeiten**, die in den Arbeitsplänen festgelegt sind

▶ die erforderlichen **Förderzeiten, Liegezeiten, Kontrollzeiten**, welche die Arbeitszeiten unterbrechen

▶ gegebenenfalls **Sicherheitszeiten**, mit denen unplanmäßige Verzögerungen aufgefangen werden können.

Die Durchlaufzeit eines Auftrages lässt sich kürzer als die Summe aller Einzelarbeitszeiten gestalten, wenn die Gesamtarbeitszeit durch Überlappung, Splitting und sonstige Maßnahmen **verkürzt** wird:

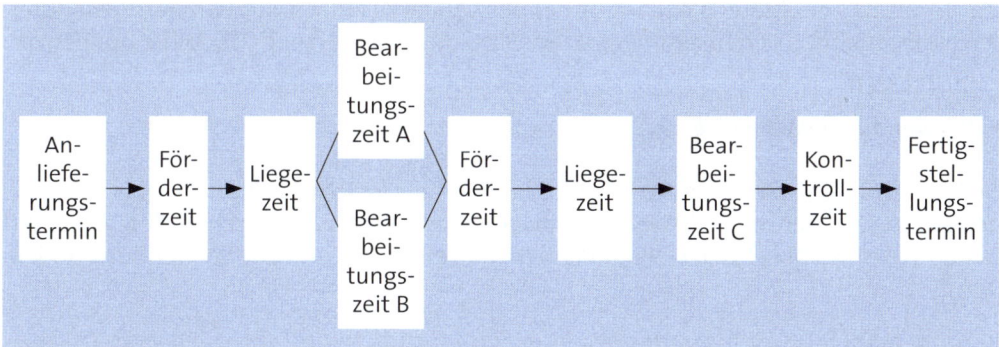

Von besonderer Bedeutung für die termingerechte Materialbeschaffung ist die **Vorlaufverschiebung**, wenn die Fertigung mehrstufig durchgeführt wird, und es dadurch erforderlich wird, dass Teile unterer Fertigungsstufen zunächst gefertigt werden müssen, um sie für nächsthöhere Fertigungsstufen verfügbar zu machen.

Beispiel ▬▬▬▬▬▬▬▬▬▬▬▬▬▬▬▬▬▬▬▬▬▬▬

Fertigungsstufe 1:	Zusammenbau E1	2 Tage Fertigungszeit
Fertigungsstufe 2:	Baugruppe G1	7 Tage Fertigungszeit
Fertigungsstufe 3:	Baugruppe G2	4 Tage Fertigungszeit
Fertigungsstufe 4:	Einzelteil T1	3 Tage Fertigungszeit
	Einzelteil T2	5 Tage Fertigungszeit

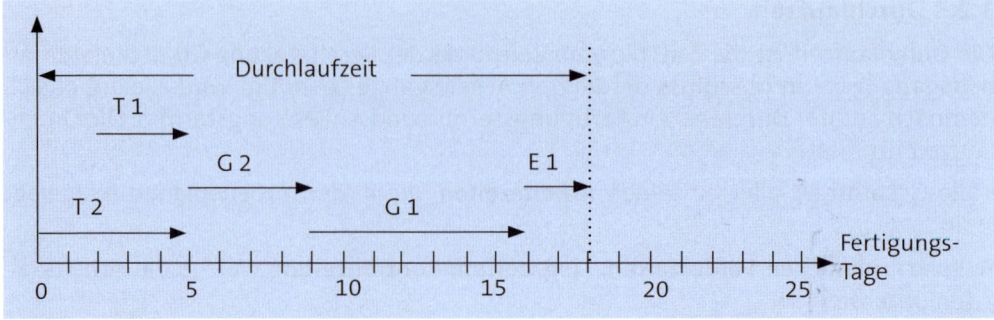

Es ist möglich, die Vorlaufverschiebung auch in Perioden zu ermitteln, wobei hier die Gefahr besteht, dass die Terminbestimmung nicht ausreichend genau ist – siehe ausführlicher *Oeldorf/Olfert*.

Aufgabe 13 > Seite 194

1.3 Erzeugnisbeschreibung

Zur Ermittlung des Materialbedarfes ist es notwendig zu wissen, aus welchen Bestandteilen die Erzeugnisse sich zusammensetzen. Dazu dienen die Erzeugnisbeschreibungen als:

- **Stücklisten**
- **Verwendungsnachweise**.

Stücklisten sind analytisch aufgebaut und zeigen, aus welchen Bestandteilen sich ein Erzeugnis zusammensetzt. Verwendungsnachweise haben synthetischen Charakter und dokumentieren, in welchen Erzeugnissen die einzelnen Bestandteile Verwendung finden.

1.3.1 Stücklisten

Stücklisten sind Verzeichnisse der Rohstoffe, Teile und Baugruppen eines Erzeugnisses unter Angabe verschiedener Daten. Sie geben Auskunft über den qualitativen und quantitativen Aufbau der Erzeugnisse und können verschiedenen **Verwendungszwecken** dienen. Dementsprechend lassen sich unterscheiden:

- **Konstruktionsstücklisten** (Sortierung nach konstruktiven Gesichtspunkten)
- **Dispositionsstücklisten** (unterteilt nach Eigenfertigung und Fremdbeschaffung)
- **Einkaufsstücklisten** (enthält fremd zu beschaffende Teile)
- **Bereitstellungsstücklisten** (ist nach Lagerorten sortiert, dient Kommissionierung)
- **Einzelteilstücklisten** (dienen Wartung, Reparatur, Ersatzteilbestellung)
- **Kalkulationsstücklisten** (enthalten Kalkulationsdaten).

Ausgangspunkt für die einzelnen Stücklisten ist die **Gesamtstückliste**, die nur der Zusammenstellung aller Rohstoffe, Teile und Baugruppen eines Erzeugnisses dient.

Beispiel

Gesamtstückliste		Handmixer GL 18	Zeichnung Nr. 15-23-1418		
Nr.	Anzahl	Benennung	Zeichnung/DIN	Werkstoff/ Abmessungen	Bemerkungen
1	1	Elektromotor	.	.	.
2	1	Außenteil, rechts	.	.	.
3	1	Außenteil, links	.	.	.
4	1	Schalter	.	.	.
.	.	.	.	.	.
.	.	.	.	.	.
.	.	.	.	.	.

Ihrem **Aufbau** entsprechend gibt es folgende Stücklisten:

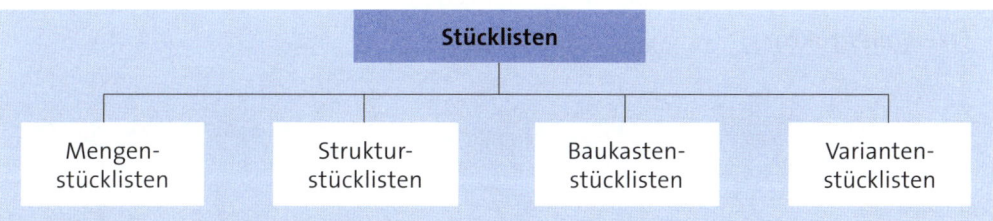

1.3.1.1 Mengenstücklisten

Die Mengenstücklisten, die auch Mengen**übersichts**stücklisten genannt werden, sind unstrukturierte Stücklisten. Sie dokumentieren lediglich, welche Bestandteile mengenmäßig in den Erzeugnissen enthalten sind:

► **Erzeugnisstruktur**

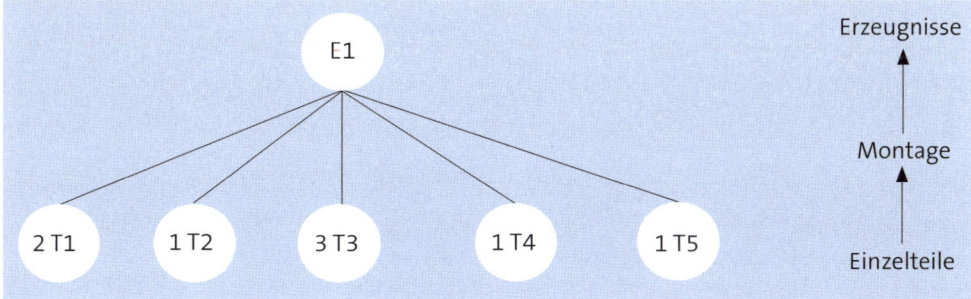

► **Mengenstückliste**

E 1	
Bezeichnung	**Menge**
T 1	2
T 2	1
T 3	3
T 4	1
T 5	1

Für die Materialwirtschaft sind Mengenstücklisten lediglich bei einfach strukturierten Erzeugnissen (z. B. Spielzeugen, Schreibwaren) und einstufiger Fertigung geeignet. Der **Änderungsdienst** bei Mengenstücklisten kann schwierig sein, da die Fertigungsstufen der einzelnen Bestandteile nicht bekannt sind.

1.3.1.2 Strukturstücklisten

Strukturstücklisten sind nach fertigungstechnischen Strukturmerkmalen gegliederte Stücklisten. Sie werden bei mehrstufiger Fertigung verwendet und zeigen, in welcher Fertigungsstufe eine Baugruppe oder ein Einzelteil verwendet wird:

► **Erzeugnisstruktur**

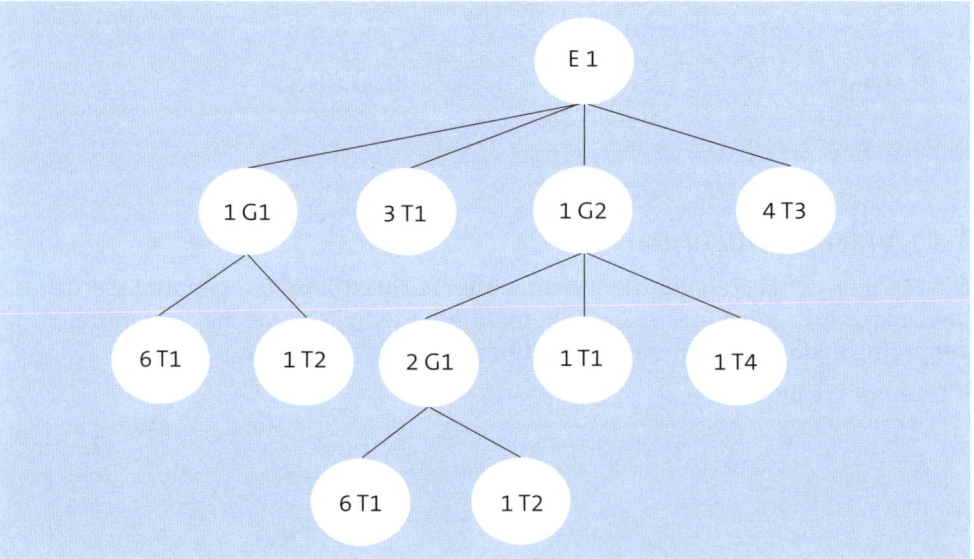

▸ **Strukturstückliste**

E 1		
Stufe	**Bezeichnung**	**Menge**
1	G 1	1
.2	T 1	6
.2	T 2	1
1	T 1	3
1	G 2	1
.2	G 1	2
..3	T 1	6
..3	T 2	1
.2	T 1	1
.2	T 4	1
1	T 3	4

Die Erzeugnisstruktur kann nicht nur – wie gezeigt – durch Einrücken dargestellt werden, sondern auch durch Ebenennummern (1, 2, 3) oder Kreuze (x, xx, xxx) – siehe ausführlicher *Oeldorf/Olfert*.

Der Gesamtzusammenhang der Erzeugnisse ist bei der Verwendung von Strukturstücklisten gut erkennbar, wenn die Erzeugnisse nicht zu komplex sind. Bei einer großen Anzahl von Erzeugnisbestandteilen werden sie jedoch rasch unübersichtlich. Der **Änderungsdienst** ist bei Mehrfachverwendungsteilen aufwändig.

1.3.1.3 Baukastenstücklisten

Baukastenstücklisten sind Stücklisten, die Zusammenbauten enthalten, deren struktureller Aufbau aber nur bis zur jeweils nächstniedrigeren Stufe dokumentiert wird. In ihnen wird – im Gegensatz zu den Strukturstücklisten – stets nur eine Fertigungsstufe dargestellt:

▸ **Erzeugnisstruktur**

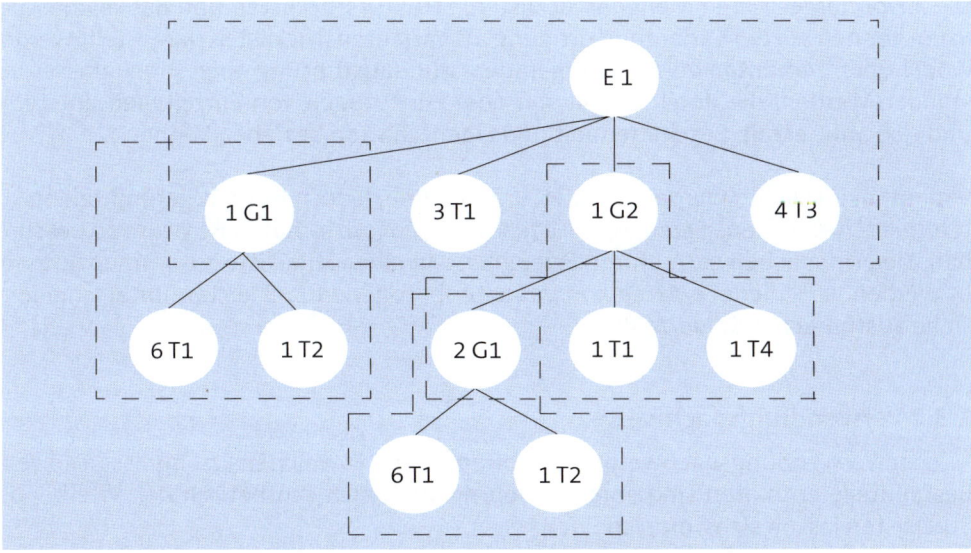

▸ **Baukastenstücklisten**

OBTL	UBTL	Menge
E1	G1	1
E1	T1	3
E1	G2	1
E1	T3	4

OBTL	UBTL	Menge
G1	T1	6
G1	T2	1

OBTL	UBTL	Menge
G2	G1	2
G2	T1	1
G2	T4	1

OBTL = oberes Teil   UBTL = Unteres Teil

▸ **Teilestamm**

Material-Nr.	Bezeichnung	Preis	Menge
E1	Endprodukt	3.000	20
G1	Gruppenteil G1	500	3
T1	Teil T1	70	10
G2	Gruppenteil G2	60	60
T3	Teil T3	20	20
T2	Teil T2	40	1
T4	Teil T4	100	10

Von Vorteil ist, dass mehrfach vorkommende Baugruppen nur einmal darzustellen sind, was auch für den Änderungsdienst gilt. Als **Nachteil** erweist sich der fehlende direkte Bezug der einzelnen Baukastenstücklisten zum Enderzeugnis, d. h. der gesamte Erzeugnisaufbau lässt sich nur erkennen, wenn alle Baukastenstücklisten eines Erzeugnisses verfügbar sind.

1.3.1.4 Variantenstücklisten

Die zuvor dargestellten Mengenstücklisten, Strukturstücklisten und Baukastenstücklisten können bei der Varianten-Fertigung als Variantenstücklisten dargestellt werden, wobei unter **Varianten** Veränderungen der Grundausführung eines Erzeugnisses verstanden werden, die durch Weglassen oder Hinzufügen von Einzelteilen entstehen und sich auf Gestalt, Beschaffenheit und Eigenschaften beziehen können.

Variantenstücklisten werden benutzt, um mehrere, jedoch nur mit geringfügigen Unterschieden versehene Erzeugnisse listenmäßig auf wirtschaftliche Weise zu beschreiben. Sie ermöglichen es, mehrere Erzeugnisse in einer Stückliste zusammenzufassen. Es werden verschiedene Arten von variantenbezogenen Stücklisten unterschieden – siehe ausführlicher *Oeldorf/Olfert*.

1.3.2 Verwendungsnachweise

Mit den Verwendungsnachweisen wird offen gelegt, in welchen Erzeugnissen einzelne Bestandteile enthalten sind. Ihre Gliederung stellt sich synthetisch dar. Wie bei den Stücklisten lassen sich unterscheiden:

- **Mengenverwendungsnachweise**, die keine Fertigungsstruktur ausweisen, sondern nur die mengenmäßige Verwendung der Bestandteile zeigen

- **Strukturverwendungsnachweise**, welche die gesamte Struktur der Verwendung der Bestandteile dokumentieren

- **Baukastenverwendungsnachweise**, mit denen lediglich dargestellt wird, in welche übergeordnete Komponente ein Bestandteil eingeht.

Verwendungsnachweise werden in der Praxis weniger häufig als Stücklisten verwendet. Ihre Erstellung erfolgt heute meist mithilfe der IT.

Aufgabe 14 > Seite 195

1.4 Methoden

Die programmorientierte Ermittlung des Materialbedarfes ist mithilfe deterministischer Methoden **genau** möglich. Zu unterscheiden sind:

- **analytische Bedarfsauflösung**
- **synthetische Bedarfsauflösung**.

Grundlagen sind das Produktionsprogramm, der Fristenplan der Fertigung sowie bei analytischer Bedarfsauflösung die Stücklisten, bei synthetischer Bedarfsauflösung die Verwendungsnachweise.

1.4.1 Analytische Bedarfsauflösung

Bei der analytischen Bedarfsauflösung werden die Baukastenstücklisten und Strukturstücklisten zur Ermittlung des Nettobedarfes herangezogen. Als **Verfahren** der analytischen Bedarfsauflösung sollen dargestellt werden:

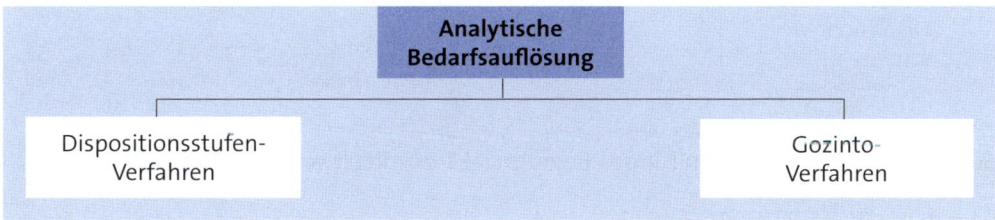

Weitere vor allem in der Vergangenheit genutzte **Verfahren** der analytischen Bedarfsauflösung sind:

- Das **Renetting-Verfahren**, das in der Lage ist, einen Mehrfachbedarf in verschiedenen Erzeugnissen und/oder Fertigungsstufen zu berücksichtigen. Dabei erfolgt die Bedarfsermittlung für ein Mehrfachteil entsprechend oft, wobei jeweils der bis dahin entstandene Bedarf zu berücksichtigen ist.

▸ Das **Fertigungsstufen-Verfahren**, das auch Baustufen-Verfahren genannt wird. Bei ihm werden Teile eines Erzeugnisses in der Reihenfolge der Fertigungsstufen auflöst. Voraussetzung ist, dass keine Teile auf verschiedenen Stufen und damit mehrfach vorkommen.

1.4.1.1 Dispositionsstufen-Verfahren

Das Dispositionsstufen-Verfahren wird genutzt, wenn einzelne Teile in mehreren Erzeugnissen und/oder in verschiedenen Fertigungsstufen vorkommen. Damit jedes Teil aber nur einmal aufgelöst werden muss, werden beim Dispositionsstufen-Verfahren alle gleichen Teile auf die unterste Verwendungsstufe heruntergezogen, die als **Dispositionsstufe** bezeichnet wird.

In der Dispositionsstufe werden – über das gesamte Produktionsprogramm betrachtet – alle gleichen Teile auf der gleichen Stufe ausgewiesen und deren Bedarf gemeinsam ermittelt.

Beispiel

Eine Erzeugnisstruktur geordnet nach Dispositionsstufen:

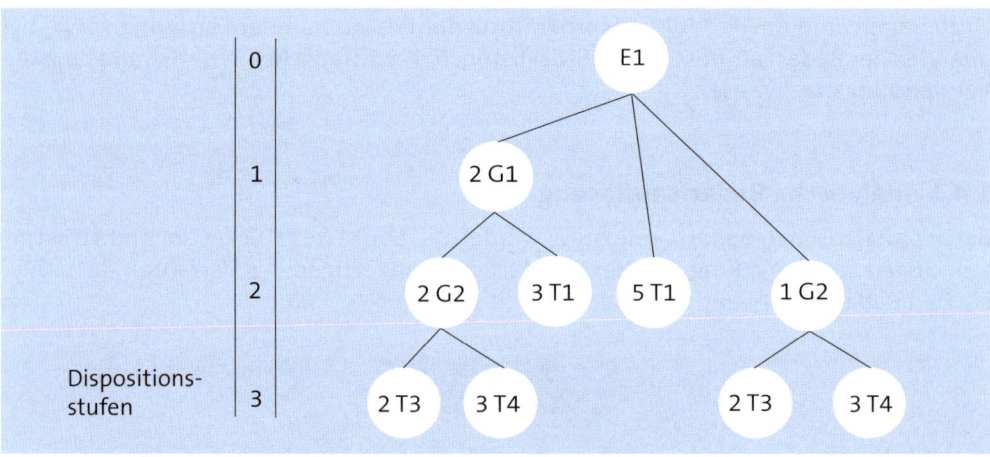

Soll der Bedarf an T3-Teilen für das Erzeugnis E1 ermittelt werden, dann gilt:

E1 = 2G1 • 2G2 • 2T3 + 1G2 • 2T3
E1 = 8 + 2
E1 = **10**

Für ein Erzeugnis E1 werden 10 Teile T3 benötigt.

Das Dispositionsstufen-Verfahren wird in der Praxis verbreitet eingesetzt.

1.4.1.2 Gozinto-Verfahren

Das Gozinto-Verfahren vermeidet eine Mehrfachaufzählung von Teilen. Da die Erzeugnisstrukturen bei der Speicherung von Erzeugnisbäumen **Redundanzen** aufweisen, d. h. Mehrfacherfassungen haben, werden Gozintografen verwendet.

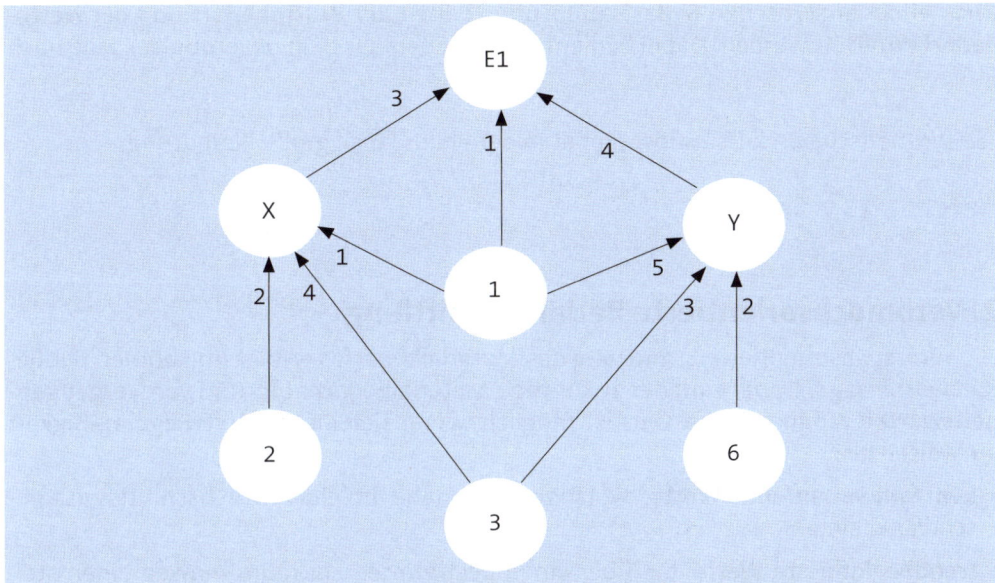

Durch die Anwendung von **Gozintografen** können diese Mehrfacherfassungen vermieden werden. Jede Baugruppe oder jedes Einzelteil wird unabhängig davon, wie oft es verwendet wird, in den verschiedenen Erzeugnissen nur durch einen Pfeil dargestellt

Häufig wird der Gozintograf in Form einer Matrix dargestellt. Hier kann einmal die **Direktbedarfsmatrix** (Baukastenmatrix) erstellt werden. Sie zeigt zeilenweise den Bedarf der einzelnen Baukästen der Produkte. Wird die Matrix spaltenweise gelesen, so lässt diese die Verwendung der einzelnen Teile in verschiedenen Produkten erkennen.

Ebenso lässt sich aus dem Gozintografen eine **Gesamtbedarfsmatrix** (Mengenübersichtsmatrix) gewinnen. Sie zeigt zeilenweise den Gesamtbedarf der einzelnen Produkte bzw. Baugruppen.

	E1	X	Y	1	2	3	6
E1		3	4	1			
X				1	2	4	
Y				5		3	2
1							
2							
3							
6							

	E1	X	Y	1	2	3	6
E1		3	4	24	6	24	8
X				1	2	4	
Y				5		3	2
1							
2							
3							
6							

1.4.2 Synthetische Bedarfsauflösung

Die synthetische Bedarfsauflösung erfolgt auf der Grundlage der **Verwendungsnachweise**. Bei ihr wird nicht vom Erzeugnis ausgegangen, sondern von den einzelnen Teilen, deren Verwendung festgestellt und deren Bedarf ermittelt wird.

Wie bei der analytischen Bedarfsauflösung können der **Bruttobedarf** und der **Nettobedarf** ermittelt werden. Dabei bedient sie sich ebenfalls der Sortierung der Teile nach Stufen.

Die synthetische Bedarfsauflösung hat in der Praxis keine große Bedeutung.

Aufgabe 15 > Seite 195

2. Verbrauchsorientierte Bedarfsermittlung

Die verbrauchsorientierte Ermittlung des Materialbedarfes erfolgt im Rahmen der Bedarfsvorhersage. Dabei wird der zukünftige Materialbedarf aufgrund von **Vergangenheitswerten** prognostiziert. Dies ist möglich, wenn sie eine gewisse **Regelmäßigkeit** aufweisen als:

► **konstant verlaufende Werte**, die längere Zeit nahe um einen Durchschnittswert geschwankt sind

► **trendbeeinflusste Werte**, die über einen bestimmten Zeitraum hinweg einen steigenden oder fallenden Verlauf genommen haben

► **saisonabhängig verlaufende Werte**, die sich dadurch auszeichnen, dass zu wiederkehrenden Zeitpunkten Spitzen- oder Minimalwerte aufgetreten sind.

Ein **sporadischer** oder auch **stark schwankender Verlauf** der Vergangenheitswerte sind hingegen keine geeignete Grundlage für eine Bedarfsvorhersage.

Die verbrauchsorientierte Bedarfsermittlung bietet sich für C-Güter an bzw. wenn eine programmorientierte Bedarfsermittlung nicht möglich oder unwirtschaftlich ist. Es sollen unterschieden werden:

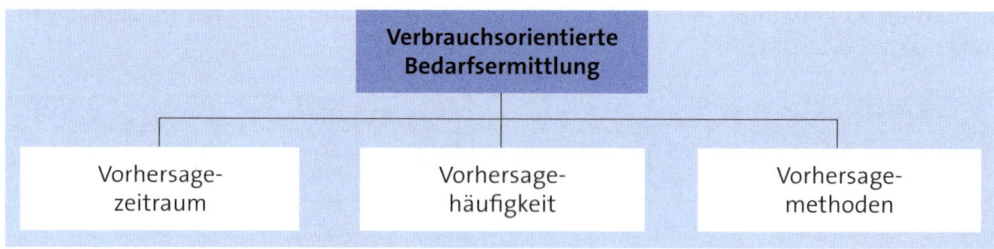

2.1 Vorhersagezeitraum

Für die Größe des Vorhersagezeitraums sind vor allem von Bedeutung:

► Die **Basislänge** als Zeitraum der Vergangenheit, auf den man zurückgreift, um eine Vorhersage zu machen. Ist der Zeitraum lang, wirken sich unbedeutende Schwankungen nicht aus, es besteht aber die Gefahr, dass aktuelle Entwicklungen zu wenig berücksichtigt werden.

In der Praxis liegt die Basislänge erfahrungsgemäß zwischen vier und sechs Monaten, wobei die Möglichkeiten der Datenerfassung hierbei eine wesentliche Rolle spielen. Die Vergangenheitsdaten ermöglichen eine Extrapolation und somit eine Vorhersage der Zukunftswerte.

► Die **Beschaffungszeit** der Materialien, die eine Untergrenze für den Vorhersagezeitraum darstellt, d. h. der Vorhersagezeitraum darf nicht kleiner als die Beschaffungszeit sein.

Vorhersagen sind grundsätzlich umso schwieriger zu erstellen und umso fehlerträchtiger, je weiter sie in die Zukunft reichen.

2.2 Vorhersagehäufigkeit

Bei der verbrauchsorientierten Ermittlung des Materialbedarfes hängt die Häufigkeit der Bedarfsvorhersage vor allem davon ab, in welcher Weise die Bestellmengen und Bestellzeitpunkte geplant werden. Hierfür gibt es Modelle, die sich mit **optimalen Bestandsstrategien** befassen.

Wegen der mit jeder Vorhersage verbundenen Ungenauigkeit ist es zweckmäßig, die Bedarfsvorhersage öfter vorzunehmen, um sie laufend an den neuesten Stand der Informationen anzupassen. Ihre Häufigkeit wird jedoch durch den Umfang und die Kosten der notwendigen Vorarbeiten beschränkt.

2.3 Vorhersagemethoden

Die stochastischen Methoden, die zur verbrauchsbedingten Ermittlung des Materialbedarfes herangezogen werden, gehen von der Wahrscheinlichkeitstheorie aus und bedienen sich direkt oder indirekt messbarer Daten oder geschätzter Werte. Sie haben erhebliche praktische Bedeutung, vor allem bei der Ermittlung des Bedarfes an C-Teilen, und sind heute Bestandteil in IT-Programmen.

Es sollen unterschieden werden:

► **Mittelwert-Verfahren**

► **exponentielle Glättung**.

Eine weitere mathematisch-statistische Vorhersagemethode ist die **Regressionsanalyse**, bei der Beziehungen zwischen einer erklärten Variablen und einer oder mehreren erklärenden Variablen untersucht werden. Sie wird eingesetzt, wenn ein linearer Zusammenhang zwischen einer abhängigen Variablen und unabhängigen Variablen angenommen wird – siehe ausführlicher *Oeldorf/Olfert*.

Die mithilfe der stochastischen Methoden errechneten Werte sind Vorhersagewerte, d. h. bei ihnen besteht die Gefahr fehlerhafter Aussagen. Daher erscheint es zweckmäßig, eine **Fehlervorhersage** durchzuführen, die auf der mittleren quadratischen bzw. mittleren absoluten Abweichung beruhen können – siehe ausführlicher *Oeldorf/Olfert*.

2.3.1 Mittelwert-Verfahren

Der Mittelwert ist für eine Bedarfsvorhersage geeignet, wenn der **Bedarfsverlauf** der Materialien **konstant** ist. Als Möglichkeiten der Mittelwertbildung bieten sich an:

▸ Der **gleitende Mittelwert** als einfachste Methode der Bedarfsvorhersage. Dabei werden die Verbrauchszahlen der Vergangenheit zu Grunde gelegt. Er wird errechnet:

$$V = \frac{T_1 + T_2 + \dots + T_n}{n}$$

V = Vorhersagewert für die nächste Periode
T_i = Materialbedarf der Periode i
n = Anzahl der betrachteten Perioden

Die Anzahl der betrachteten Perioden sollte einerseits begrenzt sein, andererseits aber nicht zu klein, um kurzfristige Zufallsschwankungen möglichst auszuschalten. Für die Berechnung der zu betrachtenden Perioden bleibt sie stets gleich. Mit Beginn einer neuen Periode fällt jeweils der älteste Wert weg, der neueste Wert – das ist der Wert der letzten Periode – kommt hinzu.

Beispiel

Monat	Juli 2015	August 2015	September 2015
Verbrauch	50	60	70

$$V = \frac{50 + 60 + 70}{3}$$

V = 60

▸ Beim **gewogenen gleitenden Mittelwert** können die einzelnen Perioden gewichtet werden. Dabei wird jüngeren Perioden i. d. R. ein größeres Gewicht zugemessen als älteren Perioden, um trendmäßige Entwicklungen besser erkennen zu können:

$$V = \frac{T_1 G_1 + T_2 G_2 + T_3 G_3 + ... + T_n G_n}{G_1 + G_2 + G_3 + ... + G_n}$$

Die Berechnung des gewogenen gleitenden Mittelwertes erfolgt:

G = Gewicht der Periode i

Beispiel

Bei einer Gewichtung der Werte aus dem obigen Beispiel für Juli (20 %), August (30 %) und September (50 %) ergibt sich:

$$V = \frac{50 \cdot 20 + 60 \cdot 30 + 70 \cdot 50}{100}$$

V = 63

2.3.2 Exponentielle Glättung

Die exponentielle Glättung ist die wichtigste Methode der verbrauchsbedingten Ermittlung des Materialbedarfes. Sie beansprucht einen geringen Rechenaufwand und ist in der Lage, die Daten zu gewichten. Die **Gewichtung** erfolgt durch den Glättungsfaktor α, der zwischen den Werten 0 und 1 liegt. Bei einem Glättungsfaktor von 0,4 geht der Schätzfehler mit einem Gewicht von 40 % in die Berechnung ein.

▸ Je **kleiner** α ist, umso stärker werden weiter zurückliegende Perioden gewichtet sowie Zufallsschwankungen stark geglättet.

▸ Je **größer** α gewählt wird, umso stärker erfolgt die Gewichtung jüngerer Perioden. Die Glättung der Zufallsschwankungen ist recht gering.

Mit der exponentiellen Glättung erster Ordnung ist eine Vorhersage bei **konstantem Bedarf** möglich. Dabei wird der Materialbedarf durch eine fortgeschriebene Mittelwertbildung festgestellt, wobei die Gewichtung mithilfe des Glättungsfaktors mit zunehmender Vergangenheit vermindert wird:

$$V_n = V_a + \alpha (T_i - V_a)$$

V_n = Neue Vorhersage
V_a = Alte Vorhersage
T_i = Tatsächlicher Bedarf der abgelaufenen Periode
α = Glättungsfaktor

Beispiel

Für Oktober 2014 wurde ein Verbrauch von 80 Stück vorhergesagt. Tatsächlich lag der Verbrauch bei 120 Stück. Es wird ein α-Wert von 0,4 angenommen. Als Materialbedarf ergibt sich:

$V_n = 80 + 0,4 \cdot (120 - 80)$
$V_n = 80 + 16$
$V_n = 96$

Um **Trends** zu berücksichtigen, wird die exponentielle Glättung zweiter Ordnung eingesetzt – siehe ausführlicher *Oeldorf/Olfert*.

Aufgabe 16 > Seite 195

Die Gesamtheit der programmorientiert und verbrauchsorientiert ermittelten Nettobedarfe eines Unternehmens ergibt die technische Losgröße des Unternehmens. Sie muss nicht mit der wirtschaftlichen Losgröße übereinstimmen, deren Aufgabe es ist, die kostenoptimale Beschaffungsmenge zu ermitteln. Die **technische Losgröße** stellt in jedem Falle aber die Grundlage dafür dar, die wirtschaftliche Losgröße zu ermitteln.

Aufgabe 17 > Seite 196

C. Bestands-Logistik

Nachdem der Bedarf an Gütern nach Art, Menge und Zeit ermittelt wurde, muss festgestellt werden, wie hoch die Bestände der benötigten Güter in den Unternehmen sind. Mithilfe der Bestands-Logistik sollen eine hohe Lieferbarkeit bei gutem Servicegrad sowie eine Optimierung der Bestände und Kosteneinsparungen realisiert werden.

Betrachtet man den **Auftragsdurchlauf**, so geht es hier um den Materialbestandsabgleich:

Der **Bestandsabgleich** kann ergeben, dass

▶ Bestände zwar vorhanden, aber nicht nutzbar sind, da sie bereits für andere Fertigungsaufträge reserviert wurden.

▶ Zwar keine Bestände erkennbar sind, aber bereits Bestellungen von Materialien erfolgten, die nächstens eintreffen.

Erst wenn der Bedarf an Gütern mit den Beständen der Güter abgeglichen ist, können die **Mengen** der benötigten Güter und die **Zeitpunkte** ihrer Beschaffung festgelegt werden. Missverhältnisse zwischen den Beständen und dem Bedarf lassen sich mithilfe von IT-Programmen erkennen.

Die Bestands-Logistik erfolgt in zweifacher Weise und zwar als:

▶ Mengenrechnung für die Fertigungsdisposition

▶ Wertrechnung für die Betriebsabrechnung.

Entsprechend ihrer **Phasen** sollen als Bestands-Logistik dargestellt werden:

	Bestandsplanung
Bestands-Logistik	Bestandsführung
	Bestandskontrolle

1. Bestandsplanung

Zweck der Bestandsplanung ist es, das Vorhandensein der erforderlichen Materialien nach Art, Menge und Zeit sicherzustellen. Mit ihrer Hilfe soll vermieden werden, dass zu geringe Bestände die Leistungserstellung gefährden bzw. zu hohe Bestände die Wirtschaftlichkeit des Unternehmens mindern.

Die Bestandsplanung kann dazu beitragen, die **Kapitalbindung** zu vermindern oder zur Verfügung stehendes Kapital für andere Verwendungen freizusetzen. Schließlich liegen die Bestände an Materialien in Unternehmen häufig zwischen 20 % und 30 % über den durchschnittlichen Bedarfswerten, wobei Sicherheitsbestände bereits berücksichtigt sind.

Folgende Gesichtspunkte sollen behandelt werden:

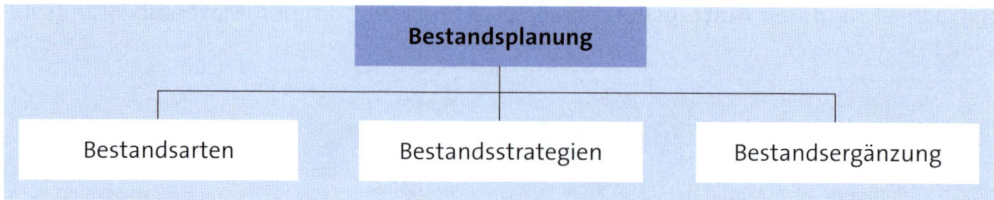

1.1 Bestandsarten

Die Bestandsplanung bezieht sich vor allem auf folgende Arten von Beständen:

- **Lagerbestand**
- **Sicherheitsbestand**
- **Meldebestand**
- **Höchstbestand**.

1.1.1 Lagerbestand

Der Lagerbestand ist der Bestand, der sich körperlich zum Planungs- und Überprüfungszeitpunkt im Lager befindet. Seine Höhe hängt von der Höhe der jeweiligen Lagerzugänge und Lagerabgänge ab. Als **Kennzahl** des Lagerbestandes wird vielfach verwendet:

$$B_D = \frac{\text{Anfangsbestand} + \text{Endbestand}}{2}$$

B_D = Durchschnittlicher Bestand

Beispiel

Folgende Monatsendbestände liegen vor:

Monat	Juli 2015	August 2015	September 2015
Endbestand	100	120	140

Der Endbestand Juli 2015 entspricht dem Anfangsbestand August 2015.

$$B_D = \frac{100 + 120}{2} = \textbf{110} \text{ (für August)}$$

$$B_D = \frac{120 + 140}{2} = \textbf{130} \text{ (für September)}$$

Der durchschnittliche Bestand als Lagerbestand kann auch mithilfe anderer Kennzahlen ermittelt werden – siehe ausführlicher *Oeldorf/Olfert*.

Der **Lagerbestand** kann sein:

▶ Der **verfügbare Bestand**, der eine Teilmenge des Lagerbestandes darstellt. Seine Ermittlung muss vorgenommen werden, wenn Vormerkungen für den Fertigungsplan oder offene Bestellungen zu bestimmten Terminen gegeben sind:

> Bestand am Lager
> + Offene Bestellungen
> - Vormerkungen
> = **Verfügbarer Bestand**

▶ Der **disponierte Bestand**, der die Bestandsmengen umfasst, die für bereits laufende Aufträge geplant sind. Er wird auch **Vormerkungen** oder **Reservierungen** genannt.

Störungen im betrieblichen Ablauf können die Höhe des verfügbaren Bestandes verändern, z. B. wenn bereits disponierte Bestände vorübergehend frei gegeben werden.

1.1.2 Sicherheitsbestand

Der Sicherheitsbestand ist der Bestand an Materialien, der normalerweise nicht zur Fertigung herangezogen wird. Er wird auch **eiserner Bestand, Mindestbestand** bzw. **Reserve** genannt und stellt einen Puffer dar, der die Leistungsbereitschaft des Unternehmens bei Lieferschwierigkeiten oder sonstigen Ausfällen gewährleisten soll.

Seine **Größe** richtet sich nach dem Durchschnittsverbrauch an Materialien innerhalb des Zeitraums der Wiederbeschaffung bzw. der erneuten Eigenerstellung. Der Sicherheitsbestand dient dazu, **Unsicherheiten** abzudecken:

▶ **Bedarfsunsicherheit** (effektiver Bedarf höher als geplanter Bedarf)

▶ **Lieferzeitunsicherheit** (effektiver Liefertermin später als Soll-Liefertermin)

▶ **Bestandsunsicherheit** (Buchbestand höher als Lagerbestand).

Die beschriebenen Unsicherheiten lassen sich im Hinblick auf den Sicherheitsbestand und Lagerbestand **grafisch** darstellen:

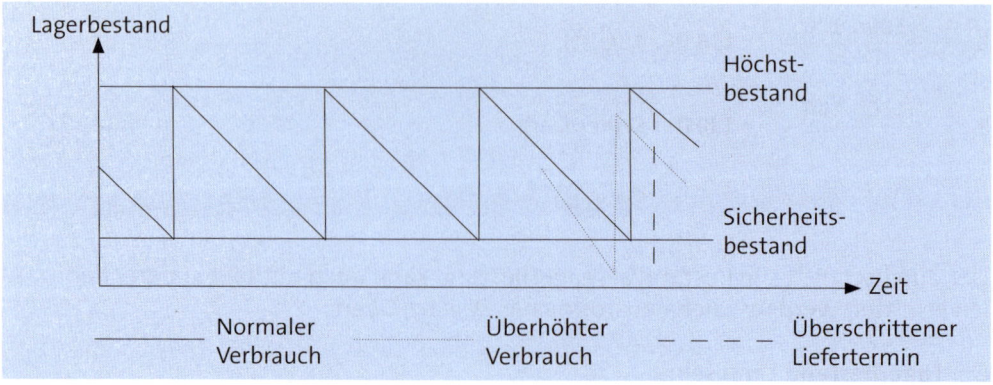

Die Ermittlung des Sicherheitsbestandes erfolgt häufig mithilfe relativ grober Näherungsrechnungen, z. B. mithilfe der folgenden **Formel:**

B_S = Durchschnittlicher Verbrauch je Periode • Beschaffungsdauer

B_S = Sicherheitsbestand

Beispiel

Beträgt der durchschnittliche Verbrauch/Monat

Juli 2015	August 2015	September 2015	Oktober 2015
1.200	1.400	1.600	1.600

und die Beschaffungsdauer einen Monat, ergibt sich als Verbrauch:

$$\text{Verbrauch} = \frac{1.200 + 1.400 + 1.600 + 1.600}{4}$$

Verbrauch = 1.450

Als Sicherheitbestand ergibt sich somit:
B_S = 1.450 • 1 = **1.450**

1.1.3 Meldebestand

Der Meldebestand ist der Bestand, bei dessen Unterschreiten eine Bestellung ausgelöst wird. Der Zeitpunkt der Bestellung muss so frühzeitig liegen, dass der Sicherheitsbestand im Verlaufe der Beschaffungsdauer nach Möglichkeit nicht angegriffen wird. Der Meldebestand wird auch **Bestellpunkt** genannt.

Der Meldebestand kann auf unterschiedliche Weise berechnet werden. Häufig wird folgende **Formel** verwendet:

$$B_M = 2 \cdot \text{Sicherheitsbestand}$$

B_M = Meldebestand

Beispiel

Bei dem im vorangegangenen Beispiel ermittelten Sicherheitsbedarf ergibt sich als Meldebestand:

B_M = 1.450 • 2
B_M = **2.900**

Sicherheitsbestand und Meldebestand sind eng miteinander verknüpft. Die Festlegung ihrer Höhe setzt die genaue Kenntnis der Verbrauchsmengen des Unternehmens und der Zuverlässigkeit der Lieferanten voraus. Heutige Formen eines Just-In-Time bzw. Just-In-Sequence (Anlieferung des Materials in der Folge des Einbaus) wirken sich bestandsreduzierend auf die Bestandshöhe aus.

1.1.4 Höchstbestand

Der Höchstbestand gibt an, welche Materialmenge maximal am Lager vorhanden sein darf. Mit seiner Hilfe sollen ein überhöhter Lagervorrat und damit eine zu hohe Kapitalbindung am Lager vermieden werden.

Die dargestellten Bestandsarten – Lagerbestand, Sicherheitsbestand, Meldebestand, Höchstbestand – lassen sich unter der Annahme eines gleichmäßigen Verbrauches und periodisch gleichmäßiger Zugänge der Bestellmengen wie folgt darstellen:

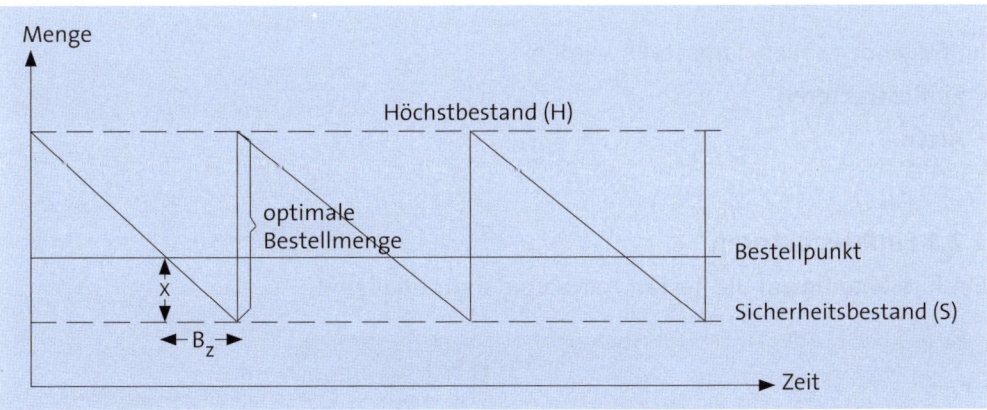

B_z = Beschaffungszeitraum
x = Verbrauch im Beschaffungszeitraum

Der Bestand nimmt während der Betrachtungsperiode ständig ab und erreicht den Bestellpunkt, an dem die Bestellung neuen Materials ausgelöst wird. Mit dem Erreichen des Sicherheitsbestandes trifft das bestellte Material ein.

Der durchschnittliche Lagerbestand ist im Schaubild mit

$$\frac{H - S}{2} + S$$

zu ermitteln, einem Näherungswert, der zutreffend ist, wenn das Lager voll aufgefüllt ist.

Aufgabe 18 > Seite 196

1.2 Bestandsstrategien

Die Bestandsstrategien dienen dazu, im Rahmen von Lagerhaltungsproblemen Entscheidungen darüber herbeizuführen, wann und wie viel Materialien bereitzustellen sind. Sie werden auch **Lagerhaltungsstrategien** genannt.

Ihre Anwendbarkeit setzt voraus, dass umfangreiche Aufzeichnungen vorgenommen werden. Die Sammlung, Speicherung, Ordnung, Gruppierung und Darstellung des Zahlenmaterials ist wirtschaftlich nur mithilfe der IT möglich.

Bei der **zeit**orientierten Bestandsergänzung ist der Termin anzusetzen, bei dem der Bestand kleiner oder gleich einer bestimmten Mengeneinheit ist oder zu dem das Lager überprüft und eine Ergänzung vorgenommen wird.

Bei der **mengen**orientierten Bestandsergänzung ist denkbar, eine Bestellung in festgelegten Mengeneinheiten vorzunehmen oder den Lagerbestand durch die Bestellmenge auf einen bestimmten Stand zu bringen.

Im Folgenden sollen dargestellt werden:

► **Einflussfaktoren**
► **Arten**.

1.2.1 Einflussfaktoren

Einflussfaktoren auf die Bestandsstrategie sind vor allem:

1.2.1.1 Lieferbereitschaftsgrad

Jede Bedarfsvorhersage birgt die Gefahr fehlerhaft zu sein, da ihr Vergangenheitswerte zu Grunde liegen. Ohne Sicherheitsbestand kann ein Teil der Bedarfsanforderungen möglicherweise nicht gedeckt werden.

Deshalb wird zweckmäßigerweise ein bestimmter Lieferbereitschaftsgrad festgelegt, der auch **Service-Grad** genannt wird. Er gibt an, welche Anteile an Bedarfsanforderungen das Lager auszuführen im Stande sein soll.

Der Lieferbereitschaftsgrad wird als Prozentsatz der Bedarfsanforderungen ermittelt, die in der Planperiode durch den Lagervorrat gedeckt werden. Vielfach wird ein Lieferbereitschaftsgrad von 80 bis 90 % als ausreichend angesehen.

Der Lieferbereitschaftsgrad L wird rechnerisch ermittelt:

▸ Lieferbereitschaftsgrad als **Bedarfsservice L_B**

$$L_B = \frac{\text{Anzahl der bedienten Bedarfspositionen} \cdot 100}{\text{Anzahl aller Bedarfspositionen}}$$

▸ Lieferbereitschaft als **Stückservice L_S**

$$L_S = \frac{\text{Anzahl sofort bedienter Mengen} \cdot 100}{\text{Gesamtmenge der Nachfrage}}$$

Beispiel

Bedarfsservice

Monat	Aufträge	Davon sofort ausführbar
Januar	200	160
Februar	500	380
März	250	210
April	100	90
Mai	120	100
Juni	350	240

Stückservice

Monat	Nachfrage	Verfügbare Lagermenge
Januar	500	350
Februar	700	500
März	300	300
April	1.400	900
Mai	1.300	1.000
Juni	1.700	1.400

Der Lieferbereitschaftsgrad liegt bei rund 80 %.   Der Lieferbereitschaftsgrad liegt bei rund 78 %.

Eine hohe Lieferbereitschaft kann nur durch intensive Beobachtung der Materialien gesichert werden. Hier legt man sinnvollerweise eine **ABC-Analyse** zu Grunde. Oft wird dabei eine 80 : 20-Verteilung angenommen, d. h. bei 20.000 Materialien sind 4.000

Materialien von den Materialdisponenten mit 80 % ihres Arbeitsaufwandes zu beobachten.

Eine weitere Möglichkeit besteht in der Trennung der Materialien nach dem **Versorgungsrisiko**, wie die folgende Darstellung zeigt:

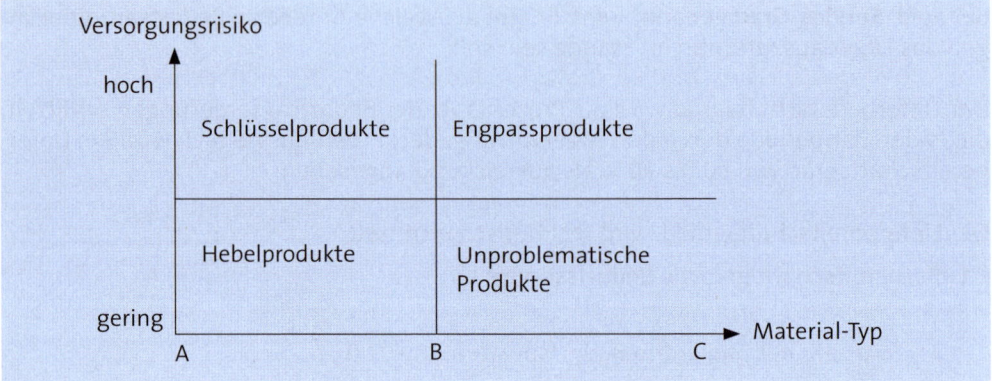

1.2.1.2 Fehlmengenkosten

Fehlmengenkosten entstehen, wenn eine Bestellung, die bei dem Unternehmen eingeht, nicht ausgeführt werden kann. Die Fehlmengenkosten sind von der Höhe des Lieferbereitschaftsgrades abhängig. Bei einem hohen Lieferbereitschaftsgrad, z. B. 90 %, fallen geringe Fehlmengenkosten an. Ist der Lieferbereitschaftsgrad niedriger, z. B. 60 %, besteht die Gefahr beträchtlicher Fehlmengenkosten.

Der **Lieferbereitschaftsgrad** und die Fehlmengenkosten stehen somit in folgendem Verhältnis zueinander:

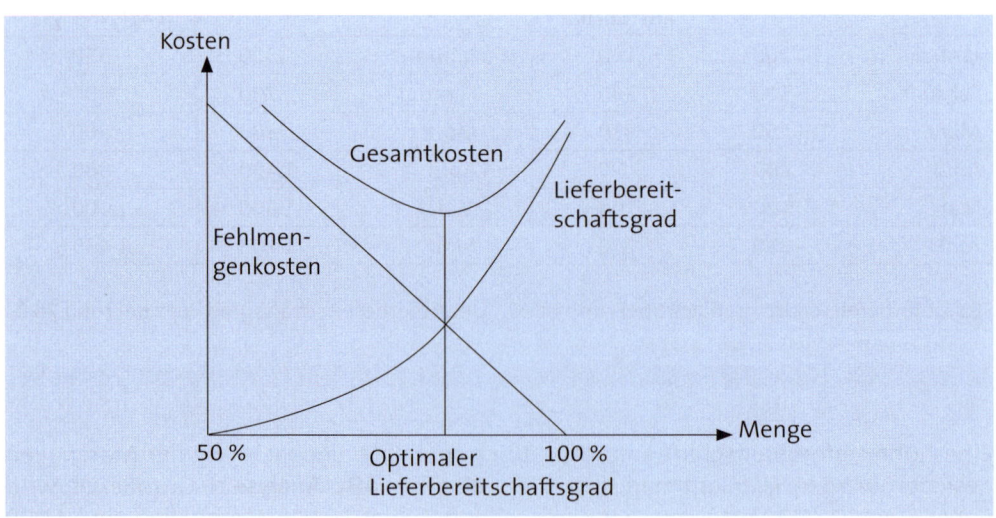

Der **optimale Lieferbereitschaftsgrad** ergibt sich aus dem Minimum der gegenläufigen Kosten, das sind die Fehlmengenkosten und die Kosten des Sicherheitsbestandes.

1.2.2 Arten

In der betrieblichen Praxis sind mehrere **Bestandsstrategien** entwickelt worden. Es lassen sich vor allem unterscheiden:

▸ **(S, T)-Strategie:** Der Lagerbestand wird in konstanten Zeitintervallen (T) programmgemäß überprüft und disponiert. Ergibt sich eine Mindermenge, wird auf den Grundbestand (S) aufgefüllt.

▸ **(s, S)-Strategie:** Nach jeder Entnahme findet eine Überprüfung des Lagerbestandes statt. Sobald der Bestellpunkt (s) erreicht wird, wird eine Auffüllung auf den Grundbestand (S) veranlasst.

▸ **(s, Q)-Strategie:** Nach jeder Entnahme findet eine Überprüfung des Lagerbestandes statt. Sobald der Bestellpunkt (s) unterschritten wird, erfolgt die Auslösung einer Bestellung in der Menge (Q).

▸ **(s, S, T)-Strategie:** Der Lagerbestand wird in konstanten Zeitintervallen (T) überprüft. Ergibt sich eine Unterschreitung des Bestellpunktes (s), wird auf den Grundbestand (S) aufgefüllt.

▸ **(s, Q, T)-Strategie:** Der Lagerbestand wird in konstanten Zeitintervallen (T) überprüft. Ergibt sich eine Unterschreitung des Bestellpunktes (s), wird die Menge (Q) bestellt.

Geeignete Bestandsstrategien sind in der **Praxis:**

▸ bei **Vorratsmaterialien**, die ständig in bestimmten Mengen benötigt und lagermäßig auf Vorrat gehalten werden, ohne IT-Einsatz die (S, T)-Strategie, bei Einsatz von IT-Programmen die (s, S)-Strategie

▸ bei **Auftragsmaterialien**, deren Bedarfsermittlung fallweise durch Stücklistenauflösung erfolgt, ohne IT-Einsatz die (s, Q)-Strategie, bei Einsatz von IT-Programmen die (s, Q)-Strategie.

Aufgabe 19 > Seite 197

1.3 Bestandsergänzung

Um eine Bestandsergänzung vornehmen zu können, ist es erforderlich, den Lagerbestand zu überprüfen. Ist der Meldebestand erreicht, muss die Bestellung der benötigten Materialmenge erfolgen. Damit die benötigten Materialien rechtzeitig verfügbar sind, ist die **Wiederbeschaffungszeit** zu berücksichtigen, die den Zeitraum zwischen der Bestellauslösung und der Verfügbarkeit der bestellten Materialien im Lager umfasst.

Die Bestandsergänzung kann erfolgen als:

- **verbrauchsbedingte Bestandsergänzung**
- **bedarfsbedingte Bestandsergänzung**.

1.3.1 Verbrauchsbedingte Bestandsergänzung

Die verbrauchsbedingte Bestandsergänzung wird vor allem dort angewandt, wo ein regelmäßiger Verbrauch an Hilfs- und Betriebsstoffen sowie sonstigen relativ geringwertigen Materialien vorliegt. Bei ihr sind zu unterscheiden:

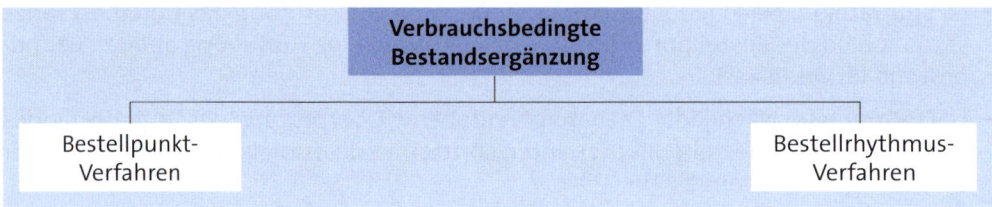

1.3.1.1 Bestellpunkt-Verfahren

Der Bestellpunkt ist die Menge des verfügbaren Lagerbestandes, bei der eine Bestellung ausgelöst wird. Deshalb ist zunächst die Entscheidung über die Höhe der Bestellmenge und des Bestellpunktes zu treffen, bei dessen Erreichen ein Bestellvorgang ausgelöst wird.

Jede Buchung eines Lagerabganges bewirkt beim Bestellpunkt-Verfahren die Prüfung, ob der Bestellpunkt erreicht ist, was IT-mäßig keine Probleme mit sich bringt. Die manuelle Überprüfung hingegen ist aufwändiger. Da sie i. d. R. nicht so häufig erfolgen kann, muss mit einem erhöhten Sicherheitsbestand gearbeitet werden.

Das Bestellpunkt-Verfahren wird auf zwei **Arten** praktiziert. Es gibt:

- Die **sofortige Lagerergänzung**, die bei Materialien erfolgt, deren Wiederbeschaffung zwischen zwei Lagerabgängen vorgenommen werden kann, weil ihre **Beschaffungszeiten** entsprechend **kurz** sind. Ihre Ermittlung geschieht mithilfe des Meldebestandes:

$$B_M = (T_W + T_U) \cdot P + B_S$$

B_M = Meldebestand (Stück)
T_W = Wiederbeschaffungszeit (Tage)
T_U = Überprüfungszeit beim Eingang des Materials (Tage)
P = Materialbedarf (Stück/Periode)
B_S = Sicherheitsbestand (Stück)

Beispiel

Beträgt die Lieferzeit 10 Tage, die Überprüfungszeit 1 Tag, der Bedarf pro Periode 5.000 Stück und der Sicherheitsbestand 5.000 Stück, ergibt sich

$B_M = (10 + 1) \cdot 5.000 + 5.000$
$B_M = 55.000 + 5.000$
$B_M =$ **60.000 Stück**

▸ Die **langfristige Lagerergänzung**, bei der davon ausgegangen wird, dass zwischen der aufgrund des erreichten Meldebestandes erfolgten Bestellauslösung und dem Eintreffen der Materialien dem Lager noch mehrmals Materialien entnommen werden.

Da bei jeder Materialentnahme geprüft wird, ob der Meldebestand erreicht ist, würden mehrere weitere Bestellungen ausgelöst. Die notwendige Bestellung ist aber bereits erfolgt, wegen der langen Wiederbeschaffungszeit der Materialien nur noch nicht eingetroffen.

Deshalb müssen nicht nur die bei der sofortigen Lagerergänzung zu berücksichtigenden Faktoren – Materialbedarf, Wiederbeschaffungszeit, Überprüfungszeitraum – beachtet werden, sondern auch bereits laufende Bestellungen.

Eine Bestellung wird demnach ausgelöst, wenn die Summe aus Lagerbestand und Eindeckung – als Menge der **laufenden Bestellungen** – unter dem Meldebestand liegt.

In der **Praxis** werden vielfach vereinfachte Verfahren zur Bedarfsauflösung eingesetzt, die sich leicht anwenden lassen und einen geringen Arbeitsaufwand erfordern. Sie bieten sich bei C-Teilen an, aber auch dort, wo eine bestimmte Verbrauchsfolge einzuhalten ist.

Es haben sich vor allem zwei **Verfahren** entwickelt:

▸ Beim **Reihenfolge-Verfahren** werden die einzelnen Stücke, z. B. Behälter, Dosen, Kästen, Fässer, so hintereinander angeordnet, dass ein Abgang stets auf das älteste Stück zugreift. Neue Zugänge werden hinter den zeitlich letzten Zugängen angefügt.

Als Kontrollgröße für die Bestellauslösung dient der Mindestbestand, bei dessen Erreichen eine Meldung erfolgt:

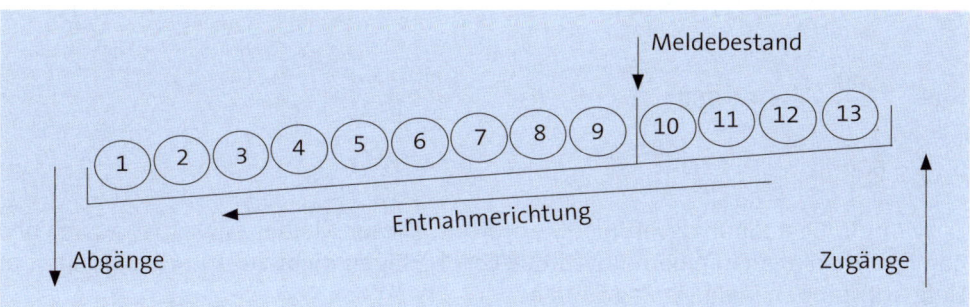

▸ Beim **Vorratsbehälter-Verfahren** werden die einzelnen Lagerabgänge aus den Vorratsbehältern nicht separat erfasst, sondern nur die verbrauchten Mengen registriert. Das Auslösen einer Bestellung geschieht durch Sichtkontrolle. Wenn Behälter leer sind, wird eine Bestellung in der Höhe des leeren Behälters ausgelöst.

Die dargestellten Verfahren werden in vielerlei Variationen angewendet.

1.3.1.2 Bestellrhythmus-Verfahren

Das Bestellrhythmus-Verfahren ist durch festgelegte Beschaffungsrhythmen und variable Bestellmengen gekennzeichnet, deren Umfang vor allem vom Verbrauch zwischen den Überprüfungszeitpunkten abhängt.

Da der Bestand zwischen den Überprüfungszeitpunkten unbekannt ist, muss der Bedarf während der Überprüfungszeit berücksichtigt werden. Der Bestellpunkt als Meldebestand ergibt sich:

$$B_M = \frac{V_T\,(T_W + T_U)}{T_P} + B_S$$

B_M = Bestellpunkt
V_T = Verbrauch in Tagen
T_W = Wiederbeschaffungszeit in Tagen
T_U = Überprüfungszeit in Tagen
T_P = Vorhersageperiode in Tagen
B_S = Sicherheitsbestand

Beispiel

V_T = 500 Stück $\qquad$ T_W = 10 Tage $\qquad$ B_S = 6.000
$\qquad\qquad\qquad\qquad\quad$ T_U = 2 Tage
$\qquad\qquad\qquad\qquad\quad$ T_p = 10 Tage

Der Bestellpunkt ergibt sich:

$$B_M = \frac{500 \cdot (10 + 2)}{10} + 6.000$$

$$B_M = \frac{500 \cdot 12}{10} + 6.000$$

B_M = **6.600**

Es wird ein Bestellpunkt von 6.600 ermittelt. Dieser Meldebestand ist ausreichend, damit Vorhersagen in einem Rhythmus von 10 Tagen nicht zu Unterbrechungen und Lieferstillständen in dieser Zeit führen.

Das Bestellrhythmus-Verfahren findet Anwendung, wenn ein Lieferrhythmus durch den Lieferanten vorgegeben ist oder der Fertigungsrhythmus des Unternehmens eine Bestellung fehlender Materialien nur zu bestimmten Vorhersageperioden zulässt.

Aufgabe 20 > Seite 197

1.3.2 Bedarfsbedingte Bestandsergänzung

Die bedarfsbedingte Bestandsergänzung wird angewandt, wenn **hochwertige** Materialien zu planen sind, d. h. A-Güter und häufig auch B-Güter. Sie basiert auf den Bedarfswerten aus der Bedarfsauflösung.

Mit der bedarfsbedingten Bestandsergänzung soll die Reichweite des Lagers festgestellt und eine Lagerergänzung vorgenommen werden, wenn die Eindeckung einen bestimmten Wert erreicht hat. Es lassen sich unterscheiden:

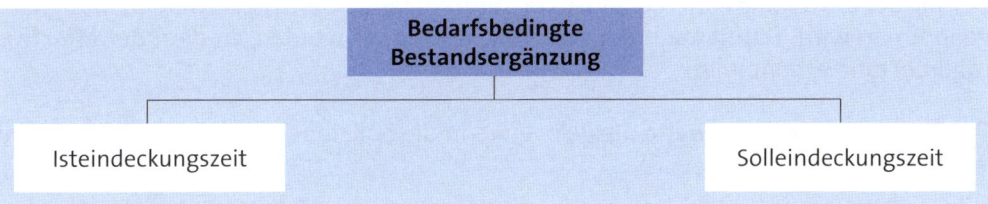

1.3.2.1 Isteindeckungszeit

Die Isteindeckungszeit ist die Zeit, bis zu welcher der verfügbare Bestand unter Zugrundelegung des zu erwartenden Bedarfes ausreicht. Der erste Tag der Periode, deren Bedarf nicht mehr gedeckt werden kann, liegt damit außerhalb der Isteindeckungszeit.

Bei der Errechnung der Isteindeckungszeit wird davon ausgegangen, dass der Bedarf zum Beginn einer Planungsperiode auftritt. Es muss zum ersten Tag einer Planungsperiode in ausreichendem Maße ein verfügbarer Bestand vorhanden sein.

Beispiel

Für die Serie „Modul X3711" wird ein Bedarf von 30.000 Stück vorgegeben. Daraus wird ein Bedarf an Teil 20 von 120.000 Stück abgeleitet. Eine erste Lieferung umfasst 30.000 Teile. Folgende Zahlen liegen vor:

	Periode 1	Periode 2	Periode 3	Periode 4	Periode 5
Lagerbestand	30.000	22.000	13.000	6.000	2.000
- Verbrauch	8.000	9.000	7.000	4.000	6.000
= Restbestand	22.000	13.000	6.000	2.000	- 4.000

Es ist zu erkennen, dass die Lieferung den Bedarf der Periode 5 nicht mehr vollständig abdeckt. Das bedeutet, dass rechtzeitig eine weitere Lieferung veranlasst werden muss.

1.3.2.2 Solleindeckungszeit

Die Solleindeckungszeit gibt die Zeit an, bis zu welcher der Lagerbestand und Bestellbestand ausreichen sollen. Um Leistungsunterbrechungen zu vermeiden, müssen – vom Tag der Bestellung (T_x) ausgehend – abgedeckt sein:

► Wiederbeschaffungszeit (T_W)

► Überprüfungszeit (T_U)

► Sicherheitszeit (T_S)

► Länge der Planperiode (T_p).

Entsprechend ergibt sich die Solleindeckungszeit (T_{Soll}):

$$T_{Soll} = T_X + T_W + T_U + T_P + T_S$$

Der Tag der Bestellung stellt den Ausgangstermin dar, ab dem die Terminrechnung vorgenommen wird. Damit kann der Zeitpunkt errechnet werden, zu dem der effektive Lagerbestand erhöht wird.

Der **Bestellvorgang** wird dann ausgelöst, wenn die Solleindeckungszeit größer als die Isteindeckungszeit ist:

$$T_{Ist} < T_{Soll}$$

Somit überprüft das IT-System bis zu welchem Zeitpunkt ein Bestand ausreicht, jedoch eine Fehlmenge zu einem späteren Zeitpunkt erkennbar ist.

Beispiel

Umfasst eine Periode im obigen Beispiel 10 Tage, so sind die Perioden 1 - 4 (also 40 Tage) mit Material versorgt. Beginnt die Berechnung mit dem Fabriktag 200, sind die Teile bis zum Fabriktag 240 vorrätig. Ab diesem Tag ist eine Versorgung nicht mehr in vollem Umfang gewährleistet. Daher wird auf den Soll-Liefertermin zurückgerechnet.

$T_{L-Soll} = T_{Ist} - T_S - T_U - T_W$

$T_{L-Soll} = 240 - 10 - 10 - 36$

$T_{L-Soll} = \mathbf{184}$

Werden als Überprüfungszeit und Sicherheitszeit jeweils 10 Tage einkalkuliert, sind bei 36 Tagen Lieferzeit diese Werte vom Isteindeckungstermin (= 240) abzuziehen. Dies ergibt einen Termin von 184 zur weiteren Nachlieferung von 30.000 Teilen.

Die Ermittlung der Solleindeckungszeit erfolgt vielfach unter IT-Einsatz.

Aufgabe 21 > Seite 197

2. Bestandsführung

Die Bestandsführung hat die Aufgabe, den Materialbestand festzustellen, indem die durch die Bedarfsrechnung realisierten Materialabgänge erfasst und bewertet werden. Dementsprechend sollen dargestellt werden:

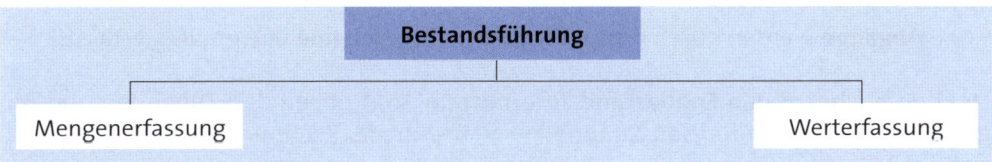

2.1 Mengenerfassung

Die Erfassung der Verbrauchsmengen dient dem Nachweis, welche Materialien für die einzelnen Aufträge verbraucht wurden. Sie ermöglicht damit auch einen **Soll-Ist-Vergleich** hinsichtlich der verbrauchten Materialien und gegebenenfalls daraus resultierende Steuerungsmaßnahmen. Liegt z. B. ein Mehrverbrauch vor, können Maßnahmen zur Materialreduzierung eingeleitet werden.

Im Rahmen der Mengenerfassung von Materialien sollen dargestellt werden:

- **Erfassungsmethoden**
- **Inventur**
- **Bestandsbewegungen**.

2.1.1 Erfassungsmethoden

Die Erfassungsmethoden des Materialverbrauches dienen dazu, die bestandsverändernden Vorgänge festzuhalten, wodurch die Bestandsführung möglich wird. Es sollen unterschieden werden:

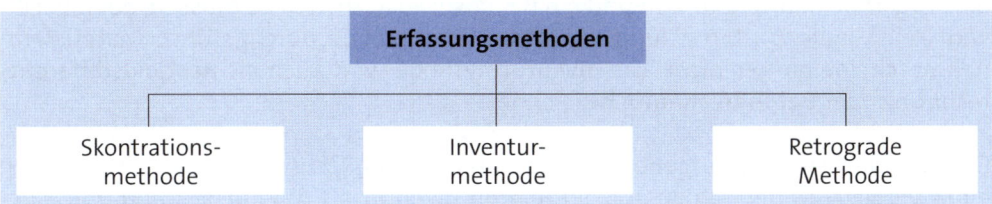

2.1.1.1 Skontrationsmethode

Die Skontrationsmethode, ist das genaueste Verfahren zur Ermittlung der Verbrauchsmengen. Sie setzt das Vorhandensein einer Lagerbuchhaltung voraus und wird auch als **Fortschreibungsmethode** bezeichnet. Die Skontrationsmethode ist die heute aktuelle Methode zur Erfassung des Materialverbrauches.

In der Lagerbuchhaltung wird eine **Lagerkartei** bzw. **Lagerdatei** geführt, mit deren Hilfe die Veränderungen im Lager genau erfasst werden:

▸ Die **Zugänge** werden auf der Grundlage der **Lieferscheine**, welche der Lagerbuchhaltung zugehen, ermittelt.

▸ Die **Abgänge** werden durch die **Materialentnahmescheine** belegmäßig erfasst.

Um den buchmäßigen **Endbestand** zu ermitteln, sind neben den Zugängen und Abgängen auch die Bestände an Materialien zu Beginn der Rechnungsperiode zu berücksichtigen:

	Anfangsbestand
+	Zugang
-	Abgang
=	**Endbestand**

Außer der buchmäßigen Feststellung wird der Endbestand an Materialien jährlich durch eine **Inventur** ermittelt. Sie ist eine körperliche Bestandsaufnahme der vorhandenen Materialien.

Der **Vorteil** der Skontrationsmethode liegt darin, dass die Belege heute über IT automatisiert erfasst werden und damit eine genaue Zuordnung der Kosten auf Kostenarten, Kostenstellen sowie Kostenträger (= Aufträge) möglich ist. **Nachteile** der Skontrationsmethode sind die aufwändige belegmäßige Organisation und die Notwendigkeit, die benötigte Software bereitzuhalten.

2.1.1.2 Inventurmethode

Die Inventurmethode versucht, den Nachteil der Skontrationsmethode auszugleichen, eine Lagerbuchhaltung führen und ein Belegwesen aufbauen zu müssen, denn bei ihr wird keine laufende Ermittlung der Verbrauchsmengen durchgeführt, Materialentnahmescheine gibt es nicht. Die Inventurmethode wird auch als **Bestandsdifferenzrechnung** oder **Befundrechnung** bezeichnet.

Die **Verbrauchsmengen** ergeben sich erst am Ende der Rechnungsperiode im Rahmen eines Vergleiches der Zahlen aus der letzten Inventur als Anfangsbestand und einer neu durchgeführten Inventur als Endbestand. Der Zugang an Materialien ist dabei – entsprechend der Lieferscheine – zu berücksichtigen:

	Anfangsbestand
+	Zugang
-	Endbestand
=	**Verbrauch**

Der **Vorteil** der Inventurmethode besteht darin, dass wegen fehlender Materialentnahmescheine keine verwaltungsmäßige Belastung erfolgt, da sich die Zugänge aus der Finanzbuchhaltung und die Endbestände erst durch die Inventur ergeben.

Nachteile sind, dass unreguläre Bestandsminderungen nicht zeitnah feststellbar sind und eine Zurechnung des Materialverbrauches auf Kostenstellen und Kostenträger nicht erfolgen kann. Dies ist problemlos nur bei Einproduktunternehmen sinnvoll.

2.1.1.3 Retrograde Methode

Bei der retrograden Methode kann der Stoffverbrauch aus den erstellten Halb- und Fertigerzeugnissen abgeleitet werden. Sie wird auch als **Rückrechnung** bezeichnet.

Von einem hergestellten Erzeugnis ausgehend wird zurückgerechnet, welches Material in welchen Mengen in das Erzeugnis eingegangen ist, wobei auch die Abfälle in der Rechnung berücksichtigt werden, die bei der Fertigung notwendigerweise angefallen sind. Der **Soll-Verbrauch** ergibt sich:

Soll-Verbrauch = Hergestellte Stückzahl • Soll-Verbrauchsmenge pro Stück

Die retrograde Methode kann nur bei einfach strukturierten, aus wenigen Teilen bestehenden Erzeugnissen verwendet werden.

Aufgabe 22 > Seite 198

2.1.2 Inventur

Mit der Inventur wird der tatsächliche Bestand des Vermögens und der Schulden für einen bestimmten Zeitpunkt durch körperliche Bestandsaufnahme mengenmäßig und wertmäßig erfasst. Sie dient dazu, die tatsächlich vorhandenen Bestände aufzunehmen und sie den Buchbeständen gegenüberzustellen. Nach § 240 HGB ist jeder Kaufmann verpflichtet, für den Schluss eines jeden Geschäftsjahres ein Inventar aufzustellen.

Die Durchführung und Organisation der Inventur kann in der Praxis auf verschiedene Weise erfolgen. Zu unterscheiden sind – siehe ausführlich *Rinker/Ditges/Arendt, Grefe*:

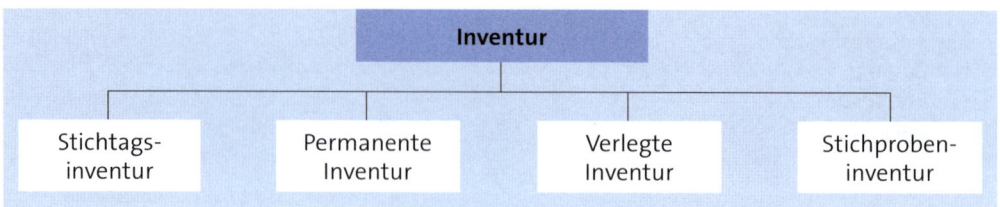

2.1.2.1 Stichtagsinventur

Die Stichtagsinventur ist eine körperliche Bestandsaufnahme durch Zählen, Messen, Wiegen, die zeitnah zum Bilanzstichtag – innerhalb von 10 Tagen vor oder nach dem Bilanzstichtag – durchzuführen ist. Bestandsveränderungen bis zum bzw. vom Bilanzstichtag an sind durch **Wertfortschreibung** oder **Wertrückrechnung** zu berücksichtigen.

Nur wenn die körperliche Bestandsaufnahme am Bilanzstichtag selbst erfolgt, kann ihr Ergebnis – unverändert durch buchmäßige Wertfortschreibung oder Wertrückrechnung – in das Inventar übernommen werden.

Die Stichtagsinventur erfordert häufig Betriebsunterbrechungen. Alle erfassten Materialien werden normalerweise doppelt geprüft und in Listen eingetragen. Dennoch können **Zählfehler** auftreten.

2.1.2.2 Permanente Inventur

Neben der Stichtagsinventur lässt der Gesetzgeber nach § 241 Abs. 2 HGB auch die permanente Inventur zu. Sie ist durch eine **Zweiteilung des Aufnahmeaktes** in eine körperliche Bestandsaufnahme und eine buchmäßige Bestandsaufnahme gekennzeichnet. Die permanente Inventur erfolgt damit durch:

▸ **körperliche Bestandsaufnahme**, die zu einem beliebigen Zeitpunkt des Geschäftsjahres vorgenommen werden kann

▸ **Fortschreibung** bis zum Bilanzstichtag hinsichtlich Art, Menge und Wert der einzelnen Vermögensgegenstände.

Voraussetzung für die praktische Durchführung und rechtliche Zulässigkeit der permanenten Inventur ist eine ordnungsgemäße Lagerbuchführung, die mithilfe der durch IT geführten Lagerdatei fortlaufend die Zu- und Abgänge der Stoffe nach Art und Menge erfasst.

Gegenstände, bei denen durch Schwund, Verdunsten, Verderb, leichte Zerbrechlichkeit oder ähnliche Vorgänge ins Gewicht fallende unkontrollierbare Abgänge eintreten, dürfen grundsätzlich nicht mithilfe der permanenten Inventur erfasst werden.

2.1.2.3 Verlegte Inventur

Eine Inventur zum Bilanzstichtag ist nach § 241 Abs. 3 HGB dann nicht erforderlich, wenn eine körperliche Bestandsaufnahme für einen Tag innerhalb der letzten drei Monate vor oder der beiden ersten Monate nach dem Schluss des Geschäftsjahres aufgestellt wurde oder wird.

Entsprechend muss eine wertmäßige **Fortschreibung** oder **Rückrechnung** auf den Bilanzstichtag vorgenommen werden. Das Inventar wird bei der verlegten Inventur – im Gegensatz zur permanenten Inventur – auf den Tag seiner Erstellung datiert.

2.1.2.4 Stichprobeninventur

Die Stichprobeninventur darf angewendet werden, wenn sie den Grundsätzen ordnungsmäßiger Buchführung entspricht. Der Aussagewert des auf diese Weise aufgestellten Inventars muss dem eines aufgrund einer körperlichen Bestandsaufnahme aufgestellten Inventars entsprechen (§ 241 Abs. 1 HGB).

Die Stichprobeninventur ist eine Inventurmethode, bei der unter Anwendung der Stichproben-Theorie der Inventurwert eines Lagers in der Weise ermittelt wird, dass – vom Wert der entnommenen Stichproben ausgehend – durch **Hochrechnung** auf den Wert des gesamten Lagers geschlossen wird. Lediglich hochwertige Güter sollen vollständig aufgenommen und bewertet werden.

2.1.3 Bestandsbewegungen

Bestandsbewegungen sind Vorgänge, die eine Änderung des Bestandes bewirken. Sie können von verschiedenen **Stellen** veranlasst werden, z. B.:

- ► Fertigungsplanung
- ► Kundenauftragsverwaltung
- ► Lagerverwaltung
- ► Materialplanung
- ► Konstruktionsbereich
- ► Werkstattüberwachung
- ► Beschaffungsplanung
- ► Materialeingang.

Bestandsbewegungen bzw. Bestandsveränderungen können sein:

2.1.3.1 Körperliche Bestandsbewegungen

Unter körperlichen Bestandsbewegungen sind Vorgänge zu verstehen, denen eine konkrete **Lagerbewegung** zu Grunde liegt. Dabei handelt es sich um:

- **Zugänge** als körperliche Bestandsänderungen, die den Lagerbestand physisch erhöhen. Grundsätzlich ist eine Unterscheidung in ungeplante und geplante Zugänge möglich. **Geplante Zugänge** können Materialeingänge als externe Zugänge zum Lager sowie Eigenfertigungen als vom Unternehmen selbst erstellte Güter sein.

- **Abgänge** als körperliche Bestandsänderungen, die den Lagerbestand physisch vermindern. Bei Lagerentnahmen muss festgehalten werden, ob es sich um interne Entnahmen als Unterwegs- oder Werkstattbestände oder externe Entnahmen in Erfüllung von Kundenaufträgen handelt. Die Abgänge können geplant sein oder ungeplant, z. B. als Ausschuss, Verderb, Diebstahl.

2.1.3.2 Nichtkörperliche Bestandsänderungen

Unter nichtkörperlichen Bestandsänderungen sind alle Maßnahmen zu sehen, die in einem zukünftigen Zeitpunkt eine Lagerbewegung verursachen. Es sind meist **Tätigkeiten buchungstechnischer Art**, die nicht unmittelbar eine Lagerbewegung bewirken und sein können:

- **Reservierungen**, die für einen bestimmten Auftrag erfolgen. Sie werden auch als **Vormerkungen** bezeichnet.

- **Beschaffungen**, die den Bestand aufgrund einer Bestellung oder eines internen Auftrages zur Eigenfertigung erhöhen.

- **Stornierungen** als Freigabe früherer Reservierungen sowie Umbuchungen.

Aufgabe 23 > Seite 198

2.2 Werterfassung

Die Materialien sind nicht nur mengenmäßig zu erfassen, sondern auch wertmäßig zu führen. Dabei müssen betrachtet werden:

- **Wertansätze**
- **Probleme**.

2.2.1 Wertansätze

In der Praxis gibt es keine einheitliche Bewertung des Materialverbrauches. Je nach der Organisation und Zielsetzung des Rechnungswesens bedient man sich unterschiedlicher Wertansätze. Zu unterscheiden sind:

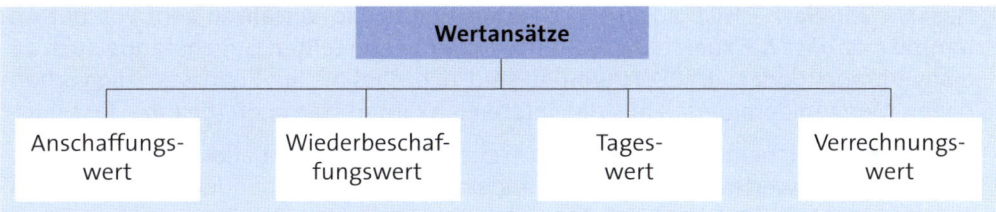

2.2.1.1 Anschaffungswert

Der Anschaffungswert ist der bei der Beschaffung des Materials zu zahlende Preis, der auch als **Einstandspreis** bezeichnet wird. Er kann sich zusammensetzen aus:

	Angebotspreis
-	Rabatt
-	Bonus
+	Mindermengenzuschlag
=	Zieleinkaufspreis
-	Skonto
=	Bareinkaufspreis
+	Bezugskosten
	Verpackung/Fracht/Rollgeld/Versicherung/Zoll
=	**Einstandspreis**

Die **Bewertung** der Verbrauchsmengen mithilfe der Anschaffungswerte kann erfolgen unter Verwendung:

► Der **effektiven Anschaffungspreise**, die bei jedem Materialeingang erfasst und bei jedem Materialverbrauch verrechnet werden. Sie können auch angesetzt werden, wenn die Bestände aus einer Lieferung erst aufgebraucht werden, bevor eine neue Lieferung im Lager eintrifft.

► Von **durchschnittlichen Anschaffungspreisen**, wenn die Materialien zu unterschiedlichen Zeitpunkten und Preisen beschafft werden.

► Von **fiktiven Anschaffungspreisen**, die aufgrund unterstellter Verbrauchsfolgen ermittelt werden. Das sind   siehe ausführlich *Rinker/Ditges/Arendt, Olfert/Rahn, Grefe*:

Permanente Durchschnitts-bewertung	Bei ihr wird der Durchschnittspreis nach jedem Zugang ermittelt. Sie ist „zeitnaher" als die periodische Durchschnittsbewertung und entspricht am ehesten den tatsächlichen Anschaffungskosten, ist aber arbeitsaufwändiger.
Periodische Durchschnitts-bewertung	Hier wird unter Berücksichtigung aller Zugänge einer Periode der Durchschnittspreis nur einmal am Ende der Periode festgestellt. Die periodische Durchschnittsbewertung ist praktikabler als die permanente Durchschnittsbewertung, dafür aber weniger zeitnah.

► Das in § 256 Satz 1 HGB ausdrücklich zugelassene **Fifo-Verfahren** geht von der An-nahme aus, dass die zuerst angeschafften oder hergestellten Gegenstände auch zu-erst verbraucht oder veräußert worden sind, d. h. dass die am Bilanzstichtag vorhan-denen Mengen demgemäß aus den letzten Einkäufen stammen (*first in – first out*).

Voraussetzung ist eine fortlaufende Aufzeichnung zumindest aller Zugänge. Zur Be-stimmung des wertmäßigen Endbestandes genügt es, von den jeweils letzten Ein-gangsrechnungen so lange zurückzurechnen, bis der mengenmäßige Bestand durch entsprechende Einkäufe gedeckt ist.

Moderne Softwaresysteme bieten die Voraussetzungen, dass alle Zugänge und Ab-gänge aufgezeichnet werden und damit ein Rückgriff auf diese Daten jederzeit mög-lich ist.

2.2.1.2 Wiederbeschaffungswert

Mit dem Ansatz des Wiederbeschaffungswertes oder **Ersatzwertes** wird die Substanz des Unternehmens erhalten, indem der Wert in der Kostenrechnung angesetzt wird, der erforderlich ist, um das vorhandene Material zu einem späteren Zeitpunkt wieder zu beschaffen. In der Praxis kann der Ansatz des Wiederbeschaffungswertes indessen **Schwierigkeiten** bereiten, weil

► der Zeitpunkt der Wiederbeschaffung schwer abschätzbar ist

► die Schätzung des Wiederbeschaffungswertes für diesen Zeitpunkt schwierig ist.

Wegen der genannten Probleme kommt dem Wiederbeschaffungswert für die Be-wertung der Verbrauchsmengen keine allzu große Bedeutung zu.

2.2.1.3 Tageswert

Da ein Wiederbeschaffungswert vielfach nicht ohne Weiteres ermittelt werden kann, wird mitunter der Tageswert für die Bewertung der Verbrauchsmengen angesetzt. Der Tageswert kann sich auf den Tag des Angebotes, der Lagerentnahme, des Umsatzes und des Zahlungseinganges beziehen.

Meist ist es empfehlenswert, den Tageswert auf den **Tag der Lagerentnahme** der Ma-terialien zu beziehen.

2.2.1.4 Verrechnungswert

Der Verrechnungswert ist ein über einen längeren Zeitraum festgelegter Wert, der künftige Preiserwartungen berücksichtigt. Er wird nach unternehmensspezifischen Gesichtspunkten gebildet und **nur** in der **Betriebsbuchhaltung** verwendet.

Mit dem Ansatz eines Verrechnungswertes sollen unternehmensexterne Einflüsse ausgeschaltet werden, insbesondere ständig wechselnde Preise, welche die Kontinuität der Kostenrechnung negativ beeinflussen. Außerdem können Kostenkontrollen besser vorgenommen werden.

In der Praxis hat der Verrechnungswert besondere **Bedeutung** bei der innerbetrieblichen Leistungsverrechnung, der Abrechnung von Kuppelprodukten sowie zwischen Konzernunternehmen.

2.2.2 Probleme

Die korrekte Erfassung aller Bestände ist problematisch, wenn die Bestandspositionen nicht genau geführt werden. So ist der Inventurbestand häufig nicht mit dem Buchbestand identisch, weshalb der Buchbestand zu korrigieren ist. Besondere Probleme gibt es bei folgenden Beständen:

▸ Umlagerungen, für die Umlagerungsscheine, Rückgabescheine bzw. Ausschussscheine nicht ordnungsgemäß geführt wurden, sodass es zu keiner korrekten Erfassung dieser Unterwegsbestände kommt

▸ Auslagerungen, bei denen Material vom Lager entnommen wird, z. B. zwecks Lieferung an Kunden oder Bereitstellung für die Fertigung. Werden sie nicht genau erfasst, treten Fehlmengen auf.

Aufgabe 24 > Seite 199

3. Bestandsüberwachung

Die Bestandsüberwachung steht in engem Zusammenhang mit der Bestandsführung. Sie hat in den letzten Jahren zunehmende Bedeutung erlangt als:

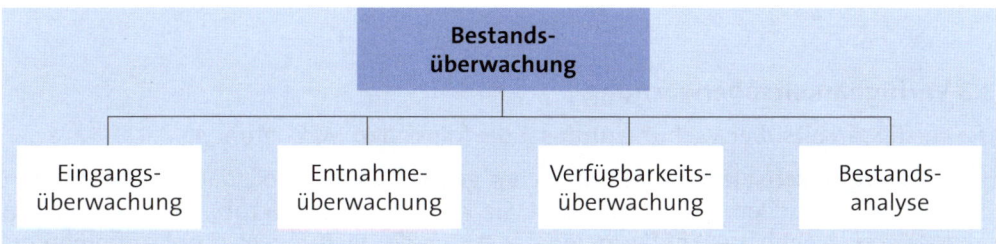

3.1 Eingangsüberwachung

Im Rahmen der Eingangsüberwachung kommen in Betracht:

▸ **Eingangsmöglichkeiten**, bei denen sich als Fälle ergeben können:

   - Voll-Lieferung und Löschung des Bestellsatzes bei Einlagerung

   - Teil-Lieferung und entsprechende Bestellbestandsänderung

   - Bestellmengen- oder Terminänderung und Stornierung des Bestellsatzes

▸ **Bevor** die Materialien der **Disposition** zur Verfügung stehen, erfolgen:

- Kontrolle der Quantität der eingehenden Materialien
- Kontrolle der Qualität der eingehenden Materialien
- sachliche, preisliche, rechnerische Richtigkeit der Rechnungen
- buchhalterische Erfassung in der Buchhaltung.

Bei Anwendung der IT können die einzelnen Schritte des Eingangsablaufes zeitlich überlappt ablaufen.

3.2 Entnahmeüberwachung

Bei der Entnahmeüberwachung lassen sich unterscheiden:

▸ Die **Entnahmemöglichkeiten**, zu denen zählen:

- geplante Entnahme als auftragsgemäße Entnahmen
- ungeplante Entnahmen, z. B. Schwund, Diebstahl
- Ausschuss, der auftragsgemäß mit einem Zuschlag erfassbar ist.

▸ Der **Entnahmeablauf**, der für einen Auftrag umfasst:

- Erstellung der Materialentnahmescheine durch die Arbeitsvorbereitung
- Fortschreibung des Lagerbestandes aufgrund von Materialentnahmescheinen
- Betriebsabrechnung aufgrund der Materialentnahmescheine
- Nachkalkulation des verbrauchten Fertigungsmaterials.

Belege mit Strichcode, Klarschriftbelege und mobile Erfassungsgeräte dienen der Entnahmeüberwachung.

3.3 Verfügbarkeitsüberwachung

Die Verfügbarkeitsüberwachung umfasst die folgenden Maßnahmen:

▸ Die **Verfügbarkeitsplanung**, womit sicher gestellt werden soll, dass die benötigten Materialien rechtzeitig verfügbar sind. Sie kann langfristig (grob), mittelfristig und kurzfristig (Woche, Dekade) erfolgen. Lässt sich der Planungshorizont auf einen bis zwei Tage verkürzen, können auch zeitkritische Materialien geplant werden.

▸ Die **Verfügbarkeitskontrolle**, die dazu dient zu ermitteln, ob die benötigten Materialien rechtzeitig verfügbar sind und die Fertigung nach Erstellen der Auftragspapiere angestoßen werden kann.

Die Bestandsüberwachung als Eingangsüberwachung, Entnahmeüberwachung und Verfügbarkeitsüberwachung, wie sie zuvor beschrieben wurden, kann mithilfe einer Vielzahl von **Kennzahlen** erfolgen, die wertvolle Informationen bieten und zu Betriebsvergleichen und Periodenvergleichen herangezogen werden – siehe *Oeldorf/Olfert*.

3.4 Bestandsanalyse

Bestände müssen ständig einer Beobachtung und Kontrolle unterzogen werden. Möglichkeiten der Einwirkung auf die Bestandshöhe haben einen positiven Einfluss auf die Kapitalbindung. Als **Maßnahmen** lassen sich nennen:

▸ **Sourcing-Strategien**, im Rahmen derer das Unternehmen Materialien/Module von Zulieferanten bezieht. Damit kann es sich auf die eigene Kernkompetenz konzentrieren und muss für diese Teile keine Sicherheit in der Lagerhaltung realisieren. Die Auswahl der Partner stellt hohe Anforderungen an beide Seiten und profitiert von der Qualität der Zulieferungen.

  Single Sourcing schafft dabei Abhängigkeiten, die beim Ausfall des Partners zu Lieferengpässen führen können. **Global Sourcing** nutzt die Potenziale des Weltmarktes und stellt eine Versorgung auf hohem technischen Stand sicher.

▸ Mit dem Einsatz der Produktionsverfahren zeigt sich heute ein hoher Anteil an Materialkosten (60 % - 70 %) an den Gesamtkosten, die Personalkosten sind mit rund 15 % und die Abschreibungen mit etwa 10 % anzusetzen (*Statistisches Bundesamt*).

  Durch Bestandssenkungen im Rahmen von **Just-In-Time** und jährlichen Kostensenkungen um 20 % durch Lernkurveneffekte (Kostenerfahrungseffekte oder Lopez-Effekt) sind bedeutende Wirkungen auf die Liquidität zu sehen. Bei Vertragsverhandlungen sind diese Erkenntnisse zu beachten. Geschieht dies, kann es möglich sein, erhebliche Preisreduktionen zu erzielen.

▸ Das Material hat auch Einfluss auf die **Rechnungslegung**, d. h. auf die Bilanz und GuV-Rechnung. Werden Materialien aufgrund von Outsourcing nicht selbst gefertigt, sowie Just-In-Time betrieben, hat dies Auswirkungen auf das Anlagevermögen (Bilanzpositionen entfallen, da nicht mehr selbst gefertigt wird und Maschinen nicht mehr benötigt werden) und Umlaufvermögen (bei Just-In-Time-Belieferung wird nicht mehr gelagert und somit entfallen die Kosten für Kapitalbindung).

  Hier entfallen die fixen Kosten für Maschinen (Abschreibungen, Investitionen), da die Fertigung dies nicht mehr selbst durchführt. Dem stehen Bezugskosten der Teile gegenüber, da diese beschafft werden müssen. Der Vorteil liegt in den exakten Mengen, die sich aus dem Verbrauch gemäß Auftragsverwaltung ergeben. Häufig wird dies heute als **Variabilisierung von Fixkosten** bezeichnet. Die Wirkung auf die GuV-Rechnung ergibt sich durch Wegfall der Abschreibungen und Senkung der Materialkosten.

Aufgabe 25 > Seite 200

D. Beschaffungs-Logistik

Im Rahmen der Auftragsbearbeitung ist es die Aufgabe der Beschaffungs-Logistik, die Materialien bereitzustellen, um den Bedarf an Gütern, Teilen und Materialien des Unternehmens nach Art, Menge und Zeit zu decken, soweit die Materialien nicht bereits beschafft bzw. selbst erstellt wurden. Die Beschaffungs-Logistik verbindet die Absatz-Logistik der Lieferanten mit der Produktions-Logistik des Unternehmens. Dabei baut sie innerhalb des Unternehmens auf der **Bedarfs-Logistik** und der **Bestands-Logistik** auf.

Die **Eingliederung** der Beschaffung in die Organisation des Unternehmens kann zentralisiert oder dezentralisiert oder in einer Kombination beider Möglichkeiten erfolgen:

▶ Bei **zentraler Beschaffung** wird der gesamte Bedarf an Materialien von einer einzigen Stelle im Unternehmen beschafft, was insbesondere bei Klein- und Mittelbetrieben zu Vorteilen führt.

▶ Eine **dezentrale Beschaffung** kann örtlich und/oder sachlich erfolgen, indem mehrere Stellen im Unternehmen nebeneinander den Bedarf an Materialien decken. Sie können unterschiedliche Standorte haben und/oder sich auf die Beschaffung bestimmter Materialien beschränken.

Der **Aufbau** der Materialbeschaffung, mit dem die Arbeitseinheiten in der Beschaffungsabteilung gebildet werden, lässt sich bewirken:

▶ Nach dem **Verrichtungsprinzip** bei dem die Arbeitseinheiten nach dem organisatorischen Ablauf gegliedert sind.

Beispiel

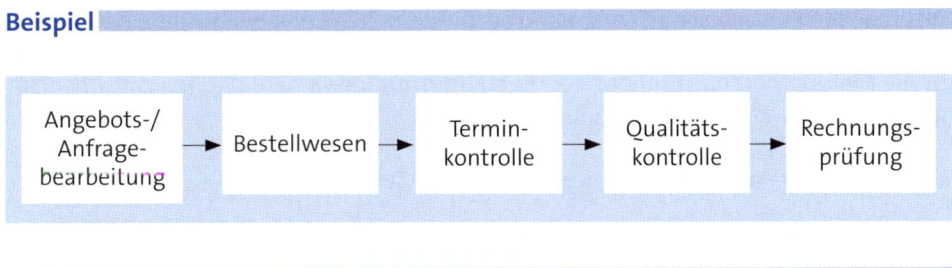

▶ Nach dem **Objektprinzip**, bei dem eine Gliederung nach Materialgruppen vorgenommen wird.

Beispiel

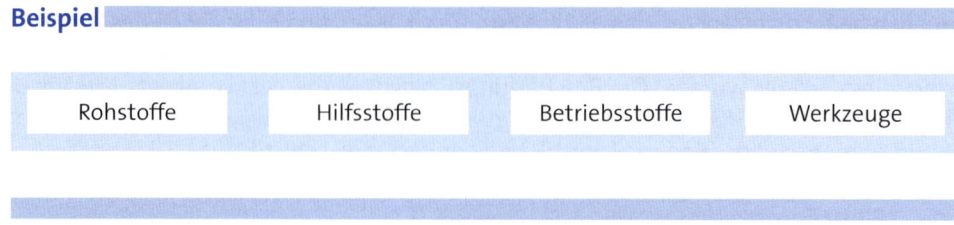

| Rohstoffe | Hilfsstoffe | Betriebsstoffe | Werkzeuge |

Außerdem ist eine Gliederung nach **Erzeugnisgruppen** möglich.

Klein- und Mittelbetriebe nehmen überwiegend eine Gliederung nach dem Verrichtungsprinzip vor. Großbetriebe bevorzugen eher das Objektprinzip. Das Verrichtungsprinzip und das Objektprinzip können miteinander kombiniert werden.

Aufgabe 26 > Seite 200

Im Folgenden sollen behandelt werden:

	Beschaffungsmarktforschung
	Beschaffungsplanung
Beschaffungs-Logistik	Beschaffungsdurchführung
	Beschaffungskontrolle
	Beschaffung/E-Procurement

1. Beschaffungsmarktforschung

Die Beschaffungsmarktforschung ist das systematisch und methodisch einwandfreie Untersuchen eines Beschaffungsmarktes mit dem Ziel, Entscheidungen in diesem Bereich zu treffen und zu erklären. Mit ihrer Hilfe lassen sich der Materialwirtschaft die für die Materialbeschaffung notwendigen **Informationen** bereitstellen z. B. über Lieferanten, Preise und Marktentwicklungen.

Als Beschaffungsmarktforschung werden dargestellt:

1.1 Arten

Die Beschaffungsmarktforschung kann sein:

- ▸ **Marktanalyse/-beobachtung**
- ▸ **Sekundär-/Primärforschung**.

Während sich die Marktanalyse und Marktbeobachtung zeitbezogen unterscheiden, bedienen sich die Sekundärforschung und Primärforschung verschiedener Informationsquellen.

1.1.1 Marktanalyse/-beobachtung

Die **Marktanalyse** wird einmalig oder in bestimmten Intervallen durchgeführt, stellt also eine Momentaufnahme dar. Sie dient der Erforschung von Beschaffungsmarktdaten zu einem bestimmten Zeitpunkt. Damit ermöglicht sie Aussagen über marktbezogene Grundstrukturen.

Die **Marktbeobachtung** befasst sich mit der Entwicklung der Beschaffungsmärkte im Zeitablauf. Sie dient dazu, die Veränderungen der Beschaffungsmarktdaten offen zu legen, worauf das Unternehmen in geeigneter Weise reagieren kann.

Die Marktanalyse und Marktbeobachtung werden im Unternehmen meist nebeneinander eingesetzt. Vielfach baut die Marktbeobachtung auf den Erkenntnissen aus der Marktanalyse auf. Beide Instrumente dienen dazu, eine **Marktprognose** zu erstellen, welche die Entwicklung von Beschaffungsmarktdaten für die Zukunft vorhersagt.

1.1.2 Sekundär-/Primärforschung

Die **Sekundärforschung** ist dadurch gekennzeichnet, dass zu anderen Zwecken dienendes Informationsmaterial ausgewertet wird, z. B. Prospekt, Preislisten. Grundsätzlich empfiehlt es sich bei jedem Beschaffungsmarktproblem, zunächst vorhandenes oder leicht beschaffbares „Sekundär"material zu nutzen, weil die Fragestellungen der Marktforschung möglicherweise bereits hiermit ganz oder teilweise beantwortet und damit Kosten gespart werden können.

Die **Primärforschung** umfasst Untersuchungen, die speziell für die Zwecke der Beschaffungsmarktforschung durchgeführt werden, z. B. als Befragung von Lieferanten, Besuch von Messen. Sie sollte sich grundsätzlich an die Sekundärforschung bei Bedarf anschließen, da ihre Kosten beträchtlich sind. Die erheblich kostengünstigere Sekundärforschung ist vielfach nicht in der Lage, ebenso sachgerechte, genaue bzw. aktuelle Informationen zu liefern wie die Primärforschung, sodass die hohen Kosten der Primärforschung gerechtfertigt erscheinen.

1.2 Informationsquellen

Für die Beschaffungsmarktforschung kommen zahlreiche Informationsquellen in Betracht, die genutzt werden können. Es lassen sich unterscheiden:

► **unternehmensinterne Informationsquellen**

► **unternehmensexterne Informationsquellen**.

Die Eignung der jeweiligen Informationsquellen hängt u. a. davon ab, in welchem Verhältnis die **Kosten** und der **Nutzen** der zu beschaffenden Informationen stehen.

1.2.1 Unternehmensinterne Informationsquellen

Unternehmensinterne Informationsquellen sind vor allem **„Sekundär"quellen**. Dazu zählen z. B.:

► **Prospektkarteien**, die einen Überblick geben

► **Bezugsquellenkarteien** bzw. **Bezugsquellendateien**, die als Anfrageregister über bereits kontaktierte Lieferanten informieren

► **Lieferantenkarteien** bzw. **Lieferantendateien**, die Informationen über mögliche Lieferanten enthalten

► **Einkaufs-, Entwicklungs-, Produktions-, Absatzabteilungen**, die häufig über Informationen verfügen

► elektronisch geführte **Kataloge und Einkaufsportale**, die die Suche nach geeigneten Lieferanten wesentlich unterstützen.

1.2.2 Unternehmensexterne Informationsquellen

Unternehmensexterne Informationsquellen können sowohl „Sekundär"quellen als auch „Primär"quellen sein:

► **„Sekundär"quellen** sind z. B.:

Informationen von Lieferanten	► Geschäftsberichte ► Kataloge ► Hausinformationen	► Preislisten ► Prospekte
Informationen von Medien	► Fachzeitschriften ► Zeitungen ► Adressbücher ► Branchenbücher	► Informations- dienste ► Bezugsquellen- verzeichnisse
Informationen durch Auskünfte	► Industrie- und Handelskammern	► Banken ► Wirtschaftsverbände
Informationen durch Statistiken	► Amtliche Statistiken	► Statistiken von Wirtschaftsverbänden

Von inzwischen erheblicher Bedeutung ist heute das **Internet**.

► Zu den **„Primär"quellen** zählen:

- Informationen auf Anfragen (mündlich, schriftlich)

- Informationen auf Veranstaltungen (Messen, Ausstellungen)

- Informationen durch Besuch bei Lieferanten (Betriebsbesichtigung)

- Informationen durch Befragung von Lieferanten (Fragebogen, Expertengespräch).

Für unterschiedliche Fragestellungen sind die einzelnen Informationsquellen in unterschiedlicher Weise geeignet.

Aufgabe 27 > Seite 201

1.3 Objekte

Die Beschaffungsmarktforschung trägt vielfältige Informationen zusammen. Ihre Objekte sind insbesondere:

- **Beschaffungsgüter**
- **Markt**
- **Lieferanten**
- **Preise**.

1.3.1 Beschaffungsgüter

Die Beschaffungsmarktforschung hat sich mit den zu beschaffenden Materialien und ihren Besonderheiten zu befassen. Das sind Rohstoffe, Hilfsstoffe, Betriebsstoffe, Zulieferteile, Waren und Verschleißwerkzeuge.

Die **Daten**, die von der Beschaffungsmarktforschung zu erheben sind, können sein:

- **Beschaffungsseitige Daten**, z. B. die angebotene Materialgüte oder Materialzusammensetzung sowie die verfügbaren Materialbestandteile. Ihre Kenntnis ermöglicht es dem beschaffenden Unternehmen, sich ein Bild über die Materialien zu machen sowie festzustellen, inwieweit sie seinen Anforderungen genügen.
- **Verwendungsseitige Daten**, z. B. die als notwendig angesehene Materialgüte oder Materialzusammensetzung bzw. erwartete Materialbestandteile.

Ein Zurückgreifen auf **Normteile** bei der Beschaffung kann die Bschaffungsmarktforschung erleichtern und Kosten einsparen.

1.3.2 Markt

Der Markt ist die wirtschaftlich bedeutsame Umwelt eines Unternehmens, mit der es durch bestimmte Beziehungen verbunden ist oder Beziehungen anstrebt. Er wird von der Beschaffungsmarktforschung unter zwei **Aspekten** betrachtet:

- Die **Marktstruktur** wird mithilfe einer Marktanalyse nach Angebot und Nachfrage untersucht:

Angebot	Beim Angebot werden erfasst
	► die **Quantitäten** des Angebotes als Mengen von Materialien, die insgesamt am Markt angeboten werden
	► die **Qualitäten** des Angebotes, die zur Verfügung stehen oder initiiert werden können
	► die **Anbieter**, die hinsichtlich ihrer Marktstärke, Marktanteile und Verkaufsprogramme zu untersuchen sind.

Nachfrage	Dabei ist die **Position des Unternehmens** als Nachfrager festzustellen. Es wird erkundet,
	► wie viele Nachfrager vorhanden sind
	► wer die Nachfrager sind
	► welche Marktmacht sie besitzen.

► Die **Marktentwicklung** wird durch Marktbeobachtung erfasst. Sie zu kennen ist wichtig, denn der Markt kann im Zeitablauf unterschiedlichen Schwankungen bzw. Veränderungen unterliegen. Als Schwankungen lassen sich unterscheiden:

Saisonale Schwankungen	Dabei handelt es sich um weitgehend vorhersehbare kurzzeitige Schwankungen am Markt, deren Höhe jedoch nicht genau zu prognostizieren ist.
Konjunkturelle Schwankungen	Sie lassen sich in Anfall, Länge und Ausmaß schwer vorhersehen und abschätzen.
Trendbedingte Schwankungen	Hier verändert sich die Marktstruktur, z. B. wegen technischen Fortschrittes, Verknappung von Rohstoffen oder wirtschaftlicher Konzentration.

Der Markt ist in den vergangenen Jahren **beträchtlichen Veränderungen** unterlegen, was auch für die Zukunft zu erwarten ist und zwar in stärkerem Umfang als in der Vergangenheit. Hier spielt der Aspekt der Globalisierung eine bedeutsame Rolle.

1.3.3 Lieferanten

Die Lieferanten sind weitere Objekte der Beschaffungsmarktforschung. Eine Fehlentscheidung bei der Auswahl der Lieferanten kann das Unternehmen in erhebliche Schwierigkeiten bringen, besonders wenn seine Leistungserstellung dadurch blockiert wird. **Kriterien** für die Beurteilung von Lieferanten können z. B. sein:

► wirtschaftliche Leistungsfähigkeit

► technische Leistungsfähigkeit.

Sie werden bei der Lieferantenauswahl näher betrachtet. Zunehmend greifen die Unternehmen auf **Systemlieferanten** zurück, die komplette Lösungen als ganze Komponenten, Baugruppen und Module anbieten.

1.3.4 Preis

Dem Preis kommt bei der Materialbeschaffung erhebliche Bedeutung zu. Insofern ist es einsichtig, wenn ihm in der Beschaffungsmarktforschung besonderer Raum gewidmet wird. Hinsichtlich des Preises sind bedeutsam zu untersuchen:

► Die **Preishöhe**, die umso gründlicher betrachtet werden sollte, je größer der Wert und die Beschaffungshäufigkeit eines Materials ist. Das bedeutet, dass für A-Güter eine intensive Untersuchung notwendig und lohnend sein wird, nicht hingegen für C-Güter. Dabei bieten sich an:

Preis-vergleiche	Es erfolgen Marktanalysen, welche sich mit den Preisen verschiedener Lieferanten und/oder Qualitäten befassen. Substitutionsgüter sollten hierbei einbezogen werden.
Preis-beobachtungen	Sie werden für im Zeitablauf mehrfach oder ständig benötigte Materialien durchgeführt, da Preise erfahrungsgemäß Veränderungen im Zeitablauf unterliegen.

Die Betrachtung der Höhe von Angebotspreisen muss durch die **Analyse der Liefer- und Zahlungsbedingungen** ergänzt werden, um den effektiv zu zahlenden Einstandspreis festzustellen.

▶ Die **Preisstruktur**, die insbesondere bei A-Gütern Aufschluss darüber geben soll, inwieweit ein Preis angemessen ist bzw. noch einen **Verhandlungsspielraum** ermöglicht. Auch die Frage, ob eine **Selbsterstellung** günstiger wäre, kann gegebenenfalls beantwortet werden.

Die Analyse der Preisstruktur kann auf Vollkostenbasis oder auf Teilkostenbasis erfolgen – siehe ausführlich *Olfert*.

Bei Materialien, die **große Lieferfristen** aufweisen, kann sich die Bedeutung des Preises zu Gunsten einer raschen Verfügbarkeit reduzieren.

Aufgabe 28 > Seite 201

2. Beschaffungsplanung

Die Beschaffungsplanung ist der Ausgangspunkt, um den konkreten Beschaffungsvorgang einzuleiten. Dabei sind Entscheidungen zu treffen über:

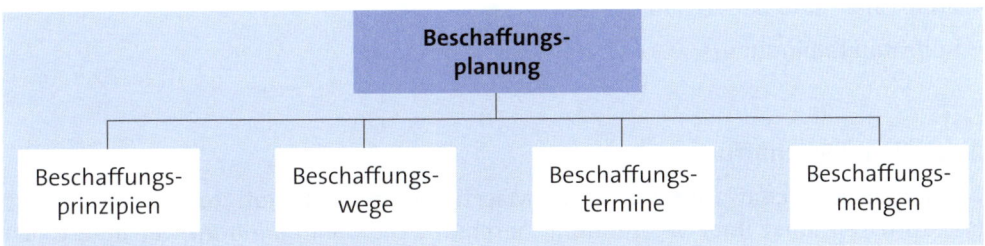

2.1 Beschaffungsprinzipien

Im beschaffenden Unternehmen ist zunächst zu überlegen, für welchen **Zeitraum** die Materialien beschafft werden sollen. Aus Gründen der Kapitalbindung kann es vorteilhaft erscheinen, die Materialien kurz vor ihrem Bedarf zu beschaffen. Gegen diese Vorgehensweise spricht möglicherweise, dass sie risikoreich ist und größere Mengen von Materialien vielfach günstiger zu beschaffen sind als kleinere Mengen.

Dem Unternehmen bieten sich verschiedene **Prinzipien** der Materialbeschaffung:

- **Vorratsbeschaffung**
- **Einzelbeschaffung**
- **Fertigungssynchrone Beschaffung**
- **Kanban/Just-In-Time-Beschaffung**
- **Sourcing-Strategien**.

Während die Vorratsbeschaffung, Einzelbeschaffung und fertigungssynchrone Beschaffung als **traditionelle Beschaffungsprinzipien** anzusehen sind, stellt die Kanban/Just in Time-Beschaffung ein **aktuelles Beschaffungsprinzip** dar.

2.1.1 Vorratsbeschaffung

Bei der Vorratsbeschaffung besteht keine Übereinstimmung von Beschaffungsmengen und Verbrauchsmengen zu einem bestimmten Zeitpunkt. Es wird eine relativ **große Materialmenge** in Zeitabständen beschafft, die periodisch, verbrauchsorientiert oder spekulativ sein kann und auf Lager genommen wird.

Sie steht der Fertigung kurzfristig zur Verfügung. Damit erlangt das beschaffende Unternehmen eine gewisse Unabhängigkeit vom Beschaffungsmarkt. Es hat die Möglichkeit, günstige Angebote wahrzunehmen und bei größeren Beschaffungsmengen kostengünstiger einzukaufen.

Die Vorratsbeschaffung hat aber auch **Nachteile:**

- hohe Lagerhaltung
- hohe Lager- und Zinskosten
- hohe Kapitalbindung.

2.1.2 Einzelbeschaffung

Bei der Einzelbeschaffung werden die Materialien in der benötigten Menge jeweils erst zum Zeitpunkt ihrer Verwendung beschafft. Die Kapitalbindung verringert sich damit im Vergleich zur Vorratsbeschaffung erheblich. Der Zeitpunkt der Beschaffung wird von der Terminplanung des Fertigungsvollzuges bestimmt.

Die **Terminplanung** muss die sich ergebenden Risiken berücksichtigen:

- das Risiko der verspäteten oder Nichtlieferung der Materialien
- das Risiko qualitäts- oder quantitätsmäßig fehlerhaft gelieferter Materialien.

Bei **Eintritt des Risikos** kann der Fertigungsprozess ganz oder teilweise zum Erliegen kommen. Die Einzelbeschaffung erfolgt vor allem von Unternehmen, die Einzelfertigung betreiben.

2.1.3 Fertigungssynchrone Beschaffung

Bei der fertigungssynchronen Beschaffung handelt es sich um eine Kombination von Vorratsbeschaffung und Einzelbeschaffung. Das Unternehmen beschafft einerseits in Abstimmung mit der Fertigung, weshalb die Läger klein sind. Andererseits werden **rahmenmäßige Lieferverträge** über große Materialmengen abgeschlossen, sodass eine kostenoptimale Beschaffung möglich ist.

Die Lieferverträge beinhalten vielfach **Konventionalstrafen**, die bei Nichtlieferung zum vereinbarten Liefertermin sowie bei fehlerhafter Lieferung wirksam werden.

Die fertigungssynchrone Beschaffung ist bei Großserienfertigung und Massenfertigung möglich. Das beschaffende Unternehmen sollte eine relativ starke Marktposition aufweisen, um angemessene Lieferverträge aushandeln zu können.

2.1.4 Kanban/Just-In-Time-Beschaffung

Die Versorgung von Produktionseinheiten wurde in der Vergangenheit durch die verstärkte Komplexität schwieriger. Bei den *Toyota*-Werken in Japan wurde deshalb versucht, die Versorgung nach dem **„Supermarktprinzip"** zu organisieren. Der Grundgedanke war, Lagereinheiten zu ergänzen, wenn ein Bedarf gegeben war.

Diese Vorgehensweise ist an mehrere **Voraussetzungen** geknüpft:

▸ selbststeuernde Regelkreise zur Verwaltung der Zwischenläger

▸ Fertigung, Lagerentnahme und Transport werden durch Umlauf von Karten („Kanban") ausgelöst

▸ Fertigungsaufträge werden aufgrund eines Bedarfs nachgelagerter Stufen angefordert (Holprinzip). Sie werden erst ausgelöst, wenn unmittelbare Bedarfe zu Entnahmen aus dem nächsten Pufferlager geführt haben

▸ homogenes Produktionsprogramm

▸ hoher Einsatz standardisierter Teile

▸ universal einsetzbare, einfach und schnell umzurüstende Betriebsmittel.

Um den Lagerbestand stark abzusenken, gelten folgende **Regeln:**

▸ Der **Verbraucher** darf niemals mehr Material als benötigt anfordern bzw. vorzeitig Material anfordern.

▸ Der **Erzeuger** darf niemals mehr Teile als angefordert herstellen bzw. fehlerhafte Teile abliefern.

▸ Der **Steuerer** soll für gleichmäßige Aus- und Belastung der einzelnen Produktionsbereiche sorgen und eine angemessene, aber möglichst geringe Anzahl von Kanban-Karten in die Regelkreise einsteuern.

Da es sich um einfache Prozesse handelt, ist ein striktes Einhalten der Regeln erreichbar. In vielen Fällen werden Behälter eingesetzt, die erst wieder befüllt werden, wenn der angelieferte Behälter vollkommen verarbeitet wurde. Damit wird vermieden, dass sich Restbestände an Teilen im Lager ansammeln.

2.1.5 Sourcing-Strategien

Die gegenwärtige Kostensituation zwingt die Unternehmen Verarbeitungsprozesse auszulagern. Hierfür hat sich der Begriff des **Sourcing** (= Quelle) durchgesetzt. Entlang der Wertschöpfungskette in den Unternehmen werden die unrentablen Bearbeitungen einfacher Teile an Zulieferer übertragen. Dafür haben sich in den letzten Jahren eine Reihe von Begriffen entwickelt, die als Sourcing-Strategien bekannt sind.

Bereits früher war es üblich bei Produktionsengpässen auf Fremdfertigung auszuweichen. Diese Form ist unter dem Begriff **„verlängerte Werkbank"** bekannt. Die heutige Kostensituation zwingt Unternehmen ihre Produkte dort einzukaufen, wo ein günstiges Lohnniveau herrscht. Zur Absicherung der Nachfragemenge kann dabei auf einen oder mehrere Lieferanten zurückgegriffen werden.

Produkte weisen heute einen hohen Automatisierungsgrad auf. Diese Teile (= **Module**) können heute oft von vielen Unternehmen nicht selbst entwickelt und in hoher Qualität produziert werden. Dies bedeutet, dass man auf Lieferquellen auf den Weltmärkten zurückgreift.

Bei den Unternehmen gilt es als strategisches Ziel, durch die Verlagerung die Bezugskosten der zugekauften Teile bei steigender Qualität zu senken. Angestrebt werden Null-Fehler-Programme. Hier orientieren sich die Unternehmen an der Wertschöpfungskette, indem Prozesse mit geringer Wertschöpfung verlagert werden.

Aufgabe 29 > Seite 201

2.2 Beschaffungswege

Außer der Frage, für welchen Zeitraum die Materialien zu beschaffen sind, ist bei dem beschaffenden Unternehmen zu klären, auf welchen Wegen die Materialien bezogen werden sollen. Es sind zu unterscheiden:

- **direkte Beschaffungswege**
- **indirekte Beschaffungswege**.

2.2.1 Direkte Beschaffungswege

Die direkte Beschaffung, die unmittelbar beim Hersteller erfolgt, bietet sich vor allem für **A-Güter** an. Sie verursacht möglicherweise niedrigere Beschaffungskosten als die indirekte Beschaffung über den Handel. Andererseits können zusätzliche Kosten entstehen, z. B. für Mindestabnahmemengen oder Mindermengenzuschläge, aber auch für notwendig werdende Verhandlungen mit Herstellern.

Spezielle Formen direkter Beschaffung sind:

- **Einkaufsbüros**, durch die am Ort der Erzeugung beschafft werden kann. Sie stellen Außenstellen der beschaffenden Unternehmen dar.
- **Einkaufsgemeinschaften** als Zusammenschlüsse kleinerer oder mittlerer Unternehmen, die gemeinsam relativ hohe Mengen beschaffen. Insbesondere Klein- und Mittelbetriebe können so ihre Beschaffungskosten minimieren.

Es kann sein, dass bestimmte Materialien nur direkt vom Hersteller zu beziehen sind, z. B. spezielle Zulieferteile.

2.2.2 Indirekte Beschaffungswege

Indirekte Beschaffungswege sind alle Beschaffungswege, bei denen zwischen dem Hersteller und dem beschaffenden Unternehmen zumindest ein **Absatzorgan** geschaltet ist. Es lassen sich unterscheiden:

- Der **Handel**, der vielfach ein umfassendes Sortiment anbietet, dessen Artikel meist von mehreren Herstellern bezogen werden. Das führt zu einer gewissen Markttransparenz, und es sind Auswahlmöglichkeiten gegeben.
- **Kommissionäre** als Kaufleute, die gewerbsmäßig im eigenen Namen für Rechnung anderer Waren oder Wertpapiere kaufen oder verkaufen. Manche Materialien sind ausschließlich über sie zu beschaffen.
- **Importeure**, die besonders von kleineren und mittleren Unternehmen eingeschaltet werden, weil diese im Hinblick auf ausländische Märkte über spezifische Kenntnisse verfügen.

Die **Beschaffungskosten** bei Einschaltung von Handel, Kommissionären und Importeuren können höher sein als bei direkter Beschaffung, weil ein Aufschlag auf den Herstellerpreis bzw. den Großhandelspreis erfolgt, der allerdings niedriger liegen kann als der Preis für den Endverbraucher oder Endverwender. Andererseits entlasten die Träger indirekter Beschaffungswege das beschaffende Unternehmen aber auch von Kosten.

2.3 Beschaffungstermine

Die Beschaffungstermine bedürfen einer genauen Planung, weil die Materialien meist nicht unverzüglich nach ihrer Anforderung zur Verfügung stehen. **Gründe** hierfür sind Lieferzeiten, Beschaffungszeiten und Prüfungszeiten. Nach der unterschiedlichen Ermittlung der Beschaffungstermine gibt es:

- **verbrauchsgesteuerte Beschaffung**
- **bedarfsgesteuerte Beschaffung**.

2.3.1 Verbrauchsgesteuerte Beschaffung

Die verbrauchsgesteuerte Beschaffung kann durchgeführt werden als – siehe Kapitel C.:

▸ **Bestellpunkt-Verfahren**, bei dem die Beschaffung ausgelöst wird, wenn der verfügbare Lagerbestand, der bei jedem Lagerabgang geprüft wird, eine bestimmte Menge – den Bestellpunkt – erreicht hat.

▸ **Bestellrhythmus-Verfahren**, bei dem eine Überprüfung des Lagerbestandes in konstanten Zeitintervallen vorgenommen wird. Bei Unterschreitung des Bestellpunktes wird die Beschaffung ausgelöst.

Die verbrauchsgesteuerte Beschaffung wird beim regelmäßigen Verbrauch von **geringwertigen Materialien** als C-Güter eingesetzt, besonders von Hilfs- und Betriebsstoffen.

2.3.2 Bedarfsgesteuerte Beschaffung

Die bedarfsgesteuerte Beschaffung erfolgt bei **höherwertigen Materialien**, also A- und B-Gütern. Sie basiert auf der Bedarfsermittlung durch Stücklistenauflösung, wobei zur Ermittlung des Nettobedarfes vorhandene Lagerbestände und Bestellbestände abzusetzen sind – siehe Kapitel C.

Die **Bestelltermine** werden unter Berücksichtigung der jeweiligen Solleindeckungstermine planerisch genau festgelegt.

Aufgabe 30 > Seite 202

2.4 Beschaffungsmengen

Im Rahmen der Beschaffungsplanung sind nicht nur die Prinzipien, Wege und Termine der Beschaffung festzulegen. Auch die Beschaffungsmengen bedürfen der Bestimmung. Grundlage für deren Festlegung ist die **technische Losgröße**, in der die fertigungstechnischen Erfordernisse ihren Niederschlag finden. Sie ergibt sich aus den Bedarfswerten.

Bezüglich der wirtschaftlichen Losgröße bzw. Beschaffungsmengen sind zu unterscheiden:

▸ **Einflussfaktoren**

▸ **Optimierung**.

2.4.1 Einflussfaktoren

Die Höhe wirtschaftlicher Beschaffungsmengen hängt von mehreren Einflussfaktoren ab. Dazu zählen vor allem:

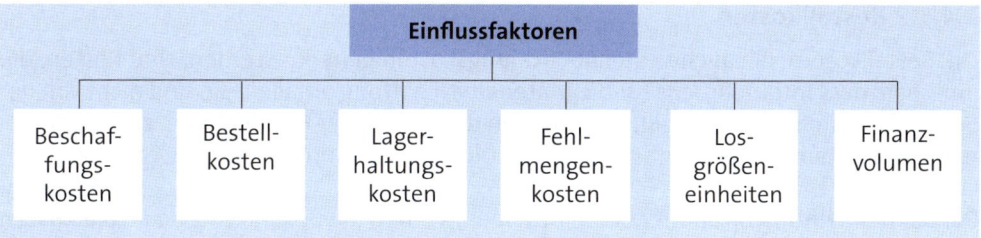

2.4.1.1 Beschaffungskosten

Die Beschaffungskosten umfassen alle **bestellmengenabhängigen Kosten**, die durch den Fremdbezug von Material entstehen. Sie ergeben sich aus:

	Angebotspreis
-	Rabatt
-	Bonus
+	Mindermengenzuschlag
=	Zieleinkaufspreis
-	Skonto
=	Bareinkaufspreis
+	Bezugskosten, Verpackung, Fracht, Versicherung, Zoll
=	**Einstandspreis**

Beispiel

Der Angebotspreis eines Materials beträgt 5 €/Stück. Für Verpackung werden per 100 Stück 3 € berechnet. Bei Abnahme von 1.000 Stück wird ein Mengenrabatt von 20 % gewährt. Erfolgt die Zahlung innerhalb von 10 Tagen nach Rechnungstellung, können 3 % Skonto abgesetzt werden. Das Material wird frei Haus geliefert. Bei Abnahme von 1.200 Stück und Rechnungsbegleichung innerhalb von einer Woche nach Rechnungstellung ergeben sich für das Unternehmen als Beschaffungskosten:

	Angebotspreis	1.200 • 5,00	6.000 €
-	20 % Rabatt	6.000 • 0,20	1.200 €
-	3 % Skonto	4.800 • 0,03	144 €
+	Verpackung	12 • 3,00	36 €
=	**Einstandspreis**		**4.692 €**

Der Einstandspreis ergibt sich aus der Kalkulation. Daneben können über Rabatte, Bezugskosten sowie den gleichzeitigen Bezug anderer Güter desselben Herstellers die Kosten beeinflusst werden.

2.4.1.2 Bestellkosten

Die Bestellkosten, die auch Bestell**abwicklungs**kosten genannt werden, sind Kosten, die innerhalb des Unternehmens für die Materialbeschaffung anfallen. Sie sind nicht von der Beschaffungsmenge abhängig, sondern von der Anzahl der Bestellungen, z. B. als Personal-/Sachkosten der Beschaffung, Materialprüfung, Rechnungsprüfung, Organisation.

Bei der Berechnung optimaler Bestellmengen werden die Bestellkosten als **fixe Kosten** angesehen, was allerdings nur richtig ist, wenn die Summe aus Sachkosten und Personalkosten sowie die Bestellhäufigkeit gleich bleiben.

Eine Ermittlung der Bestellkosten setzt voraus, dass der Einkauf über eine eigene Kostenstelle verfügt, in der alle Kosten zusammenlaufen. Dabei ist es möglich, die gesamten Kosten als Prozess zu sehen, um damit die Fixkosten einer einzelnen Bestellung zuzuordnen. Dies kann erreicht werden durch:

$$\text{Bestellkosten einer Bestellung} = \frac{\text{Summe aller Bestellkosten einer Periode}}{\text{Anzahl aller Bestellungen einer Periode}}$$

Die Bestellkosten einer Bestellung betragen oftmals zwischen 40 € und 120 €. Diese Kosten entstehen für A-Teile gleichermaßen wie auch für B-Teile und C-Teile.

2.4.1.3 Lagerhaltungskosten

Lagerhaltungskosten sind alle Kosten, die durch die Lagerung von Material verursacht werden. Sie können ermittelt werden:

▸ **pro Einheit**

$$L_{HK} = E \cdot L_{HS}$$

▸ **insgesamt**

$$L_{HK} = B_D \cdot L_{HS}$$

L_{HK} = Lagerhaltungskosten
L_{HS} = Lagerhaltungskostensatz = $p + L_S$
L_S = Lagerkostensatz
p = Zinssatz
E = Einstandspreis
B_D = Durchschnittlich im Lager gebundenes Kapital

Damit sind für die Berechnung der Lagerhaltungskosten bedeutsam:

▸ Der **Einstandspreis** des Materials, der für die Optimierung der Bestellmenge als konstant pro Einheit angesehen wird.

▸ Das **durchschnittlich** im Lager **gebundene Kapital**, das sich bei gleichmäßigen Lagerzugängen und Lagerabgängen ergibt:

$$B_D = \frac{B_L}{2} \cdot E$$

B_L = Lagerbestand

▸ Der **Lagerhaltungskostensatz**, der sich zusammensetzt aus:

Zinssatz	Er wird meist als kalkulatorischer Zinssatz des Unternehmens angesetzt und dient dazu, die Zinskosten pro Jahr zu ermitteln. Bei gleichmäßigen Lagerzugängen und Lagerabgängen betragen die Zinskosten:
	$$K_Z = \frac{B_L}{2} \cdot E \cdot \frac{p}{100} \quad \text{oder} \quad K_Z = \frac{B_L \cdot E \cdot p}{2 \cdot 100}$$
	K_Z = Zinskosten
Lagerkosten-satz	Er ergibt sich:
	$$L_S = \frac{K_L \cdot 100 \cdot 2}{B_L \cdot E} \quad \text{oder} \quad L_S = \frac{K_L \cdot 100}{B_D}$$
	L_S = Lagerkostensatz K_L = Lagerkosten
	Als Lagerkosten werden – mit Ausnahme der Zinskosten – alle im Lager anfallenden Kosten erfasst.

Beispiel

Jährlich werden 200.000 Teile eines Materials benötigt. Der Einstandspreis beträgt 4 €. Unterstellt wird, dass diese Menge am Jahresanfang beschafft wurde und sich bis zum Jahresende abbaut. Somit sind 100.000 (200.000 : 2) bei gleichmäßigem Abgang im Lager gebunden. Es wird mit einem Zinssatz von 6 % gerechnet.

$$K_Z = \frac{200.000 \cdot 4 \cdot 6}{2 \cdot 100} = \textbf{24.000 €}$$

Dieses Material verursacht Kosten von 15.000 €.

$$L_S = \frac{15.000 \cdot 2 \cdot 100}{200.000} = \textbf{15 \%}$$

Somit ergibt sich ein Lagerhaltungskostensatz von:

L_{HS} = 15 + 6 = **21 %**

In der Praxis wird mit einem Lagerhaltungskostensatz von 15 % bis 25 % gerechnet.

Aufgabe 31 > Seite 202

2.4.1.4 Fehlmengenkosten

Fehlmengenkosten fallen an, wenn das beschaffte Material den Bedarf der Fertigung nicht deckt, wodurch der Leistungsprozess teilweise oder ganz unterbrochen wird. Sie entstehen durch

- Preisdifferenzen durch Beschaffung höherwertiger Güter
- entgangene Gewinne wegen Unterbrechung der Fertigung
- Konventionalstrafen wegen Nichtlieferung an Abnehmer
- Goodwill-Verluste durch das Abwandern von Kunden.

Die **Höhe** der Fehlmengenkosten hängt von den Möglichkeiten der Verschiebung oder Veränderung des geplanten Fertigungsablaufes und von der Dauer der Störung ab.

2.4.1.5 Losgrößeneinheiten

Die Höhe wirtschaftlicher Beschaffungsmengen wird weiterhin durch Losgrößeneinheiten beeinflusst, z. B. als:

- Transportmitteleinheiten (Lastkraftwagen, Schiff)
- Verpackungseinheiten (Paletten, Kartons, Bahnbehälter)
- Lagerraumeinheiten (Lagerfächer, Silos, Bunker).

Die Losgrößeneinheiten können aber auch **branchenüblich** sein, z. B. Lieferung per Dutzend oder 10, 100 bzw. 1.000 Stück.

2.4.1.6 Finanzvolumen

Neben den Überlegungen zur Kostenoptimierung und dem Gesichtspunkt geeigneter Losgrößeneinheiten hängt die Höhe der Beschaffungsmenge von den Möglichkeiten ab, die sich finanzwirtschaftlich ergeben.

Sofern das Unternehmen über den notwendigen **Finanzierungsspielraum** verfügt, wäre die ansonsten als zweckmäßig erachtete Beschaffungsmenge grundsätzlich realisierbar. Es gilt aber zu prüfen, welche Kosten durch eine größere Beschaffungsmenge im Vergleich zu einer kleineren Menge eingespart werden.

Diese **Kostenersparnis** ist mit den für das Fremdkapital anfallenden Kosten zu vergleichen, um zu entscheiden, ob die Beschaffung der größeren Menge vorteilhaft ist. Das beschaffende Unternehmen kann ggf. auch versuchen, die Zahlungsbedingungen zu beeinflussen, um erst später zahlen zu müssen.

Aufgabe 32 > Seite 202

2.4.2 Optimierung

Die Optimierung der Beschaffungsmenge ist mithilfe verschiedener Verfahren möglich – siehe ausführlicher *Oeldorf/Olfert*. Die **klassische Losgrößenformel** kann z. B. bei gleich bleibendem Materialbedarf verwendet werden, allerdings setzt sie das Vorliegen folgender **Voraussetzungen** voraus:

► Der Stückpreis ist unabhängig von der Beschaffungsmenge.

► Der Bedarf ist bekannt und konstant.

► Fehlmengen sind nicht zugelassen.

► Die Grenzkosten der Lagerhaltung sind konstant.

► Die zeitliche Verteilung der Lagerabgänge ist stetig.

► Die Lieferzeit ist praktisch Null.

► Mindestbestellungen sind nicht vorgesehen.

► Die Bestellung eines Materials erfolgt unabhängig von anderen Materialien.

Mithilfe der klassischen Losgrößenformel ist eine Optimierung möglich im Hinblick auf:

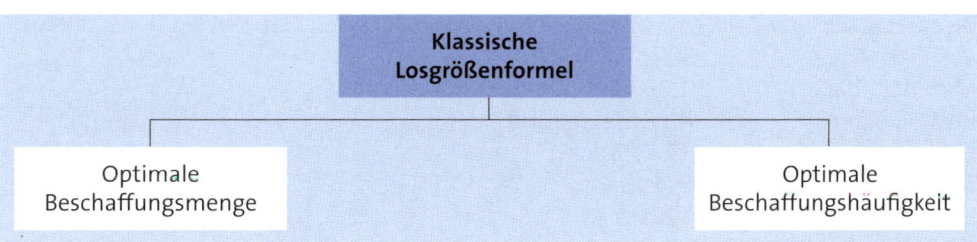

2.4.2.1 Optimale Beschaffungsmenge

Um die optimale Beschaffungsmenge zu ermitteln, müssen betrachtet werden:

► **Jahresbedarfsmenge**

► **Bestellkosten** als losfixe Kosten, die sich mit zunehmender Beschaffungsmenge pro Mengeneinheit vermindern

- **Lagerhaltungskosten** als variable Kosten, die sich mit zunehmender Beschaffungsmenge proportional erhöhen.

Die **Beschaffungsmenge** gilt als **optimal**, wenn die Kosten für die Bestellung und Lagerung zusammen ein Minimum ergeben.

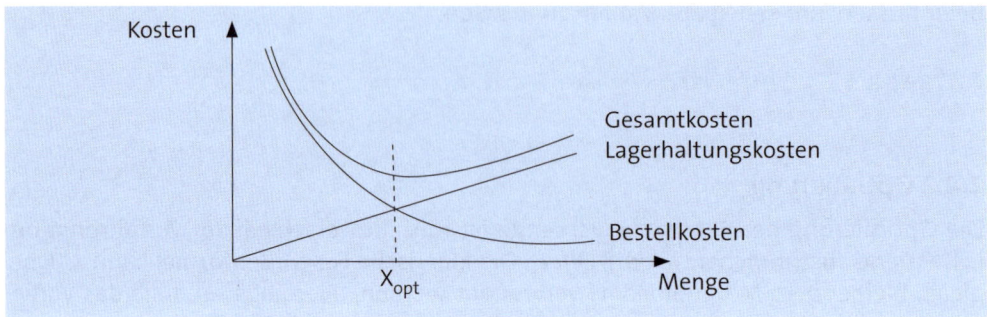

Rechnerisch wird die optimale Bestellmenge – vielfach unter IT-Einsatz – ermittelt:

$$x_{opt} = \sqrt{\frac{200 \cdot M \cdot K_B}{E \cdot L_{HS}}}$$

x_{opt} = Optimale Beschaffungsmenge
M = Jahresbedarfsmenge
E = Einstandspreis pro Mengeneinheit
K_B = Bestellkosten je Bestellung
L_{HS} = Lagerhaltungskostensatz

Beispiel

Monatsbedarf	1.000 Stück
Bestellkosten	40 €/Bestellung
Einstandspreis	12 €/Stück
Zinssatz	8 %
Lagerkostensatz	12 %

$$x_{opt} = \sqrt{\frac{200 \cdot 12.000 \cdot 40}{12 \cdot (8 + 12)}}$$

x_{opt} = **632 Stück**

2.4.2.2 Optimale Bestellhäufigkeit

Die klassische Losgrößenformel kann – in umgewandelter Form – auch dazu dienen, die Bestellhäufigkeit als optimale Beschaffungshäufigkeit zu ermitteln. Dabei gilt:

$$n_{opt} = \sqrt{\frac{M \cdot E \cdot L_{HS}}{200 \cdot K_B}}$$

Beispiel

Es gelten die Daten des vorangegangenen Beispiels.

$$n_{opt} = \sqrt{\frac{12.000 \cdot 12 \cdot 20}{200 \cdot 40}}$$

$$n_{opt} = \sqrt{360}$$

$$n_{opt} = \mathbf{19}$$

Einfacher ist es, den Jahresbedarf durch 600 (abgerundet) zu teilen. Dabei ergibt sich die Bestellhäufigkeit aus 12.000 : 600 = 20, d. h. es sind 20 Bestellungen pro Jahr zu veranlassen.

Die Verwendung der klassischen Losgrößenformel wird durch den Einsatz von IT-Standardprogrammen erleichtert.

Aufgabe 33 > Seite 203

3. Beschaffungsdurchführung

Nachdem die Beschaffungsprinzipien, Beschaffungswege, Beschaffungstermine und Beschaffungsmengen festgelegt sind, kann die Beschaffung realisiert werden. Sie umfasst mehrere **Stufen:**

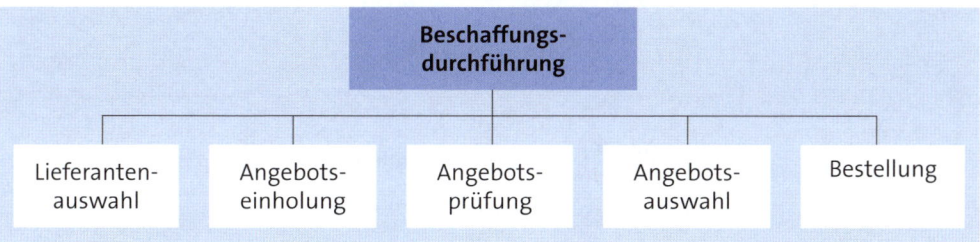

3.1 Lieferantenauswahl

Um die Beschaffung durchführen zu können, ist es zunächst notwendig, die infrage kommenden Lieferanten herauszufinden. Die Lieferantenauswahl ist in den letzten Jahren **immer bedeutsamer** geworden. Sie erfolgt auf der Grundlag einer Vielzahl von Bewertungskriterien, z. B.:

Lieferungen/Leistungen	Lieferant selbst	Umfeld des Lieferanten
► Qualität	► Rechtsform	► Ökologie
► Preis	► Finanzieller Status	► Technologie
► Konditionen	► Kostenstruktur	► Wirtschaftsregion
► Lieferzuverlässigkeit	► Marktanteil	► Staat
► Liefertreue	► Forschung/Entwicklung	► Wirtschaftszweig
► Nebenleistungen	► Kooperation	► Volkswirtschaft

Die Lieferantenbewertung geschieht zweckmäßigerweise mithilfe von **Nutzwertrechnungen** – siehe ausführlich *Olfert*. Dabei wird eine Punktbewertung der einzelnen Kriterien vorgenommen, wobei die Summe der Punkte den jeweiligen Nutzwert darstellt.

3.2 Angebotseinholung

Ein Angebot ist eine an eine bestimmte Person bzw. an ein bestimmtes Unternehmen gerichtete Willenserklärung, Güter zu den angegebenen Bedingungen zu liefern. Es kann abgegeben werden:

► **verbindlich**, wenn der Anbieter sich verpflichtet, innerhalb der gesetzlichen oder einer vertraglichen Bindungsfrist die angebotene Leistung zu erbringen

► **unverbindlich**, wenn die Bindung an das Angebot eingeschränkt oder ausgeschlossen wird, z. B. durch **Formulierungen** wie „Solange Vorrat reicht", „Liefermöglichkeiten vorhanden", „Preis freibleibend" oder „Unverbindlich".

Für Angebote gibt es **keine Formvorschriften**, d. h. sie können schriftlich, mündlich oder durch schlüssiges Handeln abgegeben werden. Es sollten mehrere Angebote eingeholt werden, die Zahl hängt vom Auftragswert ab. **Inhalte** der Angebote sollten sein:

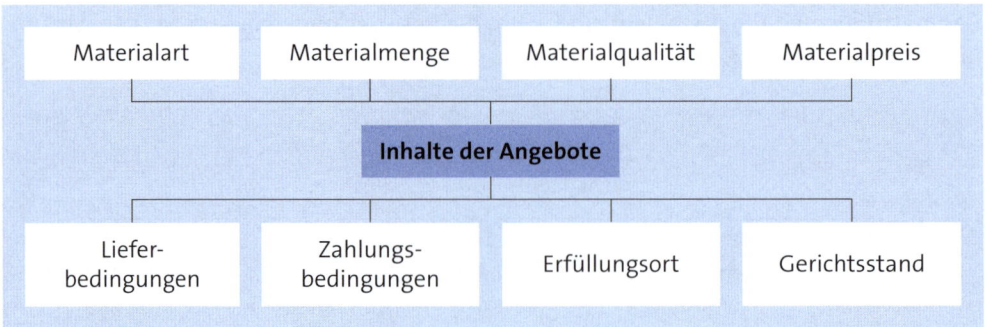

Die Angebotseinholung kann erfolgen als:

- **mündliche Einholung**
- **schriftliche Einholung**.

3.2.1 Mündliche Einholung

Die mündliche Einholung von Angeboten bietet sich für **Materialien geringeren Wertes** an, die den Aufwand schriftlicher Anfragen nicht rechtfertigen, im Wesentlichen also für C-Materialien.

Die **Bindung** eines Lieferanten an ein mündlich, auch telefonisch gegebenes Angebot gilt nur, solange das Gespräch dauert, es sei denn, die Gesprächspartner vereinbaren eine andere Erklärungs- oder Überlegungsfrist.

3.2.2 Schriftliche Einholung

Die schriftliche Einholung von Angeboten ist bei **höherwertigen Materialien** üblich, wozu die A- und B-Materialien zählen. Sie wird nicht nur wegen der rechtlichen Absicherung vorgenommen, sondern auch aus der Notwendigkeit heraus, Missverständnisse und Versäumnisse weitestgehend auszuschalten, die sich bei mündlichem Kontakt ergeben können.

Aus Gründen der Rationalisierung werden vielfach elektronisch geführte Formulare verwendet, die ein schnelles und genaues Ausfüllen gewährleisten. Üblicherweise werden die Anfragen über einen elektronischen Katalog gestellt. Bei günstigen Bedingungen werden die angefragten Materialien in den Warenkorb übernommen und somit eine Bestellung ausgelöst.

Anfragen bei Lieferanten dürfen weder zu früh – wegen sich noch ergebender Marktveränderungen – noch zu spät vorgenommen werden, damit das beschaffende Unternehmen bei der Angebotsprüfung nicht in Zeitdruck gerät. Der termingerechte Eingang der Angebote ist zu überwachen. Alle eingegangenen Angebote werden in das Anfrageregister bzw. in eine elektronisch geführte Bestellanforderungsdatei übernommen (SAP R/3)

Die **Bindung** eines Lieferanten an ein schriftlich gegebenes Angebot umfasst einen Zeitraum, in dem der Eingang einer Antwort unter regelmäßigen Umständen erwartet werden darf, es sei denn, das Angebot enthält eine Frist. Der **Widerruf** eines Angebotes ist möglich. Um rechtswirksam zu sein, muss er aber spätestens gleichzeitig mit dem Angebot beim beschaffenden Unternehmen eingehen.

3.3 Angebotsprüfung

Die beim beschaffenden Unternehmen eingegangenen Angebote sind systematisch zu prüfen, um den Lieferanten zu ermitteln, der das günstigste Angebot abgegeben hat. Die Angebotsprüfung erfolgt unter zwei **Gesichtspunkten:**

- **formelle Angebotsprüfung**
- **materielle Angebotsprüfung**.

3.3.1 Formelle Angebotsprüfung

Mit der formellen Angebotsprüfung soll sichergestellt werden, dass die Anfrage des Unternehmens und das Angebot des Lieferanten sachlich übereinstimmen. Sie bezieht sich auf alle vom anfragenden Unternehmen gesetzten **Daten**, die teilweise auch in den Einkaufsbedingungen des beschaffenden Unternehmens festgehalten sind.

Ergeben sich **Abweichungen** des Angebotes von der Anfrage, kann es zweckmäßig sein, mit dem betreffenden Lieferanten nochmals Kontakt aufzunehmen, um doch noch ein anfragekonformes Angebot zu erhalten.

Bei Verarbeitung der Anfragedaten mit IT kann über ein Prüfprogramm sichergestellt werden, ob alle Einkaufsbedingungen – wie vorgegeben – akzeptiert werden. Abweichungen lassen sich in einer Protokolldatei festhalten.

3.3.2 Materielle Angebotsprüfung

Die materielle Prüfung der Angebote von Lieferanten erfolgt unter Anlegung bestimmter **Kriterien**, die üblicherweise sind:

- Die **Qualität des Materials**, die Gegenstand des Angebotes ist. Sie muss entweder detailliert beschrieben werden oder im Rahmen der Normung vorgegeben sein. Wird eine **Abweichung** von der Anfrage festgestellt, kann dies bedeuten, dass eine mindere Qualität in der Fertigung nicht verwertbar ist bzw. eine höhere Qualität die Gefahr eines ebenfalls höheren Preises birgt.

- Der **Preis**, der für das angebotene Material gefordert wird. Um die Angebote vergleichen zu können, ist es notwendig, die **Beschaffungskosten** für das Material als Einstandspreis zu ermitteln, in dem die Lieferbedingungen und Zahlungsbedingungen berücksichtigt werden, sofern sie Einfluss auf die Beschaffungskosten haben.

- Die **Lieferfrist**, die insofern von Bedeutung ist, als sie für das beschaffende Unternehmen zu lang sein kann, um das Material einzusetzen. Ein ansonsten günstiges Angebot, das lediglich an der Lieferfrist scheitert, kann für die Zukunft interessant sein, wenn der Bestellvorgang früher ausgelöst wird. Neben der Länge der Lieferfrist ist auch noch die Zuverlässigkeit bei der **Einhaltung der Lieferfristen** von Bedeutung.

- Die **Flexibilität des Lieferanten**, die sich in dessen qualitativen und quantitativen Fertigungsmöglichkeiten ausdrückt. Bei guter Ausstattung des Fertigungsbereiches des

Lieferanten sollte es möglich sein, besondere Kundenwünsche in angemessener Frist zu erfüllen.

- Die **Marktstellung des Lieferanten**, die aus mehreren Gründen von Bedeutung sein kann. Je stärker die Marktstellung des Lieferanten und je schwächer das beschaffende Unternehmen ist, umso ungünstiger werden sich Preise, Liefer- und Zahlungsbedingungen gestalten lassen.

- Der **Ruf des Lieferanten**, unter dem mehrere Gesichtspunkte gefasst werden, die vor allem sein können:
  - Aufgeschlossenheit für technischen Fortschritt
  - Forschungsaktivitäten
  - Kundendienstleistungen
  - Garantieleistungen
  - Fortschrittlichkeit des Managements
  - Kulanzleistungen
  - Bonität.

- Der **Standort des Lieferanten**, der die Transportkosten als Bestandteil der Lieferbedingungen beeinflusst, aber auch die Schnelligkeit und Sicherheit der Materialversorgung.

3.4 Angebotsauswahl

Die Angebotsprüfung, die formell und materiell nach den für die Beschaffung relevanten Kriterien erfolgte, findet ihren Abschluss in der Feststellung des bzw. der günstigsten Angebote.

Die **Kriterien** und ihre Beurteilung für die einzelnen anbietenden Lieferanten sollten zweckmäßigerweise systematisch und übersichtlich zusammengestellt werden, um das oder die günstigsten Angebote feststellen zu können. Dabei kann für die nicht oder schwer quantitativ erfassbaren Daten ein standardisiertes **Schema** verwendet werden.

Liegt ein Angebot in deutlichem Abstand vor den übrigen Angeboten, ist die Angebotsauswahl kein Problem. Es kann aber auch sein, dass mehrere Angebote ähnlich günstig sind. Handelt es sich bei den Angeboten um höherwertige Materialien, kann es sich anbieten, ergänzende **Verhandlungen** aufzunehmen.

Aufgabe 34 > Seite 203

3.5 Bestellung

Die Bestellung ist die Willenserklärung einer Person bzw. eines Unternehmens, bestimmte Güter zu den angegebenen Bedingungen zu kaufen. Sie ist an **keine** besondere **Form** gebunden und kann deshalb erfolgen als:

- ► schriftliche Bestellung
- ► Bestellung über das Internet
- ► mündliche Bestellung.

Aus Gründen der rechtlichen **Absicherung** sollte der schriftlichen Bestellung der Vorzug gegeben werden. Es empfiehlt sich, einen mündlich vereinbarten Inhalt zusätzlich schriftlich festzuhalten und dem Marktpartner zuzuleiten. Widerspricht dieser binnen angemessener Frist nicht, kann das Unternehmen von der Richtigkeit des Inhaltes ausgehen.

Liegt ein Angebot des Lieferanten vor und wird – ohne Abweichung zum Angebot – bestellt, entsteht mit der Bestellung ein **rechtswirksamer Vertrag**. Ist der Bestellung kein Angebot vorausgegangen oder ein von der Bestellung abweichendes Angebot, entsteht ein rechtswirksamer Vertrag erst durch **Zustimmung des Lieferanten**, die erfolgen kann als:

- ► schriftliche Zustimmung
- ► Zustimmung über das Internet
- ► stillschweigende Zustimmung.

Das beschaffende Unternehmen sollte Wert darauf legen, eine **schriftliche Auftragsbestätigung** zu erhalten. Sie ist nach ihrem Eingang unverzüglich dem Inhalt nach zu prüfen, da als verbindlich immer diejenigen Bedingungen gelten, die zuletzt und unwidersprochen abgegeben worden sind.

Mit der Bestellung sind folgende **Vereinbarungen** zu treffen:

- ► **Beschaffenheit des Materials**
- ► **Menge des Materials**
- ► **Verpackung des Materials**
- ► **Erfüllungszeit**
- ► **Erfüllungsort**
- ► **Preis**
- ► **Zahlungsbedingungen**
- ► **Lieferbedingungen**.

Ein Teil dieser Vereinbarungen ist rahmenmäßig häufig in Form von **Geschäftsbedingungen** erfasst, die Einkaufsbedingungen oder Verkaufsbedingungen sein können.

3.5.1 Beschaffenheit des Materials

Die Beschaffenheit des Materials kann vertraglich auf unterschiedliche Weise festgelegt bzw. abgesichert werden, z. B. durch

▸ **Beschreibung des Materials** im Einzelnen, gegebenenfalls unter Hinzufügung von Stücklisten, Zeichnungen u. Ä., oder durch allgemein verbindliche Qualitätsbezeichnungen

▸ **Kauf nach Probe** als fester Kauf nach einer Warenprobe, einem Muster oder nach früheren Lieferungen, womit die Art und Güte des Materials genau festgelegt ist

▸ **Kauf zur Probe** als fester Kauf einer kleinen Warenmenge zum Stückpreis, der für eine große Warenmenge zu zahlen wäre

▸ **Kauf auf Probe**, bei dem sich das Unternehmen das Recht vorbehält, das Material innerhalb einer vereinbarten oder angemessenen Frist zurückzugeben

▸ **Kauf auf Basis einer bestimmten Qualität**, wobei eine bestimmte Qualitäts-Preis-Relation vereinbart wird, d. h. veränderte Qualität führt zu verändertem Preis

▸ **Kauf en bloc** als Kauf größerer Partien oder ganzer Warenläger ohne Zusicherung einer bestimmten Güte zum Pauschalpreis.

Enthält die Bestellung keine Festlegung der Qualität der Ware, ist der Lieferant verpflichtet, eine **Ware mittlerer Art und Güte** zu liefern.

3.5.2 Menge des Materials

Die Materialmenge kann ebenfalls auf unterschiedliche Weise festgelegt sein. Als **Vereinbarungen** sind möglich:

▸ genaue Maßangabe

▸ ungefähre Maßangabe/Zirkaangabe

▸ Garantie einer bestimmten Materialmenge.

Wird die Menge des Materials durch die Gewichtsangabe beschrieben, ist bedeutsam, welches **Gewicht** der Preisberechnung zu Grunde liegt:

▸ das **Bruttogewicht** als Gewicht des Materials einschließlich der Verpackung

▸ das **Nettogewicht** oder **Reingewicht** als Gewicht des Materials ohne Verpackung.

Die Differenz zwischen Bruttogewicht und Nettogewicht – das Gewicht der Verpackung – wird als **Tara** bezeichnet, die mit unterschiedlichem Genauigkeitsgrad ermittelt werden kann. Geht aus dem Kaufvertrag nicht hervor, welches Gewicht dem Preis zu Grunde liegen soll, gelten **Handelsbräuche** oder **Branchenbedingungen**, ersatzweise das **Reingewicht**.

3.5.3 Verpackung des Materials

Die **Aufmachungsverpackung** oder **Verkaufsverpackung** kann als Bestandteil des Materials angesehen werden. Die Kosten der Verpackung sind damit i.d.R. im Preis enthalten. Dies gilt mitunter nicht für die Kosten, die für eine **Versandverpackung** oder **Schutzverpackung** anfallen. Sie können gesondert berechnet werden.

Bei einer Vereinbarung **„brutto für netto"** wird die Verpackung als Material mitgewogen und mitberechnet. Liegt keine Vereinbarung darüber vor, wer die Kosten der Verpackung zu tragen hat, gilt der Handelsbrauch, andernfalls sind sie vom beschaffenden Unternehmen zu tragen.

3.5.4 Erfüllungszeit

Die Erfüllungszeit ist die Zeit, zu welcher der Lieferant das Material zu übergeben hat. Ist vertraglich nichts vereinbart, kann der Lieferant sofort liefern, das beschaffende Unternehmen sofortige Lieferung verlangen. Es ist zweckmäßig, die Erfüllungszeit vertraglich festzulegen, wobei folgende **Geschäfte** unterschieden werden:

▸ **Promptgeschäfte**, bei denen die Lieferung sofort zu erfolgen hat, d. h. innerhalb kurzer Frist

▸ **Lieferungsgeschäfte**, bei denen eine spätere Erfüllungszeit vereinbart wird, z. B. bei Abrufverträgen (Festlegung der gesamten Menge, nicht jedoch der Abruf- und Lieferzeitpunkte), Sukzessivlieferungsverträgen (die Mengen sowie Abruf- und Liefertermine sind bestimmt), Rahmenverträgen (keine Festlegung der Menge, Abruf- und Liefertermine).

Die Promptgeschäfte und Lieferungsgeschäfte stellen **Fixgeschäfte** dar, wenn das Material ausschließlich genau zu dem oder den vereinbarten Terminen zu liefern ist.

3.5.5 Erfüllungsort

Der Erfüllungsort ist der Ort, an dem die Übergabe des Materials zu erfolgen hat. Am Erfüllungsort hat das gelieferte Material die Menge und Beschaffenheit aufzuweisen, die vertraglich festgelegt sind. Es sind zu unterscheiden:

▸ der **gesetzliche Erfüllungsort** als der Ort, an dem der Lieferant des Materials seinen Wohn- oder Geschäftssitz hat

▸ der **vertragliche Erfüllungsort** als der zwischen den Vertragspartnern vereinbarte bzw. in Angebot bzw. Bestellung unwidersprochen genannte Ort

▸ der **natürliche Erfüllungsort** als der Ort, an dem die Leistung ihrer Natur oder den Umständen nach zu bewirken ist.

Am Erfüllungsort geht die **Gefahr** für das Material vom Lieferanten auf das beschaffende Unternehmen über. Vom Erfüllungsort ist bei Kaufleuten auch der Gerichtsstand abhängig.

Aufgabe 35 > Seite 204

3.5.6 Preis

Der Preis für das zu beschaffende Material kann sein:

► Ein **fester Preis**, der vertraglich pro Mengeneinheit genau festgelegt ist, z. B. 500 €/ Stück.

► Ein **fester Ausgangspreis**, der zwar für den Zeitpunkt des Vertragsabschlusses genau bestimmt ist, sich aufgrund äußerer Einflüsse im Zeitablauf aber ändern kann. Zunächst wird ein bestimmter Basispreis festgelegt, die endgültige Preisfestsetzung erfolgt später mithilfe von Indices.

► Der **Tagespreis** als Preis, der an einem bestimmten Tag gültig ist, was für das beschaffende Unternehmen nicht unproblematisch ist, vor allem wenn das Unternehmen ggf. nicht aus dem Vertrag herauskommt.

► Ein **unbestimmter Preis**, der aber wegen der mit ihm verbundenen Ungewissheit keine Vertragsgrundlage sein sollte.

In engem Zusammenhang mit dem Preis sind die Liefer- und Zahlungsbedingungen zu sehen.

3.5.7 Zahlungsbedingungen

In den Zahlungsbedingungen erfolgen insbesondere die folgenden vertraglichen **Festlegungen:**

► Der **Zahlungsort** als vertraglicher Erfüllungsort für die Bezahlung. Mangels einer vertraglichen Vereinbarung gilt als Zahlungsort gesetzlich der Wohn- oder Geschäftssitz des Schuldners.

► Der **Zahlungszeitpunkt**, der unterschiedlich geregelt sein kann. Es gibt folgende Festlegungen:
  - Zahlung vor Lieferung (Anzahlung, Vorauszahlung)
  - Zahlung gegen Lieferung (Barkauf)
  - Zahlung nach Lieferung (Zielkauf, Kreditkauf).

► Ein **Rabatt**, der den Einstandspreis vermindert. Er kann z. B. ein Mengenrabatt, Barzahlungsrabatt, Sonderrabatt oder Funktionsrabatt sein.

Die Zahlungsbedingungen können den Angebotspreis verändern, d. h. der effektiv zu zahlende Preis von ihm abweichen.

3.5.8 Lieferbedingungen

Die Lieferbedingungen umfassen **Regelungen**, die teilweise bereits behandelt wurden:

► Lieferbereitschaft

► Lieferzeit

► Lieferart

- Umtauschmöglichkeiten
- Rücktrittsmöglichkeiten
- Verpackungskosten-Berechnung
- Frachtkosten-Berechnung
- Versicherungskosten-Berechnung.

Die **Lieferart** spielt bei den Lieferbedingungen eine besondere Rolle. Mit ihr wird der Weg des Materials vom Lieferanten zum Käufer beschrieben. Dabei ist festzulegen:

- welche **Transportmittel** zu benutzen sind
- wer die **Kosten der Lieferung** trägt.

Durch die Aufstellung der **Incoterms** stehen eindeutige Klauseln, insbesondere auch für den zwischenstaatlichen Handelsverkehr, zur Verfügung, z. B. „ab Werk (EXW), frei Haus (CIF), frei Frachtführer, ab Schiff, unverzollt". Sie regeln auch den Kosten- und Gefahrenübergang – siehe *Oeldorf/Olfert*. Incoterms gelten nicht automatisch, sondern sie müssen durch Vereinbarung in den Vertrag zwischen Käufer und Verkäufer aufgenommen werden.

Lieferbedingungen können auch regeln, dass erst ab einer bestimmten **Mindestauftragsgröße** geliefert wird bzw. kleinere Aufträge mit **Mindermengenzuschlägen** belastet werden.

Schließlich ist darauf hinzuweisen, dass Lieferbedingungen, aber auch Zahlungsbedingungen zwischen den Verbänden der Anbieter und Nachfrager für ganze Branchen bzw. Wirtschaftszweige generell geregelt und in **Konditionskartellen** niedergelegt sein können.

Wichtig sind für den Kunden auch Garantie und Gewährleistung. **Gewährleistung** ist gesetzlich geregelt, während die **Garantie** eine reine Kulanzleistung des Herstellers darstellt. Die gesetzlich geregelte Gewährleistung ist die gesetzliche Verpflichtung des Schuldners, eine Sache oder ein Werk in mangelfreiem Zustand abzuliefern.

Aufgabe 36 > Seite 204

4. Beschaffungskontrolle

Der Beschaffungskontrolle ist in der Materialwirtschaft besondere Aufmerksamkeit zu widmen. Dabei erfolgt die Kontrolle zweckmäßigerweise als:

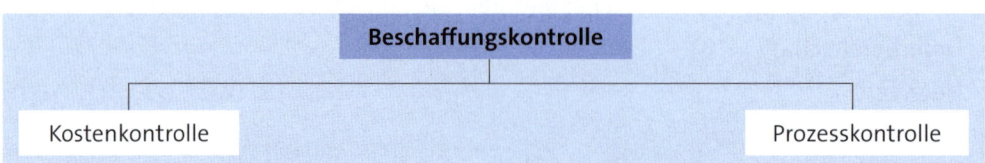

4.1 Kostenkontrolle

Die Kostenkontrolle bezieht sich im Wesentlichen auf diejenigen Kosten, welche die Einflussfaktoren auf die Höhe einer optimalen Bestellmenge sind. Es sollen behandelt werden:

► Die **Beschaffungskosten**, die sich aus Einstandspreisen und Beschaffungsmengen zusammensetzen, und einer Kontrolle unterzogen werden durch — siehe ausführlicher *Oeldorf/Olfert*:

Preis-vergleiche	Dabei erfolgen Vergleiche der tatsächlich gezahlten Preise mit: ► Preisen vergangener Perioden ► durchschnittlichen Marktpreisen ► geplanten Standardpreisen. Es sind auch Vergleiche mithilfe von **Kennzahlen** möglich, z. B.: $$\text{Preisabweichung vom Durch-schnittspreis in \%} = \frac{\text{Höchster Einstandspreis in € pro Mengeneinheit des Materials A}}{\text{Durchschnittlicher Einstandspreis in € pro Mengeneinheit des Materials A}} \cdot 100$$
Rabatt-vergleiche	Sie erfolgen, weil die Rabatte den Hauptanteil der Abzüge von Angebotsprei-sen darstellen. Dabei können die absoluten Rabattsätze einzelner Materialien miteinander verglichen werden. Möglich sind aber auch Vergleiche mithilfe von Kennzahlen, z. B.: $$\text{Preisnachlassquote} = \frac{\text{Erzielte Preisnachlässe}}{\text{Durchschnittspreis}} \cdot 100$$

► Um die **Bestellkosten** zu kontrollieren, bieten sich z. B. die folgenden **Kennzahlen** an:

$$\text{Kosten einer Bestellung in €} = \frac{\text{Bestellkosten pro Monat bzw. Jahr}}{\text{Anzahl der Bestellungen pro Monat bzw. Jahr}}$$

$$\text{Bestellkosten in \% der Beschaffungskosten in €} = \frac{\text{Bestellkosten pro Monat bzw. Jahr}}{\text{Beschaffungskosten pro Monat bzw. Jahr}} \cdot 100$$

► Die **Lagerhaltungskosten** lassen sich insbesondere durch die Feststellung der Lagerumschlagshäufigkeit als **Kennzahl** kontrollieren:

$$\text{Lagerumschlagshäufigkeit} = \frac{\text{Materialverbrauch pro Jahr}}{\text{Durchschnittlicher Lagerbestand}}$$

Je höher die Lagerumschlagshäufigkeit ist, umso vorteilhafter ist dies für das Unternehmen.

▸ Die **Fehlmengenkosten** können ebenfalls betrachtet werden, obgleich sie schwer zu ermitteln sind. Halten sie sich in engen Grenzen, deutet das auf eine gute Lagerpolitik hin.

4.2 Prozesskontrolle

Im Rahmen der Ablaufkontrolle geht es im Wesentlichen um zwei Fragestellungen:

▸ **Bestellmengenkontrolle**

▸ **Lieferterminkontrolle**.

4.2.1 Bestellmengenkontrolle

Die Beschaffungsabteilung muss jederzeit rasch in der Lage sein, sich einen Überblick über folgende Fragen zu verschaffen:

▸ Welche Arten von Materialien wurden bestellt?

▸ Welche Mengen von Materialien wurden bestellt?

▸ Zu welchen Lieferterminen wurde bestellt?

▸ Bei welchen Lieferanten wurde bestellt?

Diese Kenntnis ermöglicht ihr eine ständige Kontrolle der Bestellmengen, die zumindest wöchentlich erfolgen sollte, um erkennen zu können, inwieweit der Beschaffungsplan realisiert ist.

4.2.2 Lieferterminkontrolle

Die laufende Kontrolle der Liefertermine ist wichtig, da sicherzustellen ist, dass die für einen bestimmten Zeitpunkt zu liefernden Materialien auch **termingerecht** eintreffen. Ansonsten besteht die Gefahr, dass die Leistungserstellung gefährdet wird.

Mit der Lieferterminkontrolle wird eine Verbindung zwischen der Beschaffungswirtschaft und der Lagerwirtschaft hergestellt.

5. Beschaffung/E-Procurement

Im E-Business wird der Beschaffungsbereich durch das E-Procurement abgebildet. Unternehmen erkennen die Verbesserungsmöglichkeiten und die Chance durch die Nutzung von E-Business. Diese **Ziele** sind:

Langfristige Ziele	Mittelfristige Ziele	Kurzfristige Ziele
Kundenbindung	Kundenzufriedenheit	Imageverbesserung
Strategische Partnerschaften	Kostenreduktion	Marktdurchdringung
Sicherung des Unternehmens	Gewinnsteigerungen	Neukundengewinnung
	Qualitätssteigerungen	Umsatzsteigerungen

Dazu sollen näher betrachtet werden:

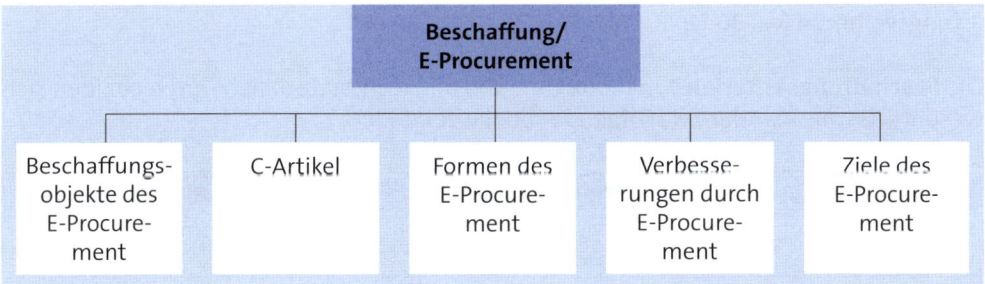

5.1 Beschaffungsobjekte des E-Procurement

„E-Procurement" (oder Electronic Procurement) lautet **„elektronische Beschaffung"** und steht im Zusammenhang mit dem Einsatz moderner Informations- und Kommunikationstechnologie in nahezu allen Bereichen der Unternehmensfunktion Beschaffung.

Aufgrund der gegenwärtigen Funktionalitäten von E-Procurement-Anwendungen sollen folgende Aspekte berücksichtigt werden:

► die **Standardisierbarkeit** von Materialien und Dienstleistungen, insbesondere bei C-Gütern

► die **Prozesskostenreduzierung**, bei der diejenigen Arbeitschritte des Beschaffungsprozesses identifiziert und analysiert werden, die durch den Einsatz der Informationstechnologie gestrafft und schneller ausgeführt werden können

► die **Beschaffungswertsenkung**, bei der die zu beschaffenden Materialien bestimmten Klassen und Gruppen zugeordnet werden, die durch eine hohe Bestellfrequenz und große Bestellvolumina gekennzeichnet sind.

5.2 C-Artikel

Es kann zwischen direkten oder indirekten Gütern unterschieden werden:

► **Direkte Güter (A-Güter)** fließen direkt in das Produkt also in das Kerngeschäft des Unternehmens ein. Sie zeichnen sich durch hohen strategischen Wert und hohes

Beschaffungsvolumen (ca. 70 % - 80 %) aus. Typische Güter sind Rohmaterialien, Komponenten, Module.

▶ **Indirekte Güter (C-Güter)** kauft ein Unternehmen nicht für die Weiterverarbeitung ein, sondern für die Nutzung bzw. den Konsum im Unternehmen. Indirekte Güter werden auch als MRO-Produkte (Maintenance, Repair, Operating) bezeichnet. Typische indirekte Güter sind z. B. Büromaterial, Instandhaltungsbedarf, Dienstleistungen.

Diese indirekten Güter sind geringwertige Produkte, die jedoch gekennzeichnet sind durch eine hohe Bestellfrequenz, hohe Bestellkosten sowie ein niedriges Beschaffungsvolumen (ca. 30 %).

Die **Beschaffungskriterien** von indirekten und direkten Materialien unterscheiden sich wesentlich voneinander, wie folgende Tabelle zeigt:

Kriterium	Direktes Material	Indirektes Material
Materialart	Entwicklung/Produktion mit Lieferanten	Verbrauchsmaterial
Bedarf	Große Stückzahlen	Individuelle Bestellung
Bedarfsanforderung	Produktionsplan gem. Stücklisten	Abteilungsbedarf
Verfahren	Angebote, Rahmenverträge	Kataloge, Telefonate

Die nachstehende Tabelle zeigt die Verteilung von **Beschaffungskosten** im Verhältnis zu Einstandspreisen:

Artikel	A-Artikel	B-Artikel	C-Artikel
Einstandspreis	90 %	75 %	20 %
Beschaffungskosten	10 %	25 %	80 %

Es zeigt sich, dass die indirekten Güter die größten Materialkosten verursachen, den Personaleinsatz des Einkaufs verhältnismäßig stark belasten und zahlreiche Lieferanten binden, jedoch von geringem materiellen und strategischem Wert sind.

5.3 Formen des E-Procurement

Die alltäglichen Problemstellungen, die sich bei der Beschaffung der C-Artikel ergeben, sind gekennzeichnet durch eine geringe Wertschöpfung, hohe Durchlaufzeiten und einen niedrigen Bestellwert der Einzelartikel. Folgende Maßnahmen sind daher in Betracht zu ziehen:

▶ Die Nutzung von **Ausschreibungen und Auktionen**. Sie eigenen sich für Bedarfe, die durch ein hohes Beschaffungsvolumen und eine relativ große Zahl an potenziellen Lieferanten, gekennzeichnet sind. Bei den elektronischen Auktionen findet man vor allem die Form der einkaufsorientierten Auktion, die auch als **Reverse Auction** bezeichnet wird.

- Der Einsatz **elektronischer Kataloge**. Sie enthalten Produkt- und Dienstleistungsinformationen zu den verschiedensten Produkten und machen es zu einem wirkungsvollen Instrument, mit deren Hilfe auf verschiedene Produkte verschiedener Lieferanten zurückgegriffen werden kann. Sie haben:
  - **Stärken:** Kataloglösungen erhöhen die Prozesssicherheit und damit auch die Qualität des Bestellprozesses.
  - **Schwächen:** Der Hauptnachteil besteht in einem relativ hohen Aufwand in den Fachabteilungen Einkauf und IT.

5.4 Verbesserungen durch E-Procurement

E-Procurement-Systeme ermöglichen wesentliche Verbesserungen und Kosteneinsparungen.

- **Senkung der Prozesskosten:** Die Abwicklung eines Bestellvorganges ohne ein elektronisches Beschaffungssystem verursachen durchschnittliche Kosten von 40 bis 120 €. Hier kann eine Senkung der Prozesskosten von bis zu 80 % erreicht werden.
- **Senkung der Produktkosten:** E-Procurement-Systeme erlauben dem Einkauf eine bessere Bewirtschaftung indirekter Materialgruppen und erreichen eine stärkere Bündelung von Einkaufsvolumina.
- **Senkung der Bestandskosten und Durchlaufzeitverkürzung:** Es lassen sich Zwischenlager reduzieren bzw. komplett eliminieren. Dadurch können Bestände bis zu 30 % und Lagerkosten bis zu 50 % gesenkt werden. Durch die Automatisierung können die benötigten Produkte aus dem elektronischen Produktkatalog bestellt werden.
- **Einhaltung von Rahmenverträgen:** Durch ein E-Procurement-System werden die Bedarfsträger gezwungen, Rahmenverträge und Beschaffungsrichtlinien einzuhalten, da sie nur Produkte aus dem Katalog bestellen können.
- **Besseres Controlling:** Für den strategischen Einkauf bietet das E-Procurement-System bessere Auswertmöglichkeiten sowie mehr Transparenz der Vorgänge. Dies erlaubt eine bessere Überwachung der Vorgänge.

Durch die Einführung eines E-Procurement-Systems wird der Beschaffungsprozess erheblich vereinfacht. Der ideale Ablauf zeigt den Wegfall von bisher notwendigen Tätigkeiten.

Besteller	Einkauf	Wareneingang	Lieferant
Bedarf erfassen			
Lieferant auswählen	Bestellung freigeben		
Bestellung durchführen			Ware liefern
Ware prüfen		Ware prüfen/einlagern	
Rechnung prüfen			In Rechnung stellen
Ware einbuchen			
Rechnung buchen/ begleichen			

Der Ablauf gestaltet sich in folgenden **Schritten:**

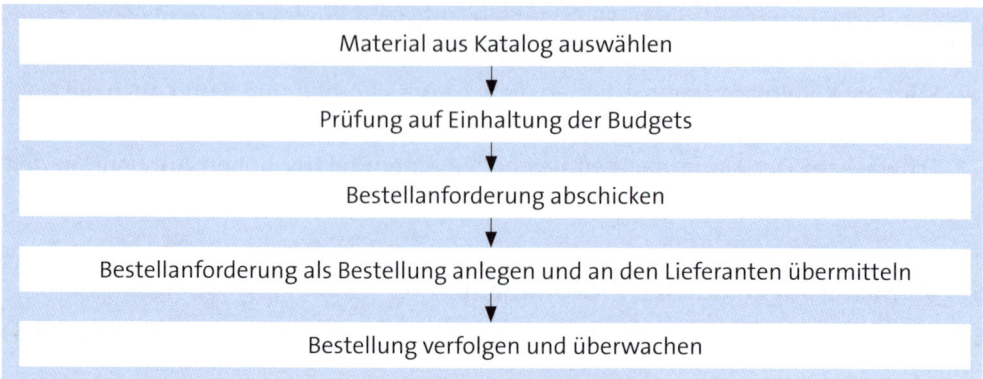

5.5 Ziele des E-Procurement

Das Hauptziel des E-Procurement ist die Steigerung des Unternehmenswertes. Daraus abgeleitet lassen sich Unterziele nennen.

Durch die **Optimierung des Beschaffungsprozesses** kann dieser erheblich schlanker gestaltet werden. Im E-Procurement-System wird der gesamte Beschaffungsprozess – von der Bestellanforderung bis hin zur Rechnungsprüfung – abgebildet. Durch die Automatisierung des Prozesses können Einzelschritte reduziert werden und der gesamte Beschaffungsprozess beschleunigt werden.

Das Ziel der **Qualitätssteigerung** wird durch die Entlastung des strategischen Einkaufs erreicht. Die nachstehende Tabelle zeigt zusammenfassend die Ziele des E-Procurement auf:

Kostenreduktion	Verbesserung der Beschaffung	Qualitätssteigerung
► Verminderung der Prozesskosten und Einstandspreise	► Automatisierung der Prozesse	► Entwicklung zum strategischen Einkauf
► Abschluss von Rahmenverträgen	► Verkürzung der Prozesse	► Verbesserung der Markttransparenz

Aufgabe 37 > Seite 205

E. Produktions-Logistik

Die Produktions-Logistik stellt die Planung, Steuerung und Kontrolle von innerbetrieblichen Transport-, Umschlags- und Lagerprozessen dar. Als solche beschäftigt sie sich mit Entscheidungen, die in Zusammenhang mit der Durchführung der Produktion zu treffen sind. Dabei soll sie zu Verbesserungen, Vereinfachungen und Einsparungen beitragen.

Ziel der Auftragsbearbeitung ist die Erfüllung des Auftrags zum vorgegebenen Liefertermin. Es findet hier ein Übergang aus der Lager-Logistik zur Produktion statt, der dann weiter zur Distributions-Logistik führt. Wichtig ist die Vorsorge, dass alle Daten des Auftrags zusammengestellt sind. Diese Daten enthalten u. a. erforderliche Materialien, Daten zur Arbeitsdurchführung aus dem Arbeitsplan sowie Vorgaben zur Fertigstellung einzelner Arbeitsgänge.

Die Arbeitsverfolgung soll garantieren, dass der Auftrag nicht in Verzug gerät. Daher gilt es alle ausgeführten Tätigkeiten zu erfassen und damit geplante Daten durch konkrete Ist-Daten zu ersetzen. Die Aufgabe der Werkstatt ist es, die genaue Terminierung der Arbeitsschritte zu überwachen und gegebenenfalls Maßnahmen zur Korrektur im Ablauf zu treffen.

Die heute realisierten Produktionsvorgänge weisen einen hohen Komplexitätsgrad auf. Dies beruht einerseits auf einem hohen Grad an **Outsourcing**, bei dem die Produktionskette nicht mehr in einer Hand ist, sondern sich über viele Zulieferanten erstreckt. Andererseits zeigt sich die ständig wachsende Bedeutung der Logistik, die diese Aufgabe wahrnimmt, einzelne Geschäftsprozesse nicht mehr in ihrer funktionalen Sicht zu sehen, sondern eine Orientierung an der gesamten logistischen Kette (sog. Supply Chain Management) vornimmt. Daher sind im Weiteren sowohl die Probleme der Produktion als auch der Logistik zu untersuchen.

Es sollen behandelt werden:

Produktions-Logistik	Planung des Produktionsprogramms
	Planung des Produktionsprozesses
	Produktionssteuerung und -kontrolle

1. Planung des Produktionsprogramms

Die Planung kann nicht isoliert aus der Sicht der Produktion gesehen werden, sondern steht in engem Zusammenhang mit der Planung des Absatzes und der daraus resultierenden Logistikplanung. Dieser Ablauf vollzieht sich in den Schritten:

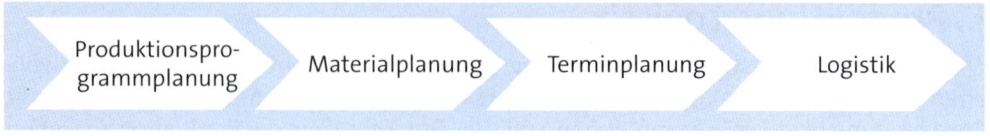

Im Folgenden sollen betrachtet werden:

1.1 Struktur des Produktionsprogramms

Die Produktionsprogrammplanung hängt stark ab vom Typ der Programmbildung: dies kann eine reine Kundenauftragsfertigung sein bzw. es kann sich um eine Produktion für den anonymen Markt handeln. Dabei gilt:

Der Typ der Programmbildung wird durch den **Leistungstyp der Produktion** beschrieben und bedeutet im Einzelnen: Einzelfertigung, Massen-, Sorten- und Serienfertigung. Andererseits wird die Produktion auch bestimmt durch den organisatorischen Rahmen wie der Prozess der Produktion abläuft: dies geschieht vorwiegend als: Werkstättenfertigung bzw. Fließfertigung.

Der Leistungstyp der Produktion kennzeichnet die **Mengenleistung** der Erzeugnisse:

▶ **Einzelfertigung** ist die einmalige Herstellung industrieller Güter. Die Wiederholung der Leistung ist zwar wünschenswert, hängt aber weitgehend von späteren Kundenaufträgen ab.

▶ **Serienfertigung** liegt vor, wenn eine begrenzte Menge (mengenmäßig oder zeitlich begrenzt) gleicher Erzeugnisse gemeinsam hergestellt wird, der wiederum eine andere Serie von Erzeugnissen folgt. Das Ausmaß der Differenzierung ist dabei ohne Belang, es kann sich dabei um enger verwandte Erzeugnisse (Sorten oder Typen) oder um völlig unterschiedliche Erzeugnisse (Artikel) handeln.

▶ **Massenfertigung** hat die Absicht, ein Erzeugnis zunächst zeitlich und mengenmäßig unbegrenzt ohne jegliche Veränderung für den anonymen Markt herzustellen. „Masse" ist hierbei nicht unbedingt mit „großer Menge" gleichzusetzen.

Aus organisatorischer Sicht wird inzwischen überwiegend übergegangen zu:

▶ **Werkstättenfertigung** die eine Organisation nach dem „Verrichtungsprinzip" ist. Dabei sind Arbeitssysteme mit gleicher oder gleichartiger Verrichtungsausführung gruppenweise in den Erzeugnisstätten zusammengefasst, ohne dass ein zwangsmäßiger, ablaufgebundener Übergang zu anderen Arbeitssystemen besteht.

- **Fertigung nach dem Fließprinzip**, wodurch Verfahren, bei denen die Arbeitssysteme nach dem Ablauf der Herstellung angeordnet sind gekennzeichnet werden. Dabei sind zu unterscheiden:

  - **Reihenfertigung**, wobei die Weitergabe der Teile/Produkte ohne zeitliche Abstimmung (Takt) zwischen den einzelnen Produktionsstufen erfolgt. Der Vorteil dieser Methode liegt darin, dass versucht wird, die bisherige Werkstättenfertigung in eine kostengünstigere Reihenfertigung zu überführen.

  - **Fließfertigung**, bei der die Abläufe so aufeinander abgestimmt werden, dass während der Produktion keine Wartezeiten (Lagerzeiten) entstehen. Dies lässt sich nur bei Massenfertigung mit hohen Kosten realisieren.

Kundenauftragsfertigung bedeutet eine starke Abhängigkeit von der jeweiligen Marktlage. Hier ist im Rahmen einer Gesamtplanung darauf zu achten, dass die Kundenwünsche einer Analyse unterzogen werden.

Beispiel

Bei Kundenaufträgen beispielsweise pflegt man Stammkunden anders zu behandeln als die übrigen Kunden. Im Rahmen eines Key-Account-Managements ist zu untersuchen, inwieweit Schlüsselkunden auch getypte Produkte angeboten werden können. Ebenso werden beim Key-Account-Management werden die wichtigsten Kunden bzw. Lieferanten organisatorisch einer zentralen Stelle zugeordnet.

Basis der gesamten Planung ist das aus den bereits vorhandenen bzw. noch zu erwartenden Kundenaufträgen resultierende **Produktionsprogramm**, aus dem hervorgeht, welche Artikel wann zu liefern bzw. zu fertigen sind.

Marktorientierte Produktion ist durch hohe Stückzahlen für den anonymen Markt gekennzeichnet, wobei die Problematik eher zur Absatzseite verlagert wird. Hier sollte man versuchen, Standardprodukte durch Varianten dem Marktverhalten anzupassen.

Da der Markt hohe Stückzahlen aufnehmen kann, ist es erforderlich Standardprodukte durch Auswahlkriterien den Wünschen des Kunden anzupassen. Dies wird auch als **Mass Customization** bezeichnet, um den Kunden keine Standardprodukte anzubieten, sondern um Wahlmöglichkeiten zu eröffnen.

Beispiele

- Kundenindividuelle Auftragsfertigung liegt z. B. beim Schiffsbau vor, da nicht auf Vorrat produziert werden kann, sondern ein Kundenauftrag vorliegen muss.
- Eine Molkerei kann ihre Fertigung kaum auf den Grundlagen von Kundenaufträgen planen, da seine Abnehmer eine sofortige Lieferung erwarten. Er wird seine Fertigungsplanung daher auf Prognosen abstützen.

1.2 Fristigkeit der Prozesse

Im Rahmen der Darstellung der Produktionsprogrammplanung soll nach der Struktur des Produktionsprogramms auf die dargestellten Aspekte eingegangen werden.

- **langfristige Programmplanung**
- **Programmbreite, -tiefe und Produktionskapazität**
- **Produktions- und Absatzprogramm**
- **kurzfristige Programmplanung**.

1.2.1 Langfristige Programmplanung

Der gesamte Prozess der Erstellung von Gütern und Leistungen von der Entwicklung bis zur Auslieferung gliedert sich in **Entwicklungsprogramm**, das neue Produkte bereithält, **Beschaffungsprogramm**, das die Materialien nach Art, Menge und Zeit bereitstellt, **Produktionsprogramm**, das Sachgüter und Leistungen erstellt, **Verkaufs- oder Absatzprogramm**, das Erzeugnisse und evtl. Handelsware anbietet.

Wird davon ausgegangen, dass das Verkaufs- und Absatzprogramm grundsätzlich den Engpass darstellt, so ist bei vorgegebener Leistung aus dem Absatzplan eine Minimierung der Kosten anzustreben, die vor allem sind:

- Vorbereitungskosten (z. B. Rüstkosten, Bestellkosten)
- Lagerhaltungskosten (durch das gebundene Kapital)
- Terminplanungskosten (z. B. Konventionalstrafen, Zukauf fehlender Teile)
- Kapazitätsplanungskosten (z. B. Überstunden, Kurzarbeit).

Die Problematik der Gesamtplanung bezeichnet Gutenberg als **Dilemma der Produktions und Ablaufplanung:** Eine maximale Kapazitätsauslastung steht gegen eine Situation, bei der alle Aufträge termingerecht fertiggestellt werden. Es wäre gerade bei großen Aufträgen mit hohen Kapazitätsbedarfen eher überraschend, wenn die Endtermine der Aufträge genauso liegen, dass eine maximale Kapazitätsauslastung möglich ist. Diese Entscheidungssituation stellt an die Produktionswirtschaft hohe Anforderungen.

Welche Produkt- bzw. Leistungsarten bzw. -mengen unter kurzfristigem Aspekt in einer Periode zu produzieren sind, wird in Produktionszahlen festgelegt. Meist wird auf der Basis einer Jahresplanung der Bedarf des Jahres festgelegt. Dieser Plan beinhaltet die Zahlen der nächsten 12 Monate. Die Monatszahlen können zur genaueren Planung detaillierter auf Wochen heruntergebrochen werden.

Weiterhin können die Monatszahlen jeweils für die nächsten Monate im Rahmen einer rollierenden Planung fortgeschrieben werden. Der Einsatz von Software erlaubt heute eine ständige Revision der Pläne, um so das Geschehen aktualisieren zu können.

Beispiel

Als Beispiel ist folgende Jahresplanung mit monatlichen Produktionszahlen auf Wochenbasis verteilt und gibt die jeweiligen Produktionsmengen wieder:

Jahresplan

Jan.	Febr.	März	April	Mai	Juni	Juli	Aug.	Sept.	Okt.	Nov.	Dez.
480	360	320	480	500	500	480	450	460	350	330	300

Wochenplan: (bezogen auf 2,5 Monate)

Januar				Februar				März	
120	120	120	120	90	90	90	90	80	80

Die strategische Produktionsprogrammplanung ist aber auch eng verbunden mit der Frage der **Eigen oder Fremdfertigung** für die einzelnen Produktionseinheiten. Produktionsprogramme dürfen nicht unabhängig als einzelne Arbeitsgänge voneinander, sondern müssen im Gesamtzusammenhang als Produktionsnetz gesehen werden.

1.2.2 Programmbreite, -tiefe, Fertigungskapazität

Die aktuelle Produktionssituation ist durch eine hohe Differenzierung gekennzeichnet. Die Fokussierung auf die Kernkompetenz in den Unternehmen führt zu einer starken Zunahme des Outsourcing. Durch die Orientierung an einem „Customer-driven-Market" bestimmt der Markt, welche Produkte zu welchem Preis heute angeboten werden. Hersteller von marktfähigen Produkten geben ihre Komponentenfertigung und Teilefertigung an Systemlieferanten weiter, die im Rahmen eines Systemsourcing die Bedarfe mehrerer Hersteller bündeln.

Für **Systemlieferanten** bietet sich die Chance, Bedarfszahlen zusammenzufassen, um damit in eine kostengünstigere Produktionssituation zu kommen. Dies hat zur Folge:

▶ Größere Lose für Systemlieferanten, da hierdurch eine **Kostendegression** der eingesetzten Betriebsmittel und Maschinen erreicht wird.

▶ Größere Sicherheit der Auftragslage, da mit festen Abnahmemengen zu rechnen ist, wodurch der Einsatz hochwertiger Maschinen sinnvoll wird. Dies führt auch zu einer hohen Auslastung der vorhandenen **Maschinenkapazität**.

▶ Folglich wird bei Systemlieferanten eine zunehmende **Kernkompetenz** erreicht und eine verbesserte Transparenz des Produktionsgeschehens ist gegeben.

1.2.3 Produktions- und Absatzprogramm

Das Absatzprogramm stellt den Engpass im Rahmen der gesamten strategischen Planung dar. Hier hat sich das Fertigungsprogramm an den Bedingungen des Marktes zu orientieren. Die Stückzahlen sind zu analysieren und in das Fertigungsprogramm einzufügen. Werden große Stückzahlen nachgefragt, bedeutet dies eine Orientierung der Fertigung in Richtung Massenfertigung. Hier ist zudem der Logistikprozess zu beachten, der die Verbindung der Fertigung mit dem Kunden realisiert.

1.2.4 Kurzfristige Programmplanung

Die kurzfristige Programmplanung ist untrennbar mit der logistischen Gestaltung des gesamten Materialflusses verbunden. Ihre Aufgabe ist es, die zu produzierenden Produktmengen hinsichtlich Art, Menge und Zeit so konkret festzulegen, dass dieser Plan die Grundlage für die Fertigungsdisposition darstellt, d. h. für die Steuerung der Fertigungsaufträge in der Produktion, dienen kann.

Sie steht in engem Zusammenhang mit der Produktprogrammplanung, die danach fragt, welche Produkte in welchen Mengen von einem Unternehmen am Markt insgesamt angeboten werden sollen, gleichgültig ob diese selbst entwickelt und produziert oder als Handelsware angeboten werden.

Hier sind vor allem Probleme für Eigenfertigung bzw. Fremdbezug zu diskutieren. Für **Eigenfertigung** sprechen: die Gewinnung von Knowhow, Aufbau eigener Produktionsanlagen, Unabhängigkeit von Zulieferanten, keine Preisgabe hoher eigener Technologie.

Dagegen stehen beim **Fremdbezug** eine hohe Produktqualität vom Markt, garantierte Mengen, Mitnahmen technischen Fortschritts, geringere Fertigungstiefe, günstigere Einkaufspreise.

Im Rahmen der strategischen Programmplanung wird das eigene Leistungsvermögen festgelegt, und es werden programmbezogene Investitionen an Maschinen und Anlagen, sowie ablauforganisatorische Strukturen geplant. Die kurzfristige Programmplanung ist dagegen eng mit der Bedarfs- und Kapazitätsplanung verbunden. Daraus resultiert ein Produktionsprogramm in Form einer periodenbezogenen (Jahr, Quartal, Monat, Woche) Grobplanung, die im Rahmen der Fertigungssteuerung hinsichtlich genauer Losgrößen und Bestelltermine zu präzisieren ist.

Die kurzfristige Produktionsplanung und -steuerung **(PPS)** erfolgt heute grundsätzlich mit Instrumenten der elektronischen Datenverarbeitung. Ihr Ausgangspunkt ist der Bedarf an Gütern und Diensten zur Befriedigung der Kundennachfrage. Wichtig ist die vom Kunden akzeptierte Lieferzeit und die in der Produktion realisierbare Durchlaufzeit.

Bei kundenindividueller Auftragsfertigung, z. B. im Anlagenbau, resultiert die Lieferzeit aus der Zeit in Konstruktion, Arbeitsvorbereitung, Beschaffung, Fertigung und Montage. Der Kunde ist hier meist bereit, eine relativ lange Lieferzeit hinzunehmen. Die Ermittlung des Primärbedarfs kann sich dann auf gebuchte Kundenaufträge stützen.

Im Hinblick auf Standardprodukte wird der Kunde kaum eine so lange Lieferzeit hinnehmen. Üblicherweise sind hier die Lieferzeiten wesentlich kürzer als die Durchlaufzeiten. Dem kann am einfachsten dadurch entsprochen werden, dass der Kunde aus einem kundenanonymen Lagerbestand bedient wird.

Beispiel

Ein Beispiel einer produktionssynchronen Beschaffung stellt die Zusammenarbeit zwischen dem Auto-Sitze-Hersteller Keiper-Recaro und Daimler in Rastatt dar. Hierzu wurde eine weitgehende Integration des Materialflusses, d. h. einheitliche interne Transport- und Fördertechnik sowie des ihn steuernden Informationsflusses realisiert. Die Zusammenarbeit erfolgt über Fortschrittszahlen, wobei monatliche Lieferabrufe von Daimler Bedarfszahlen für Keiper-Recaro für die kommenden Monate enthalten, sodass zur vorläufigen Disposition die voraussichtlich benötigten Rohmaterialien und Einzelteile beschafft werden können. Die tagesbezogenen konkreten Bedarfsdaten liegen erst wenige Arbeitstage vor dem geplanten Fertigungstermin vor.

Durch die heute praktizierten Formen des **Outsourcing** ergeben sich vielfach **Probleme:**
- ► Teilefertigung ist outgesourct, daher ist der Platz ungenutzt (lange Wege).
- ► Wegfall der Qualitätskontrolle im Wareneingang wegen Just-In-Time-Logistik führt zu nichtoptimalen Materialflüssen.
- ► Die Aufgabe der früheren Werkstättenfertigung hin zur Reihenfertigung kann vor Ort nicht optimal gelöst werden.

2. Planung des Produktionsprozesses

Die Planung des Produktionsprozesses wird meist als PPS-System (Produktions-, Planungs- und Steuerungssystem) durchgeführt und berücksichtigt folgende Schritte:

In Bezug auf die Planung des Produktionsprozesses sollen dargestellt werden:

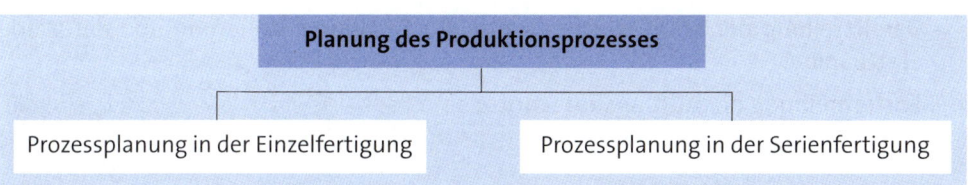

2.1 Prozessplanung in der Einzelfertigung

Die Prozessplanung in der Einzelfertigung umfasst:

► **Planung der Durchlaufzeiten**

► **Kapazitätsplanung/Maschinenbelegungsplanung**.

2.1.1 Planung der Durchlaufzeiten

Die Produktionsplanung und -steuerung kann ihre Aufträge auf verschiedene Arten erhalten, und zwar: als Zusammenstellung aller marktfähigen Erzeugnisse, die in einer Periode gefertigt werden sollen, in Form laufend eingehender Betriebsaufträge, denen Kundenaufträge zu Grunde liegen, sowie in Form von innerbetrieblichen Aufträgen.

Die Planung der Durchlaufzeiten läuft in folgenden **Schritten** ab:

► **Bedarfsplanung**
Die Auftragsdatenermittlung ist erforderlich, um alle notwendigen Daten für jeden Auftrag zu erlangen. Mit der Bruttobedarfsrechnung ermittelt man, ausgehend von den zu fertigenden Enderzeugnissen, mengen- und terminmäßig den Bedarf an Roh- und Hilfsstoffen sowie Teilen und Halbfabrikaten.

► **Auftragserfassung**
Die Auftragserfassung hat die nach Menge und Zeit zu fertigenden Teile und Halbfabrikate und die marktfähigen Enderzeugnisse zu Aufträgen zusammenzufassen. Dies führt zur Auftragsbildung.

Die Losgrößenermittlung erfolgt zur Ermittlung der Auftragsmenge, welche die geringsten Einzelkosten· erfordert.

Allgemein sind als genaue Auftragsdaten zu erfassen: Auftragsnummer, Zeichnung, Arbeitsplan, Liefertermin, Prioritätskennzeichen als Kennzeichen der Dringlichkeit eines Auftrages

Teil 471188						
Bedarfswoche	19	20	21	22	23	24
Bedarfsmenge	22	5	20	0	43	7

► **Auftragsverwaltung**
Die Aufträge werden im Ablauf der Fertigung mit Daten ergänzt. Außerdem müssen für Durchlauf- und Kapazitätsterminierung die Auftragsdaten zur Verfügung stehen. Von der Auftragserfassung über die Fertigung bis zur Auftragsabrechnung (Kalkulation) muss jeder Auftrag verwaltet werden durch:

- Speicherung der Auftragsstammdaten

- Bereitstellung der erforderlichen Daten zur Fertigungssteuerung und der Werkstattpapiere

- Fortschreibung der Auftragsfortschritte

- Information über den Fertigungsstand wie:
  - *Welche Aufträge sind auf Maschine ABC geplant?*
  - *Welche Aufträge haben einen Terminverzug?*
  - *Welche Aufträge haben eine hohe Priorität in der Warteschlange?*

► **Auftragsfreigabe und Auftragsabrechnung**

Die Auftragsfreigabe dient dazu, innerhalb eines zeitlichen Horizontes machbare Fertigungsaufträge auszuwählen und deren Ausführung vorzubereiten. Die Freigabe muss zeitnah erfolgen, da nur im überschaubaren zeitlichen Bereich die Verfügbarkeit der benötigten Materialien, Kapazitäten und Werkzeuge sowie des Personals festgestellt werden kann.

Zur Freigabe eines Fertigungsauftrages sind folgende **Auftragsmerkmale** zu **prüfen:**

- Starttermin
- Verfügbarkeit
- Daten.

Diese Informationen sind als Werkstattpapiere bereitzustellen, worunter alle auftragsabhängigen Unterlagen verstanden werden wie Laufkarten, Terminkarten, Materialentnahmescheine, Lohnscheine, Rückmeldescheine.

Die Freigabe von Fertigungsaufträgen muss in einem bestimmten Zeitraum vor dem geplanten Starttermin erfolgen, damit alle noch vor dem ersten Arbeitsgang liegende Aufgaben erledigt werden können:

- Erstellung der Werkstattpapiere
- Bereitstellung des Materials
- sonstige Unterlagen.

Den erforderlichen Zeitraum zwischen Freigabe und Fertigungsstart nennt man **Freigabehorizont**. Normalerweise beträgt er zwischen 5 und 10 Arbeitstagen.

Beispiel

Dieser Sachverhalt kann auch als **Balkendiagramm** dargestellt werden:

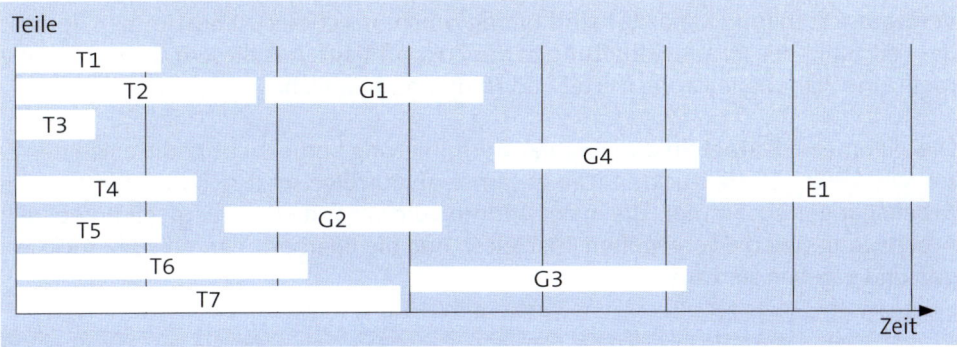

2.1.2 Kapazitätsplanung/Maschinenbelegungsplanung

Im Rahmen der Kapazitätsplanung bzw. Maschinenbelegungsplanung ist vor allem wichtig, die vorhandenen Maschinen auf ihre Einsatzbereitschaft zu prüfen. Dies geschieht mit Methoden der vorbeugenden Instandhaltung. Dadurch soll eine hohe Einsatzbereitschaft der Maschinen gewährleistet werden. Die einzelnen Aufträge werden in der Reihenfolge ihres zeitlichen Anfalls den einzelnen Maschinen zugewiesen.

2.2 Prozessplanung in der Serienfertigung

Die Serienfertigung stellt an die Produktionsplanung hohe Anforderungen, da oft gleichzeitig mehrere Aufträge zu bearbeiten sind. Diese Aufträge können als vollständige Aufträge bearbeitet werden, aber auch in Teillosen abgewickelt werden, um bei großen Losen nicht die Produktion für zeitkritische Aufträge zu blockieren. Somit ist zu betrachten:

- **Losgröße, Durchlaufterminierung**
- **Kapazitätsplanung**.

2.2.1 Losgröße, Durchlaufterminierung

Die **Losgröße** stellt bei der Serienfertigung insofern ein Problem dar, da die Kundenwünsche gegen eine kostenoptimale Produktionsmenge stehen. Dies kann durch Berücksichtigung der fixen Kosten des Rüstvorganges im Vergleich mit den Lagerkosten geklärt werden.

Die **Termin- und Kapazitätsplanung** umfasst alle Funktionen, mit deren Hilfe die termin- und kapazitätsmäßige Einplanung des Fertigungsprogramms durchgeführt wird. Im Einzelnen geht es um die Planung des zeitlichen und kapazitätsmäßigen Ablaufs der Aufträge. Ergebnis der Termin- und Kapazitätsplanung sind terminierte Aufträge und Listen über den Kapazitätsbedarf. Mit der Mengenplanung bildet die Termin- und Kapazitätsplanung den Kernbereich eines PPS-Systems.

Das Verfahren der Termin- und Kapazitätsplanung lässt sich durch folgende Merkmale charakterisieren: Die aus dem Auftragsbestand resultierende Belastung und die zur Verfügung stehende Kapazität sind häufig umso unsicherer zu bestimmen, je weiter der Zeitpunkt der Termineinhaltung in der Zukunft liegt. Aus diesem Grunde ist allgemein eine Planung in Grob-, Mittel und Feinplanung üblich.

Die allgemeine **Formel** für die Durchlaufterminierung berücksichtigt die einzelnen Zeiten wie Rüstzeit und Stückzeit. Die gesamte Ablauffolge setzt sich aus den einzelnen Arbeitsgängen zusammen, die in der Addition die gesamte Durchlaufzeit ergeben. Pro Arbeitsgang sind die vorgegeben Rüstzeiten und die Bearbeitungszeit zu berücksichtigen und ergeben sich aus:

Summe = Arbeitsgang1 + Übergangszeit + Arbeitsgang2 + Übergangszeit + Arbeitsgang3

Vorheriger Arbeitsgang	= Rüstzeit + Menge · Bearbeitungszeit pro Stück
Übergangszeit	= erforderliche Abrüstzeiten, Liege- und Transportzeiten
Nachfolgender Arbeitsgang	= Rüstzeit + Menge · Bearbeitungszeit pro Stück

Die Zeitspanne zwischen Beendigung eines Arbeitsvorganges und Beginn des folgenden Arbeitsvorganges ist die **Übergangszeit** (Transportzeit + Liegezeit vor und nach Bearbeitung). Sie kann unterschiedlich in die Durchlaufterminierung mit eingeplant werden. Durch gleiche Größen in allen Arbeitsgängen, durch Angaben im Arbeitsplan oder Arbeitsplatz oder als Übergangsmatrix zwischen den Maschinen.

Die Aufgabe der **Durchlaufterminierung** ist die Bestimmung der Start- und Endtermine für Fertigungsaufträge auf der Grundlage der Fertigungsaufträge und der Arbeitspläne. Die Durchlaufterminierung erfolgt als Vorwärtsterminierung, Rückwärtsterminierung oder Mittelpunktterminierung.

Ist der Liefertermin bekannt, kann – ausgehend vom Endtermin – durch die Ermittlung der spätesten Beginntermine eine möglichst geringe Kapitalbindung angestrebt werden. Das bringt jedoch den Nachteil fehlender Pufferzeiten und u. U. ungleichmäßiger Kapazitätsbelegung mit sich, da alle Arbeitsgänge möglichst spät bearbeitet werden. Dadurch wird zwar die Lagerhaltung minimiert, es werden aber keine Reserven für eventuelle Störungen vorgehalten.

Die Start- und Endtermine der **Rückwärts-** bzw. **Vorwärtsterminierung** ergeben früheste und späteste Termine für sämtliche Arbeitsgänge. Somit lassen sich Zeitpuffer für jeden nicht-kritischen Arbeitsgang ableiten. Innerhalb der ermittelten Termine können Arbeitsgänge verschoben werden, ohne dass davon das Gesamtauftragsnetz berührt wird. Häufig wird eine **Mittelpunktplanung** (Leitteileplanung) durchgeführt, bei der kritische Arbeitsgänge in ihrer zeitlichen Folge beachtet werden.

Bei **Überschreitung des Liefertermins** sind Maßnahmen einzuleiten, die sein können:

▸ **Reduktion der Übergangszeiten**
Die Durchlaufzeit besteht zwischen 80 % und 95 % aus Liege-, Transport- und Kontrollzeiten. Kurzfristig kann hier um einen Faktor von 30 % bis 40 % reduziert werden, was höhere Planungskosten nach sich zieht, da diese aus mangelhafter Abstimmung von Mengen- und Kapazitätsplanung resultieren.

▸ **Splitten von Fertigungsaufträgen**
bewirkt, dass diese auf zwei oder mehr Maschinen bzw. Arbeitsplätzen verteilt werden. Dies lohnt sich nur für große Lose mit langen Bearbeitungszeiten.

▸ **Arbeitsgang- bzw. Lossplittung**
Es werden mehrere Maschinen eingesetzt.

▸ **Überlappung von Arbeitsgängen**
Bei der Überlappung können (kurze Übergangzeiten, ähnliche Bearbeitungsstruktur) unmittelbar zur nächsten Bearbeitung gebracht werden.

▸ **Ausweichen auf andere Bearbeitungsformen**
Häufig muss aus Zeitgründen auf teurere Maschinen (mit besseren Kenndaten) ausgewichen werden. Die Zeiteinsparung ist dabei mit höheren Kosten erkauft.

2.2.2 Kapazitätsplanung

Die Kapazitätsplanung hat die Aufgabe, Betriebsmittel für die Produktion bereitzustellen. Auf dieser Ebene benutzt sie meist die Woche als Planungsebene. Die **Normalkapazität** wird aus dem Arbeitstagekalender, aus dem Schichtmodell, den geschätzten Nutzungsgraden und den Maximalkapazitäten der Betriebsmittelgruppen abgeleitet. Dies ist für z. B. 5 Drehmaschinen, die im Einschichtbetrieb (= 8 Stunden) eingesetzt werden, eine Tageskapazität von 40 Stunden. Die **Sollkapazität** wird aus den terminierten Fertigungsaufträgen und den Arbeitsplänen abgeleitet.

Dies kann bedeuten, dass mehrere Aufträge um die Kapazität der Drehmaschinen konkurrieren, falls ein Bedarf von mehr als 40 Stunden erforderlich ist. Da im Normalfall beide Kapazitätsberechnungen nicht übereinstimmen, muss das Angebot an den Bedarf oder der Bedarf an das Angebot angepasst werden (= **Kapazitätsabgleich**).

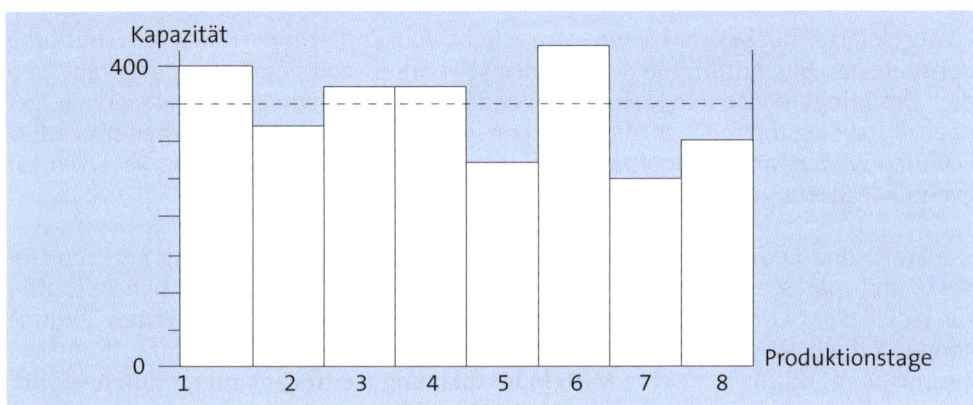

Aufgabe 38 > Seite 205

3. Produktionssteuerung und -kontrolle

Abschließende Tätigkeiten sollen die Aufgaben in der Produktion verteilen, damit die Liefertermine gehalten werden können. Ebenso wichtig ist es für Kalkulationszwecke die aus den Tätigkeiten resultierenden Daten zu sammeln und auszuwerten. Dies kann unter folgenden Gesichtspunkten gesehen werden:

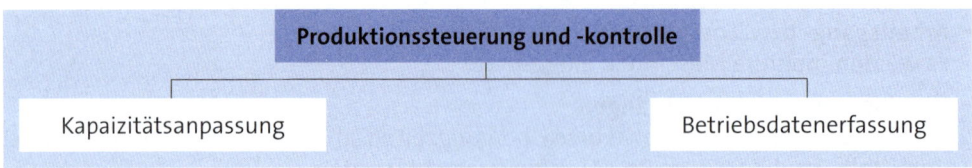

3.1 Kapazitätsanpassung

Im Rahmen der Produktionsdurchführung ist es möglich, dass Maschinen ausfallen, die damit für die Produktion nicht zur Verfügung stehen. Hier kann einerseits der Bedarf an Maschinenkapazität höher sein als die vorgegebene Maschinenkapazität, was durch Anpassungsprozesse erreicht werden kann:

- Anpassung des Kapazitätsangebots an den Kapazitätsbedarf
- Anpassung des Kapazitätsbedarfs an das Kapazitätsangebot.

Neben langfristigen Maßnahmen wie Investitionen oder Neueinstellungen von Arbeitskräften gibt es Möglichkeiten wie Überstunden, Sonder- oder Feierschichten, Einsatz von Springern, Beschäftigung von Zeitpersonal, intensitätsmäßige Anpassung, Verlegen von Instandhaltung in die dritte Schicht, Inbetriebnahme von Altmaschinen.

Daneben kann auch an eine Verschiebung von Lageraufträgen im Rahmen der Teilefertigung, eine Fremdvergabe von Fertigungsaufträgen oder eine Verschiebung von Arbeitsgängen erwogen werden.

Die Maßnahmen der **Kapazitätsabgleiche** lassen sich für einzelne Kapazitäten jeweils getrennt vornehmen, solange die Verschiebung innerhalb des vorhandenen Zeitpuffers stattfindet. Wird jedoch über den Liefertermin hinaus verschoben, sind Auswirkungen auf andere Arbeitsgänge die Folge.

Sobald Produktionsvorgänge an die Produktionsorte weitergegeben werden, zeigen sich **Probleme** dadurch, dass diese nicht in der Reihenfolge ihrer Ankunft am Produktionsort bearbeitet werden können, da Liefertermine dadurch nicht einhaltbar sind. Der Einhaltung der Liefertermine versucht man mit **Prioritätsregeln** beizukommen. Diese Regeln sind unter bekannten Kürzeln in der Fachwelt üblich und stellen Kriterien dar, wie Aufträge aus der Warteschlange bearbeitet werden. Sie können sein:

- **Verspätungsregel**
  Höchste Priorität hat der Auftrag mit der größten Verspätung.

- **KFZ-(KOZ-)Regel**
  Höchste Priorität hat der Auftrag mit der kürzesten Fertigungs- (bzw. Operations-)zeit.

- **Fertigungsrestzeitregel**
  Höchste Priorität hat der Auftrag mit der kürzesten Fertigungszeit an allen noch zu durchlaufenden Maschinen.

- **Rüstzeitregel**
  Höchste Priorität hat der Auftrag mit der kürzesten Umrüstzeit für den nächsten Arbeitsgang.

- **Fifo-Regel**
  Höchste Priorität hat der Auftrag, der am längsten vor der jeweiligen Maschine wartet (auch bekannt als First-come-first-served (FCFS)-Regel).

- **Schlupfzeitregel**
  Höchste Priorität hat der Auftrag mit den geringsten Zeitpuffern bis zum Liefertermin.

- **LOZ-Regel**
  Höchste Priorität hat der Auftrag mit der längsten Bearbeitungszeit (bzw. Operationszeit).

Daneben kann auch an andere Entscheidungssituationen gedacht werden, die einen errechneten Liefertermin gefährden bzw. zu hohen zusätzlichen Kosten führen:

▶ Höchste Priorität hat der Auftrag mit der größten restlichen Bearbeitungszeit.

▶ Höchste Priorität hat der Auftrag mit der größten Kapitalbindung.

▶ Das Risiko eines Auftrags, bei dem Vertragsstrafe im Verzugsfall droht.

Sind Rüstvorgänge kosten- und zeitaufwändig und muss oft umgerüstet werden, kann auf den Rüstaufwand eingewirkt werden, soweit eine Abhängigkeit zum vorher bearbeiteten Teil vorliegt. Typisch sind das Lackieren (von hell nach dunkel), das Füllen von Lackspraydosen und die Lebensmittelherstellung (von fein nach grob). Hier lohnt sich eine Aneinanderreihung der verschiedenen Sorten.

3.2 Betriebsdatenerfassung (BDE)

Nach Freigabe und Feinterminierung wird der Fertigungsauftrag ausgeführt. Dabei wird der Arbeitsfortschritt durch den Rücklauf der Belege (Materialentnahmen, Lohnscheine) kontinuierlich begleitet. Diese Aufgabe wird durch die Betriebsdatenerfassung wahrgenommen, welche die Mengen, Zeiten, Anlagenzustand, Qualitätsmerkmale erfasst. Moderne BDE-Systeme setzen hier Hardware in Form von Scannern, Tastaturen, Barcodelesern und Terminals ein. Durch die BDE erfasste **Daten** sind:

▶ **Auftragsdaten**
Start- und Endtermine von Arbeitsgängen, Durchlaufzeiten und deren Komponenten (z. B. Rüst-, Liege- und Bearbeitungszeit), Bearbeitungszustand, Zahl guter Stücke, Ausschuss, Personaleinsatz, Materialverbrauch

▶ **Personaldaten**
allgemeine Anwesenheitszeiten, Verwendungsart (Einrichten, Warten, Bearbeiten, Prüfen etc.), Kostenträger (Fertigungsauftrag), zugeordnetes Betriebsmittel

▶ **Betriebsmittel-, Maschinendaten**
Stillstands und Laufzeiten, Nutzungsgrade, Taktzeiten, Störungen, gefertigte Stückzahlen

▶ **Werkzeug-,Vorrichtungsdaten**
Ort und Zeit des Einsatzes, Zustand

▶ **Lager-, Materialdaten**
Zugänge, Bestände, Verbrauch und Reservierungen von Roh-, Hilfs- und Betriebsstoffen, verbrauchsgesteuerten Teilen

▶ **Qualitätsdaten**
Prüf- und Messwerte, Ausschussgründe.

Auf diese Weise können Aufträge erfasst, geplant und durchgeführt werden. Somit schließt sich der Kreis vom Materialbedarf bis zur Auslieferung an den Kunden, wobei insbesondere die Kostenseite eine bedeutende Rolle spielt.

Aufgabe 39 > Seite 206

F. Lager-Logistik

Die Lager-Logistik steht in enger Beziehung zu der Beschaffungs-Logistik, wobei die Vorgänge des Materialeinganges, des Materialeinlagerns und der Materialentnahme wichtig sind. Sie bezieht sich auf eigene und fremde Materialien (Waren) und dient der Bestimmung, wie der Materialeingang in die Läger, der Materialtransport, die Art der Lagerung und der Materialausgang zu erfolgen haben.

Die Materialien werden der Produktion zur Verfügung gestellt, was einen **Teil der Distribution** darstellt. Wenn inzwischen viele Teile just-in-time angeliefert werden, so wird dennoch das Material in der Bestandsführung berücksichtigt.

Fertigerzeugnisse werden ebenfalls über die Lagerhaltung geführt. Sie resultieren einerseits aus der eigenen Fertigung, es sind jedoch auch zugekaufte Waren denkbar, die das Portfolio ergänzen, um als Fertigerzeugnisse für die Kunden zur Verfügung zu stehen.

Im Ablauf der **Auftragsverfolgung** schließt sich hier ein weiterer Prozessschritt an:

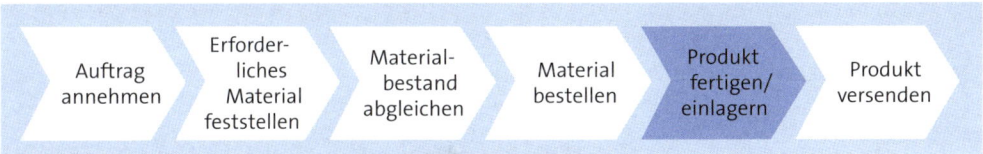

Als Lager-Logistik werden entsprechend behandelt:

Lager-Logistik	Materialeingang
	Materiallagerung
	Materialabgang

1. Materialeingang

Der Materialeingang geht in mehreren **Schritten** vor sich:

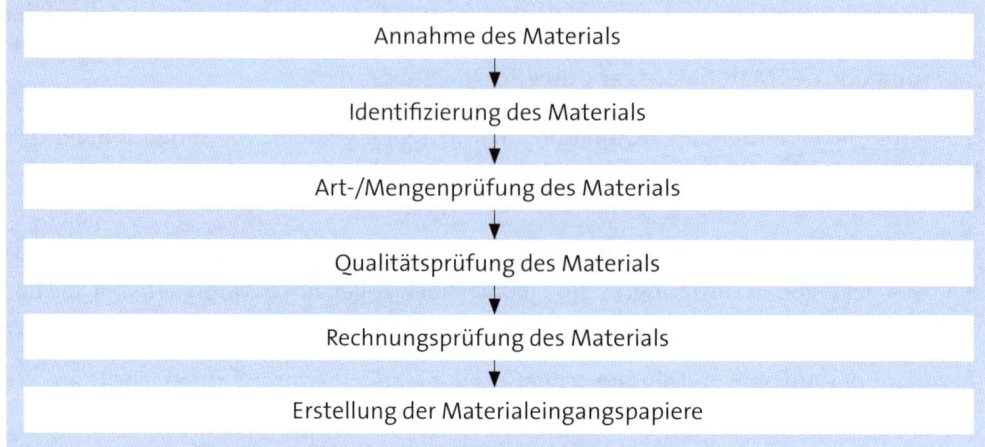

Grundsätzlich umfasst der Materialeingang somit:

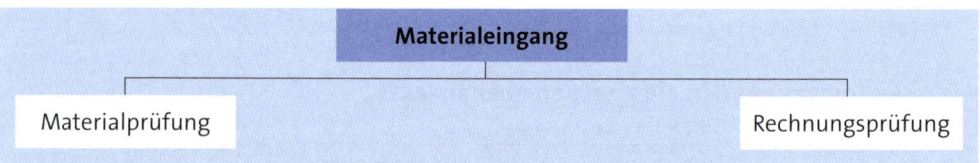

1.1 Materialprüfung

Die Materialprüfung erfolgt im Verlaufe oder unmittelbar nach der Materialannahme und umfasst folgende Tätigkeiten:

- **Belegprüfung**
- **Mengenprüfung**
- **Zeitprüfung**
- **Qualitätsprüfung**.

1.1.1 Belegprüfung

Im Unternehmen eintreffendes Material wird meist von Packlisten wie Transportpapieren, Warenbegleitscheinen oder Lieferscheinen begleitet, auf denen zumindest die Auftragsnummer der Bestellung, die Sachnummer und die Menge des Materials enthalten sind. Diese Daten werden mit den Bestellkopien verglichen, um eventuelle Fehler zu erkennen.

Es findet eine **Überprüfung** nach den Grundsätzen des Handelskaufes (§ 377 HGB) statt:

▸ Das eingehende Material ist auf **äußerlich erkennbare Schäden** hin zu **untersuchen**.

▸ Das eingehende **Material** ist mithilfe der beigefügten Begleitpapiere zu **identifizieren**.

▸ Die Existenz eines **Bestellsatzes** ist zu **überprüfen**. Sein Fehlen kann auf telefonische (Eil-)Bestellungen zurückzuführen sein.

Während die meisten Materialien beim Eingang aufgrund ihrer Begleitpapiere identifiziert werden, können auch Materialien mit unvollständigen oder fehlenden Begleitpapieren eintreffen.

1.1.2 Mengenprüfung

Der Belegprüfung schließt sich eine Mengenprüfung an. Sie erfolgt als ein **Vergleich** zwischen:

▸ gelieferten Materialmengen und Mengen der Begleitpapiere

▸ gelieferten Materialmengen und Mengen des Bestellsatzes

▸ gelieferten Materialmengen und nach Fertigungsplan erforderlichen Mengen.

Der Vergleich kann erkennen lassen:

▸ **Überlieferungen**, für die mehrere Gründe möglich sind, z. B.:

- Lieferung der falschen Menge durch Lieferanten

- Zusammenfassung mehrerer Bestellungen durch Lieferanten

- telefonische Bestellungen ohne schriftliche Dokumentation

- Bestellung durch nichtberechtigte Personen/Bereiche.

▸ **Unterlieferungen**, die häufig auf Fehler beim Lieferanten zurückzuführen sind, sofern keine Transportschäden festgestellt werden.

Bei Teilmengenlieferungen, Unterlieferungen und verspäteten Lieferungen kann der Materialeingangsbereich nicht allein entscheiden, welche Maßnahmen zu treffen sind, weil die Aufrechterhaltung der Fertigung gefährdet sein kann.

1.1.3 Zeitprüfung

Die Prüfung der Liefertermine ist Voraussetzung für eine geeignete Planung und Steuerung der Materialien im Unternehmen. Die Zeitprüfung wird durchgeführt als **Vergleich** zwischen:

▸ Liefertermin des Materials und dem im Bestellsatz festgelegten Termin

▸ Fertigstellungstermin und dem geplanten Termin bei Eigenfertigung.

Abweichend vom Fälligkeitstermin kann die Lieferung erfolgen:

- **vor dem Fälligkeitstermin**, was zu überhöhten Lagerbeständen führt und zusätzlichen Lagerplatz erfordert

- **nach dem Fälligkeitstermin**, was zu Schwierigkeiten bei der Fertigung führen kann.

1.1.4 Qualitätsprüfung

Die Qualitätsprüfung beim Materialeingang hat den Zweck, nur solche Materialien einzulagern, welche die geforderte Qualität hinreichend erfüllen. Sie ist der wichtigste Teil der Materialprüfung und dient der **Qualitätssicherung** der eingehenden Materialien.

Die Verwendung ungeprüfter Materialien, die sich schließlich als qualitativ ungeeignet erweisen, kann zu Schwierigkeiten und Verzögerungen in der Fertigung und – damit verbunden – zu höheren Kosten führen.

Die an ein Material gestellten **Qualitätsanforderungen** (ISO 9000:2001) finden sich in Gesetzen und Verordnungen, DIN-Normen, Verbandsnormen, Gütebestimmungen sowie Beschaffungsvorschriften.

Für die Qualitätsprüfung sind mehrere **Festlegungen** notwendig:

- **Prüfvorschriften**, nach denen das Material zu prüfen ist

- **Ort** der Prüfung, z. B. im Prüflabor oder in der Werkstatt

- **Anforderungen** an die Prüfung, z. B. an Personal und Geräte.

Für die Durchführung der Qualitätsprüfung sind zu betrachten:

1.1.4.1 Umfang

Mit dem Umfang der Qualitätsprüfung wird festgestellt, wie viele Teile einer Materiallieferung und welche Eigenschaften des Materials zu prüfen sind. Er bezieht sich damit auf:

- Die **Häufigkeit der Prüfung**, also die Frage, ob z. B. jede 10. oder 15. Sendung oder in größeren Intervallen geprüft wird.

▸ Den **Umfang der** einzelnen **Prüfung**, der sich darauf bezieht, ob z. B. 10 %, 50 % oder 100 % einer Materiallieferung geprüft werden. Dementsprechend sind zu unterscheiden:

- **Hundertprozentprüfung**
- **Stichprobenprüfung**.

1.1.4.1.1 Hundertprozentprüfung

Die Hundertprozentprüfung, bei der jedes Stück einer Lieferung der Prüfung unterzogen wird, garantiert am sichersten die Einhaltung des geforderten Prüfstandards. Grundsätzlich können alle wesentlichen **Qualitätsmerkmale** geprüft werden. Wichtig für eine Prüfung sind aber nur solche Merkmale, welche die Funktionsfähigkeit und spätere Verwendbarkeit des Erzeugnisses beeinflussen.

Ungeeignet ist eine Hundertprozentprüfung:

▸ aus **technischen Gründen**, wenn die Qualität nur durch zerstörende Prüfverfahren wie Lebensdauerversuche, Zerreißproben oder Crash-Tests zu bestimmen ist

▸ aus **wirtschaftlichen Gründen**, z. B. wegen der hohen Kosten bzw. weil der Lieferant bereits Prüfungen vorgenommen hat.

Es kann auch sein, dass die Materialien so rasch von der Fertigung benötigt werden, dass eine Hundertprozentprüfung nicht zuvor durchführbar ist.

1.1.4.1.2 Stichprobenprüfung

Das kostengünstigere Stichprobenverfahren nimmt aus der Grundgesamtheit der jeweiligen Lieferung eine repräsentative **Stichprobe**, deren Umfang sich aus der Risikohöhe und der Wahrscheinlichkeit, mit der ein Fehlerereignis eintreten kann, bestimmt.

Die **Grundgesamtheit** ist die Menge aller Ereignisse oder Einheiten, die in die statistische Untersuchung einbezogen wird. Die Stichprobe wird ihr zufällig entnommen, d. h. jedes Element der Grundgesamtheit hat die gleiche Wahrscheinlichkeit, in die Stichprobe mit einbezogen zu werden. **Verfahren** dazu können z. B. sein:

▸ **Auslosen** und **Auswürfeln** der kleineren Stichproben

▸ Auswahl aus einer **Zufallszahlentabelle**

▸ Auswahl mit einem **Zufallszahlengenerator** bei IT-Einsatz.

Wesentliche **Bestandteile** der Stichprobenprüfung sind:

▸ Der **Stichprobenplan** als eine Vorschrift, in der Richtlinien zur Annahme oder Zurückweisung des beurteilten Loses in Abhängigkeit von den Prüfergebnissen dargestellt sind. Um die Handhabung zu erleichtern, werden in der betrieblichen Praxis verschiedene **Systeme** genutzt, z. B. das Dodge-Roming-System (USA).

Als **Stichprobenpläne** lassen sich unterscheiden:

Einfach-Stichproben-pläne	Bei ihnen wird die Entscheidung über Annahme oder Rückweisung eines Prüfloses auf der Grundlage einer Entnahme gefällt, weshalb ein relativ großer Stichprobenumfang nötig ist.
Mehrfach-Stichproben-pläne	Dabei wird Annahme oder Ablehnung einer Lieferung vom Ergebnis zweier Stichproben abhängig gemacht, wodurch der Umfang der Stichproben wesentlich geringer gehalten werden kann.

- Die **Stichprobenauswertung**, die erfolgt, indem die Ergebnisse der Prüfung in Diagrammform dargestellt werden. Damit lässt sich bildlich erkennen, ob eine Lieferung anzunehmen oder zurückzuweisen ist.

Mithilfe von **Annahmekennlinien** wird versucht, einen Zusammenhang zwischen der Annahmewahrscheinlichkeit als der Wahrscheinlichkeit der Annahme eines Prüfloses unter Berücksichtigung einer Anzahl fehlerhafter Einheiten und dem Anteil fehlerhafter Einheiten im Prüflos darzustellen.

1.1.4.2 Arten

Entscheidend für die Art und das Ausmaß der gütebestimmenden Eigenschaften sind die Anforderungen, die der Markt an ein Erzeugnis stellt. Damit ist die Qualität als diejenige Beschaffenheit beschrieben, die ein Erzeugnis zur Erfüllung vorgesehener Funktionen geeignet macht.

Mithilfe der Qualitätsprüfung kann das Vorhandensein bestimmter Eigenschaften festgestellt werden. Sie ist möglich als:

- **Attributprüfung**
- **Variablenprüfung**.

1.1.4.2.1 Attributprüfung

Bei der Attributprüfung erfolgt die Prüfung lediglich danach, ob ein Prüfmerkmal der Qualitätsnorm entspricht oder nicht. Sie wird auch **Gut-Schlecht-Prüfung** genannt.

Zur Prüfung wird dem Los eine Stichprobe entnommen. Die Zahl der durch die Prüfung festgestellten fehlerhaften Einheiten wird ermittelt und mit einer **Kennzahl** verglichen, welche die Anzahl der Einheiten festlegt, bei der das **Los noch angenommen** wird. Übersteigt die Zahl der fehlerhaften Einheiten die Kennzahl, ist das Los zurückzuweisen.

Die Durchführung der Attributprüfung ist einfach, da ein Mindeststichprobenumfang genügt. Die zu ermittelnden Werte sind üblicherweise in Tabellen dargestellt, aus denen sie leicht abzulesen sind.

1.1.4.2.2 Variablenprüfung

Bei der Variablenprüfung erfolgt bei einem vorgelegten Los die Entnahme einer Stichprobe. Sie wird auch als **messende Prüfung** bezeichnet. Mit ihrer Hilfe wird an jeder Einheit der Stichprobe das interessierende Qualitätsmerkmal gemessen.

Als Maß für die Qualität des Loses dient eine **Prüfgröße**. Sie stellt den Soll- oder Grenzwert dar, der eine Entscheidung über Annahme oder Ablehnung des Loses ermöglicht.

Da ein Messwert mehr Informationen über die einzelne Einheit enthält als die Angabe „gut" oder „schlecht", reichen bei der Variablenprüfung meist **erheblich kleinere Stichprobenumfänge** als bei der Attributprüfung aus – gleiche Risiken vorausgesetzt.

Die Variablenprüfung kann deshalb in vielen Fällen trotz höherer Prüfkosten wirtschaftlicher als die Attributprüfung sein.

1.1.4.3 Ablauf

Die Durchführung der Qualitätsprüfung bezieht sich grundsätzlich auf alle Materialien, die von außerhalb des Unternehmens angeliefert werden. Um die Fertigung fehlerhafter Teile frühzeitig erkennen und eine Ausschussfertigung verhindern zu können, sind einzelne **Prüfschritte** zu beachten:

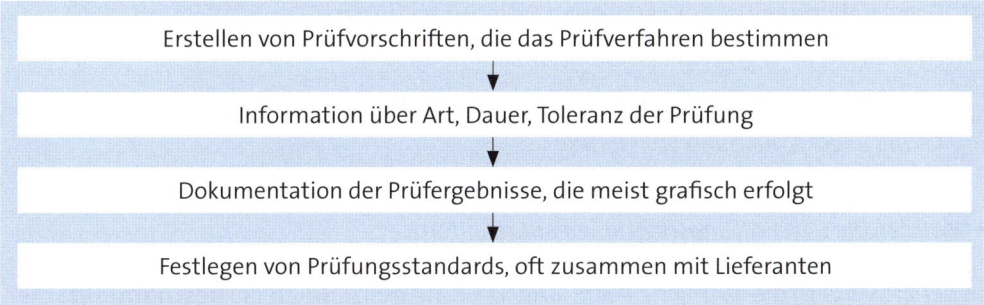

Die bei der Materialprüfung erzielten Ergebnisse sind in einem **Prüfbericht** zusammenzufassen. Dieser dient als

▸ **Fertigmeldung der Prüfarbeiten**, worauf das mängelfreie Material dem Bestand zugebucht und für Dispositionszwecke verwendet werden kann

▸ **Überwachung von Reklamationen**, die in Bezug auf das fehlerhafte Material in Zusammenarbeit mit Arbeitsvorbereitung, Disposition und anfordernder Abteilung erfolgen muss

▸ **Voraussetzung für die Rechnungsprüfung**, die rechnerisch erst dann erfolgt, wenn die Lieferung nach Art und Menge geprüft ist.

Aufgabe 40 > Seite 206

1.2 Rechnungsprüfung

Die Rechnungsprüfung erstreckt sich auf einen Vergleich der Lieferantenrechnung mit der Auftragsbestätigung, der Bestellung, den Materialbegleitpapieren und dem Prüfbericht. Dabei findet eine **Prüfung** in dreifacher Hinsicht statt, und zwar als

- **sachliche Prüfung**
- **preisliche Prüfung**
- **rechnerische Prüfung**.

1.2.1 Sachliche Prüfung

Anhand der Unterlagen des Bestellvorganges ist die sachliche Richtigkeit der Rechnung zu kontrollieren. **Abweichungen** zwischen der Bestellmenge und der Liefermenge sind zu reklamieren, wenn sie über das vereinbarte oder handelsübliche Maß hinausgehen.

Probleme ergeben sich, wenn

- zur Rechnung eine entsprechende Lieferung nicht vorliegt
- eine Über- oder Unterlieferung erfolgt ist
- der Lieferant eine Teillieferung vornimmt, die Rechnung jedoch über den vollen Betrag lautet.

Als **Fragestellungen** bei der sachlichen Prüfung bieten sich an:

- *Liegen zur Lieferung kontierte Bedarfsmeldungen vor?*
- *Ist der Bedarf im Beschaffungsprogramm vorhanden?*
- *War die Bedarfsmeldung vollständig?*
- *Nahm der Lieferant selbstständig Änderungen vor?*
- *Wurden die Beschaffungsrichtlinien eingehalten?*

In der Praxis wird die sachliche Rechnungsprüfung meist durch die **Beschaffungsabteilung** wahrgenommen, während die rechnerische Prüfung von der Buchhaltung erfolgt.

1.2.2 Preisliche Prüfung

Häufig kann eine Überprüfung des Preises, wie er von der Beschaffungsabteilung in der Bestellung akzeptiert wurde, nicht erfolgen. Inwieweit der Preis eines Lieferanten hingenommen wurde, ohne dass eine Überprüfung des Marktpreises erfolgte, lässt sich bei manueller Organisation nur mit hohem Aufwand feststellen.

Fragestellungen bei der preislichen Prüfung können sein:

- *Weicht der vorliegende Preis wesentlich vom Marktpreis ab?*
- *Sind mindestens drei Preisangebote von Lieferanten eingeholt?*
- *Warum wurde ein Lieferant bei der Belieferung bevorzugt?*
- *Bevorzugt ein Einkäufer einen bestimmten Lieferanten?*
- *Liegt dessen Preis über dem Marktpreis?*

Die preisliche Prüfung kann sein:

- eine **manuelle Rechnungsprüfung**, die unter wirtschaftlichen Gesichtspunkten vielfach nur bei A-Materialien erfolgen kann
- eine **automatisierte Rechnungsprüfung**, bei der sich im Rahmen der Rechnungsschreibung Prüfschritte einbauen lassen, die jede Bestellposition mit der Lieferposition und mit allgemeinen Marktdaten vergleichen. Damit ist es möglich, die Arbeit der Beschaffungsabteilung zu überprüfen, welche eine Erschwerung für das Unternehmen schädlichen Absprachen mit Lieferanten erfolgt.

1.2.3 Rechnerische Prüfung

Die rechnerische Prüfung bezieht sich insbesondere auf zwei **Aspekte**, die zu unterscheiden sind. Das sind mögliche Rechenfehler bei der Ermittlung der Rechnungssumme sowie möglicherweise mehrfache Rechnungstellung.

Das umfangreiche Nachrechnen der Rechnungen, wobei der Wert jeder Materialposition festgestellt und danach der Gesamtpreis ermittelt wird, erfolgt heute in vielen Unternehmen nicht mehr, zumal Rechenfehler durch die maschinelle Erstellung der Rechnungen unwahrscheinlich sind.

2. Materiallagerung

Die Materiallagerung erfolgt in **Lägern** als Einrichtungen, die Materialien aufbewahren und verfügbar halten. Darin wird das gesamte Material im Unternehmen aufgenommen, wozu auch die Teile des Materials zählen, die sich in der Fertigung befinden. Der **Lagerprozess** beginnt mit der Übernahme des Materials und endet mit der Abgabe der Erzeugnisse aus dem Erzeugnis- oder Versandlager.

Die **Funktionen** der Läger sind:

- **mengenmäßige Anpassung**, indem größere Mengen angeliefert werden als für die Fertigung kurzfristig erforderlich sind
- **zeitliche Anpassung**, weil die Materialien oft bereits vor ihrer Verwendung in der Fertigung bzw. Erzeugnisse vor ihrem Verkauf bereitstehen müssen
- **qualitative Anpassung**, wenn im Verlaufe der Lagerung eine Wertverbesserung eintritt, z. B. bei Holz oder Wein

- **wertmäßige Anpassung**, indem spezielle Situationen auf dem Beschaffungsmarkt oder Absatzmarkt ausgenutzt werden.

Die **Organisation** der Läger ist eine wichtige Voraussetzung für eine wirtschaftliche Lagerhaltung. Sie kann sich an folgenden **Prinzipien** orientieren:

- **Stofforientierung**, wenn gleichartige Lagergüter in Lägern mit speziellen Lagereinrichtungen zusammengefasst werden, z. B. Kabellager, Treibstofflager
- **Verbrauchsorientierung**, wenn die Läger den im Fertigungsprozess anfallenden Materialbedarf befriedigen soll
- **Zugriffsfreiheit**, wenn das Fertigungspersonal berechtigt ist, den Lägern bei Bedarf benötigtes Material zu entnehmen
- **Zugriffsgebundenheit**, wenn sichernde Maßnahmen – z. B. Lagerpersonal – die Gewähr für ordnungsgemäße Entnahmen bieten.

Im Folgenden sollen betrachtet werden:

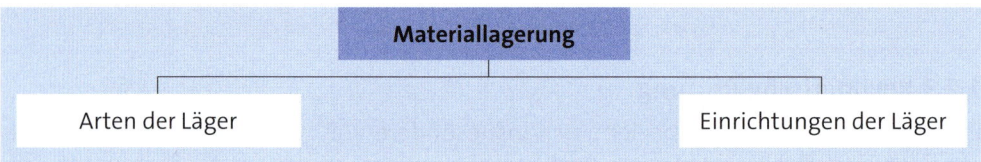

2.1 Arten der Läger

Es gibt eine Vielzahl unterschiedlicher Läger. Als wichtige Arten von Lägern sollen behandelt werden:

- **funktionsbezogene Läger**
- **stufenbezogene Läger**
- **standortbezogene Läger**
- **gestaltungsbezogene Läger**.

2.1.1 Funktionsbezogene Läger

Um die Lagerfunktionen optimal erfüllen zu können, bietet sich als Unterscheidung der funktionsbezogenen Läger an:

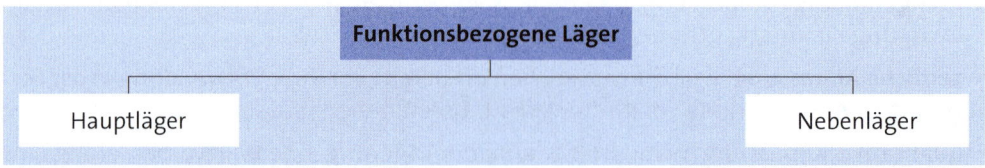

Außerdem können noch **Hilfsläger** genannt werden. Das sind Läger, die Güter aufnehmen, die aus raumtechnischen Gründen nicht oder nur unter Gefährdung der Ordnung in Haupt- oder Nebenlägern aufgenommen werden können.

2.1.1.1 Hauptläger

Als Hauptläger werden Läger bezeichnet, welche die von ihnen aufgenommenen Güter aus **werksexternen Quellen** erhalten oder an werksexterne Bezieher abgeben. Meist werden sie als **Zentralläger** geführt, wobei die Materialien an einem Ort innerhalb des Betriebes bevorratet werden.

2.1.1.2 Nebenläger

Nebenläger haben keine Kontakte mit werksfremden Wirtschaftseinheiten, sondern beziehen das Material von **werksinternen Quellen** oder geben es an werksinterne Bezieher ab. Im Falle der Stofforientierung werden die Materialien nach Materialarten getrennt. Häufig findet aber eine räumliche Aufteilung nach der Verbrauchsorientierung statt.

2.1.2 Stufenbezogene Läger

Im Verlaufe des Fertigungsprozesses durchläuft das Material verschiedene Lagerstufen. Dementsprechend lassen sich unterscheiden:

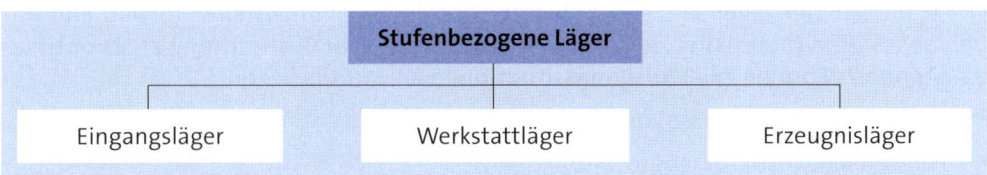

2.1.2.1 Eingangsläger

Eingangsläger sind nach außen gerichtete Läger, die der Fertigung als Puffer zwischen Beschaffungsrhythmus und Fertigungsrhythmus dienen. Sie haben als **Aufgaben:**

- laufende Versorgung der Fertigung mit Material
- Aufnahme von Material aus spekulativen Gründen
- Freihalten des Fertigungsablaufes von Marktschwankungen.

Nach der Abwicklung der im Rahmen des Materialeinganges erforderlichen Tätigkeiten werden die Materialien auf Anforderung den Werkstattlägern zugeführt.

2.1.2.2 Werkstattläger

Werkstattläger sind Zwischenläger, die im **Fertigungsbereich** die Materialien aufnehmen, wenn sie bereits eine oder mehrere Fertigungsstufen durchlaufen haben, aber noch eine weitere Bearbeitung erfahren sollen.

Die Größe der Werkstattläger ist weitgehend von der Art der Fertigung abhängig. Bei einer **Werkstattfertigung** entstehen meist mehrere Werkstattläger zwischen den einzelnen Fertigungsabschnitten. Bei einer **Fließfertigung** sind Werkstattläger weitgehend vermeidbar.

2.1.2.3 Erzeugnisläger

Die Lagerung, die nach dem Abschluss der Fertigung notwendig ist, erfolgt in den Erzeugnislägern, die Erzeugnisse, Ersatzteile, Halbfabrikate und Waren aufnehmen. Ihre **Organisation** hängt davon ab, ob unmittelbar an die Verbraucher bzw. Verwender, über Auslieferungsläger oder eine rechtlich selbstständige Vertriebsorganisation geliefert wird.

Erzeugnisläger dienen vorwiegend dazu, Schwankungen des Absatzmarktes aufzufangen, denn während die Fertigungsanlagen kontinuierlich genutzt werden müssen, weist der Absatz meist keine Kontinuität auf.

2.1.3 Standortbezogene Läger

Die Standorte der Läger sind so zu planen, dass die Fertigungsstellen fortlaufend mit den benötigten Materialien versorgt werden können. Der Bestimmung eines optimalen Standorts können zwei **Ausgangssituationen** zu Grunde liegen:

► Die räumliche Struktur ist vorgegeben.

► Die räumliche Struktur ist gestaltbar.

Bei den standortorientierten Lägern sind zu untersuchen:

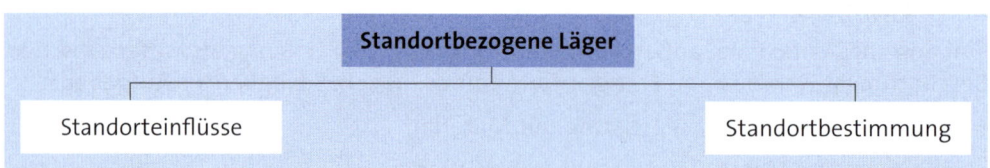

Standortbezogene Läger

Standorteinflüsse   Standortbestimmung

2.1.3.1 Standorteinflüsse

Die Wahl der Standorte und deren Gestaltung richten sich vor allem nach den Anforderungen der einzulagernden Materialien und der ablauftechnischen Eingliederung. Es sind zu unterscheiden:

▶ **Innerbetriebliche Einflussfaktoren**, die für die Wahl der Standorte von Bedeutung sind. Dazu zählen:

- Art des Materials
- Form des Materials
- Beschaffenheit des Materials
- Menge des Materials
- Volumen des Materials
- Häufigkeit des Materialeinganges.

Die innerbetrieblichen Einflussfaktoren sind in die Planung des Materialflusses einzubeziehen. So sind die Betriebsmittel und sonstigen Betriebseinrichtungen transportoptimal anzuordnen und durch **Fördermittel** zu verbinden, wodurch die Fertigungsflächen und Lagerflächen miteinander verknüpft werden.

Oft lässt sich eine volle zeitliche Abstimmung der Maschinen- und Fördereinheiten nicht erreichen.

▶ **Außerbetriebliche Einflussfaktoren**, wozu vor allem Vorschriften und Bestimmungen zählen, die von Behörden und Versicherungen festgelegt werden.

Beispielsweise gibt es Verordnungen, die das Errichten von Lägern an bestimmten Stellen untersagen. Gegebenenfalls müssen Baumaßnahmen im Lagerbereich aus umweltpolitischen Gründen getroffen werden, die ein Mehrfaches der üblichen Bausumme ausmachen können.

Die Wahl des Standorts wird auch maßgeblich davon beeinflusst, wie die Zuleitung und Versorgung des Unternehmens von außen, aber intern auch des Fertigungsbereiches mit Materialien erfolgt.

2.1.3.2 Standortbestimmung

Die Standortbestimmung der Läger erfolgt nach dem Grundsatz, dass die Fertigungsstätten unter Minimierung der Transportwege mit den benötigten Materialien versorgt werden. Zur Standortbestimmung werden mathematische **Verfahren** eingesetzt, die den Transportkosten die entscheidende Rolle zuweisen.

Mit der Standortbestimmung stellt sich auch die Frage der Zentralisation oder Dezentralisation der Läger:

▶ Eine **Zentralisierung** bietet sich dort an, wo mehrere Lagerstellen verschiedener Unternehmensteile zentral zusammengefasst und wegen der Konzentrierung der Lageraufgaben größere Lagereinheiten gebildet werden können.

Neben der wirtschaftlichen und technischen Nutzung der Einrichtung von Speziallägern lässt sich die Kontrolle bei der Materialannahme und Materialabgabe rationeller gestalten. Zentrale Läger sind bei **Klein- und Mittelunternehmen** die vorherrschende Form.

- Eine **Dezentralisierung** der Läger kann zweckmäßig sein, wenn verschiedenartige Rohstoffe und schwere, sperrige Güter zu lagern sind. Vielfach ist die räumliche Entfernung zwischen dem Lagerstandort und dem jeweiligen Fertigungsbereich, wie er besonders bei **größeren Unternehmen** vorkommt, bestimmend für die Einrichtung von dezentralen Lägern.

  Bei Stoffen, die z. B. wegen Hitze, Staub, Erschütterung eine sachgemäße Lagerung verlangen, erfolgt die Lagerung in separaten Lägern.

2.1.4 Gestaltungsbezogene Läger

Die Organisation und Gestaltung der Läger sollte am Materialfluss orientiert sein, um eine schnelle Versorgung der Verbrauchsstellen garantieren zu können. Je nach Unternehmensgröße, Materialien und Organisationsstruktur findet sich in der Praxis eine Vielzahl gestaltungsbezogener Läger. Dazu zählen:

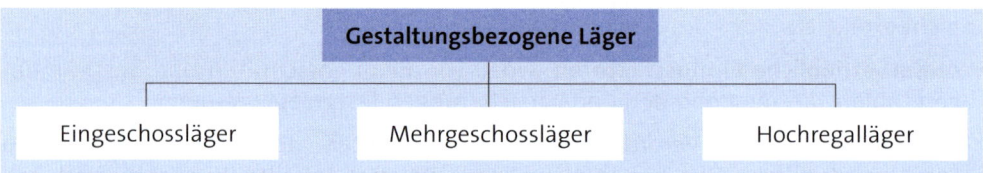

2.1.4.1 Eingeschossläger

Eingeschossläger bieten sich an, wenn keine Notwendigkeit besteht, die Läger wegen einer Beschränkung der verfügbaren Lagerfläche über mehrere Geschosse zu verteilen. Der Antransport wie auch der Abtransport lassen sich leicht realisieren. Da die Fertigungshallen meist als Eingeschossbauten angelegt sind, empfiehlt sich die organisatorische Anbindung der Läger als Eingeschossläger.

Die Eingeschossläger können nach verschiedenen **Kriterien** unterteilt werden:

- Nach der **Bauart** gibt es:

Offene Läger	Sie sind Plätze ohne Schutz vor Witterungseinflüssen und bieten sich nur für Materialien an, die durch eine offene Lagerung keine Qualitätseinbußen erleiden.
Halboffene Läger	Sie sind überdachte Lagerflächen, meist zum Lagern von Fertigerzeugnissen. Wegen ihrer Verpackung ist eine Qualitätsminderung vielfach nicht zu befürchten.
Geschlossene Läger	Dabei handelt es sich häufig um eingeschossige Hallen oder um Gebäude, die Lagerzwecken dienen. Sie enthalten geeignete Einrichtungen sowie Funktionsräume, die dem Personal sachgerechtes Arbeiten ermöglichen.
Speziallläger	Sie sind für bestimmte Materialien geschaffen, z. B. flüssige, gasförmige und giftige Stoffe, um deren technologischer Beschaffenheit gerecht zu werden.

- Nach den zu **lagernden Objekten**, die ihrer Menge und ihres Raumbedarfes wegen zusammengefasst werden, bieten sich an:

Rohstoffläger	Sie dienen z. B. der Lagerung von Eisen und Stahl, Erz, Kohle, Gussteilen, NE-Metallen.
Fertigteile-läger	Sie werden z. B. für die Lagerung von Einzelteilen, Gruppenteilen, Motoren und Getrieben, Normteilen genutzt.
Hilfs-/Betriebs-stoffläger	In ihnen werden z. B. Werkzeuge, Installationsmaterial, Schmierstoffe, Elektromaterial gelagert.

- Nach den ihnen zugeordneten **Funktionen** sind z. B. Reparaturläger, Montageläger oder Ersatzteilläger möglich. Die Vorratshaltung in diesen Lägern ist schwierig, da der genaue Bedarf in vielen Fällen nur geschätzt werden kann.

2.1.4.2 Mehrgeschossläger

Mehrgeschossläger sind Läger, welche die einzulagernden Materialien auf verschiedenen Ebenen aufbewahren. Sie ergeben sich häufig aus der Forderung nach einem reibungslosen und wirtschaftlichen Materialfluss.

Der Hochbau hat gegenüber Eingeschossbauten geringere Aufwendungen für Unterhalts- und Betriebskosten. Dem stehen allerdings höhere Kosten für Fundament, Deckenlast, Treppenhäuser sowie Transporteinrichtungen gegenüber.

Typisch für den Mehrgeschossbau ist das sich **langsam umschlagende Lager**. Dazu muss die Lagerkapazität auf den einzelnen Geschossebenen so groß sein, dass sowohl das Ausgangsmaterial als auch das Eingangsmaterial reibungslos gelagert und transportiert werden können.

2.1.4.3 Hochregalläger

Eine zentrale Aufgabe der Materiallagerung ist es, die Materialien so zu speichern, dass sie leicht wiedergefunden und dem Fertigungsbereich in kurzer Zeit überstellt werden können. Das ist mithilfe von Hochregallägern möglich.

Hochregalläger sind in der Lage, durch ihre Bauweise erheblich mehr Palettenplätze zur Verfügung zu stellen. Durch automatisierte Hebe- und Förderzeuge entfallen breite Wegeflächen für Gabelstapler und können zur Lagerung genutzt werden.

Automatisierte Hochregalläger arbeiten mit einer großen Zahl spezialisierter Hebe- und Förderzeuge. Über **Steigfördersysteme** werden die Materialien – meist vom Materialeingang oder der Fertigung – zum Hochregallager gefördert. Dem Abtransport dienen **Abförderungssysteme**.

Die Abmessungen der Hochregalläger richten sich nach den verwendeten Paletten oder den sonstigen Lagereinheiten. Die einzelnen Regale sind durch Gänge voneinander getrennt, wobei die Gangbreite auf das Palettenmaß zugeschnitten ist.

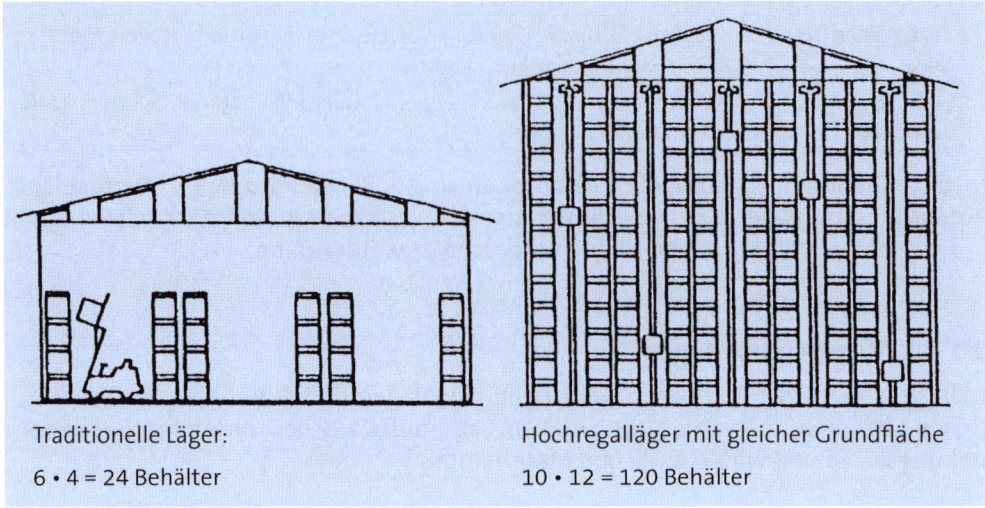

Traditionelle Läger:
6 · 4 = 24 Behälter

Hochregalläger mit gleicher Grundfläche
10 · 12 = 120 Behälter

Die für die Hochregallagerung typische Einordnung der Materialien wird als **chaotische Lagerung** bezeichnet. Das bedeutet, dass jede neu ankommende Lagereinheit auf einen – vom System ausgewählten – freien Platz abgelegt wird.

Diese Form der willkürlichen Zuordnung des Lagerplatzes ermöglicht gegenüber der herkömmlichen Form der festen Platzvergabe eine erhebliche Platzersparnis.

Aufgabe 41 > Seite 207

2.2 Einrichtung der Läger

Für die Einrichtung der Läger steht eine Vielzahl von Sachmitteln zur Verfügung, deren Anwendbarkeit vom einzelnen Lagerobjekt abhängt. Als Einrichtungen der Läger kommen in Betracht:

- **Regale**
- **Packmittel**
- **Fördermittel**.

2.2.1 Regale

Die Regale werden in verschiedenen Formen und Materialien angeboten und stellen die traditionellen Einrichtungen dar. Es gibt sie als Systeme im Baukasten, die sich individuell an das jeweilige Lager anpassen lassen. In der Praxis bedient man sich verschiedener Regalsysteme. Das sind z. B. die folgenden **Arten** von Regalen:

► **Durchlaufregale**, bei denen von der einen Seite beschickt und von der anderen Seite entnommen werden kann

► **Compactregale**, die so zusammengestellt werden, dass Zwischengänge entfallen bzw. nur bei Entnahme aufgeschoben werden

► **Paternosterregale**, die so angeordnet sind, dass vertikale Bewegungen ermöglicht werden

► **Palettenregale**, die zur Aufnahme genormter Paletten dienen. Hier hat sich heute die Euro-Palette durchgesetzt.

2.2.2 Packmittel

Packmittel dienen dazu, Materialien zu transportieren und zu lagern. Gleichzeitig schützen sie die Materialien. Der Transport und die Lagerung in genormten Behältern hat eine wesentliche Senkung der Verpackungs- und Transportkosten zur Folge. Als **Arten** von Packmitteln können unterschieden werden:

► **Container**, die Behälter darstellen, deren Größe genormt ist. Sie lassen sich wechselweise auf verschiedenen Transportmitteln einsetzen.

► **Collico-Behälter**, die sich durch einen stabilen Behälteraufbau auszeichnen, der einen hohen Schutz gewährleistet.

► **Paletten**, die tragbare Plattformen mit oder ohne Aufbau zu einer Ladeeinheit sind. Sie fassen Materialien zusammen.

2.2.3 Fördermittel

Die technische Entwicklung der Fördermittel führte in den letzten Jahren im Lagerbereich dazu, die Transportkapazität bei gleichem Bedienungspersonal zu steigern. Zu den **Arten** der Fördermittel zählen:

► **Ladegeräte** zum Beladen und Entladen der Materialien, z. B. als Bodenfahrzeuge, Krane

► **Transportgeräte**, deren Einsetzbarkeit vom Lagerort, der Lagereinrichtung und dem Transportweg zur Fertigungsstelle abhängt

► **Lagerhilfsgeräte**, die für unterschiedliche Tätigkeiten genutzt werden, z. B. Zählen, Messen, Wiegen, Kommissionieren.

Aufgabe 42 > Seite 207

3. Materialabgang

Materialabgänge stellen bestandsvermindernde Lagerbewegungen dar. Sie sind mengenmäßig genau zu erfassen. Es lassen sich die folgenden **Phasen** des Materialabganges unterscheiden:

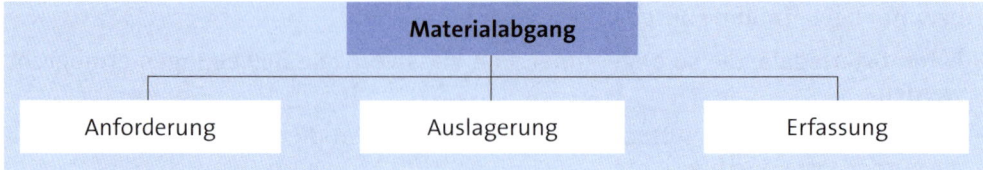

3.1 Anforderung

Anforderungen werden von unterschiedlichen Bereichen an das Lager gegeben, dessen Aufgabe es ist, sie zu erfassen und die Materialien für den Abgang bereitzuhalten:

- Überwiegend kommen Anforderungen von der **Fertigungsplanung**. Sie beziehen sich auf Fertigungsaufträge, Baugruppen und einzelne Materialien.

- Häufig gibt es auch Anforderungen aus den Bereichen **Konstruktion, Qualitätsprüfung** und vorbeugende **Wartung**.

- Weiterhin erfolgen Anforderungen im Rahmen von **Kundenaufträgen**, z. B. für Reparaturteile oder Ersatzteile.

3.2 Auslagerung

Unter der Auslagerung wird vor allem das Kommissionieren verstanden, das in zwei **Formen** erfolgen kann:

- Findet die Zusammenstellung des Auftrages an den Lagerplätzen statt, so bezeichnet man dies oft als **„Mann zu Ware"**, d. h. der Mitarbeiter hat die Waren aus verschiedenen Lagerplätzen zu holen.

- Werden die Waren eines Auftrages durch automatisierte Lagergeräte aus dem Hochregallager zum Entnahmepunkt gebracht, so bezeichnet man dies oft als **„Ware zu Mann"**. Die Ware muss lediglich am Entnahmepunkt aus den Behältern entnommen werden.

Diese Form der Auslagerung nutzt die Regaleinrichtungen optimal. Hier werden laufend Aufträge in eine **Warteschlange** gebracht und anschließend kommissioniert. Dies erlaubt es, eiligen Aufträgen eine höhere Priorität gegenüber anderen Aufträgen zuzuordnen.

Bei der organisatorischen Gestaltung der Belieferungsprozesse gibt es das **Bringsystem**, bei dem das Lagerpersonal verschiedene Bedarfsstellen anfährt und mit Material versorgt. Um Engpässe zu vermeiden, wird genügend Material bereitgestellt.

Arbeitet die Fertigung nach dem Prinzip von **teilautonomen Gruppen**, versorgen sich diese Gruppen bei Bedarf selbst mit Material. Diese Verfahrensweise hat positive Auswirkungen auf Lagerflächen und Stellflächen.

3.3 Erfassung

Das Erfassungsproblem stellt sich bei allen Formen des Materialausganges. Es kann sich auf die Lieferung an Kunden, die Materialbereitstellung für die Fertigung, sonstige interne Bereitstellungen sowie Rücklieferung an den Lieferanten beziehen.

Im **Warenausgang** werden Waren mit hoher Wertigkeit bewegt. Dies setzt ein erhebliches Vertrauen in die Mitarbeiter voraus und bedingt eine hohe Einsatzbereitschaft der Ladehilfsgeräte und Anlagen. Hier laufen die Kundenbedarfe ein, die zeitgenau zu erfassen sind, um eine exakte Bedarfsplanung zu ermöglichen.

Die Planung einer hohen Verfügbarkeit an Personal und Transportmitteln ermöglicht eine verzögerungsarme Bearbeitung. Kommissionierungen und Tourenpläne werden optimiert.

Aufgabe 43 > Seite 208

G. Distributions-Logistik

Untersuchungen des Materialflusses im Warenausgang sind in der VDI-Richtlinie 3300 genauer beschrieben. In jedem Unternehmen werden Waren bzw. wird Material bewegt und gelagert. Die Bedingungen für einen wirtschaftlichen Warenfluss gelten also für alle Unternehmen, unabhängig von ihrer Größe, ihren individuellen Aufgaben bzw. den Wirtschaftszweigen.

Im Rahmen der **Auftragsdurchführung** erfolgt daher hier der letzte Schritt, in dem die Produkte an die Kunden versendet werden:

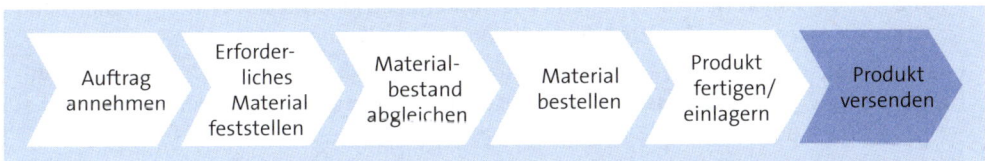

Auftrag annehmen → Erforderliches Material feststellen → Materialbestand abgleichen → Material bestellen → Produkt fertigen/einlagern → **Produkt versenden**

Die Distributions-Logistik ist die zusammenfassende Bezeichnung für sämtliche Aktivitäten, die den Materialfluss zum, im und vom Unternehmen betreffen. Sie soll den Materialfluss vom Rohstofflieferanten bis zum Verbraucher oder Verwender wirtschaftlich gestalten und damit einen Beitrag dazu leisten, indem sie die Kosten für Transport, Umlagerung, Einlagerung und Lagerbestandskontrollen minimiert.

Eine intensive Beschäftigung mit der Materialdistribution ist aus mehreren Gründen notwendig:

► Die **Kosten der Materialdistribution** steigen ständig. So betragen die Gesamtkosten für Lagerung, Verladung und Transport unternehmensabhängig zwischen 15 % und 35 % des Umsatzes.

► Der **Lieferbereitschaftsgrad** als Prozentsatz der Bedarfsanforderungen, die in der Planperiode durch den Lagervorrat gedeckt sind, stellt eine der wesentlichsten kostenbezogenen Einflussgrößen der Materialwirtschaft dar.

► Die **Abnehmer** versuchen in starkem Maße, die **Lagerhaltung** auf die Lieferanten **abzuwälzen**, kleinere Aufträge in kurzen Abständen zu beschaffen. Dadurch steigen bei den Lieferanten die Lagerhaltungskosten und Auftragsabwicklungskosten.

► Die **Abnehmer** fordern verstärkt eine **breitere** und **tiefere Erzeugnispalette**, was bei den Lieferanten zu höheren Lieferbereitschaftskosten, Lagerhaltungskosten und Auftragsbearbeitungskosten führt.

Um die Materialverteilung zu optimieren, wurden verschiedene **Konzepte** entwickelt:

► Die **Material-Logistik** als Summe aller Tätigkeiten, die sich mit der Planung, Steuerung und Kontrolle des gesamten Flusses innerhalb und zwischen Wirtschaftseinheiten befasst, der sich auf Materialien, Personen, Energie und Informationen bezieht.

Sie befasst sich nicht nur mit Transportprozessen, sondern auch mit Prozessen der Lagerung oder Speicherung sowie der zeitlichen Verfügbarkeit von Leistungen.

▶ Das **Material-Management**, bei dem es um Fragen des Materialflusses geht. Dieser Teilfunktion des betrieblichen Versorgungssystems muss besondere Aufmerksamkeit gewidmet werden, da allein zwischen 10 % und 20 % der Personalkosten im Fertigungsbereich auf Tätigkeiten des Materialtransports entfallen.

Die **Bereiche** des Material-Managements liegen sowohl innerhalb des Unternehmens als auch im Distributionskanal zwischen dem Unternehmen und seinem Abnehmer.

▶ Die **Physical Distribution**, unter der verstanden werden kann:

Im weiteren Sinne	Dabei handelt es sich um die **Logistik**, welche die Aufgaben der Steuerung, Lagerung und Bewegung **aller Materialien** innerhalb des Unternehmens und zwischen dem Unternehmen und seinen Kunden umfasst.
Im engeren Sinne	Physical Distribution wird hier als Gestaltung des Flusses der **verkaufsfähigen Erzeugnisse** von dem Abschluss der Fertigung bis zum Empfang bei den Abnehmern verstanden. Da die Absatzwege feststehen, beschränkt sich ihre Aufgabe darauf, das richtige Material in der gewünschten Menge und zum richtigen Zeitpunkt bei minimalen Kosten am Ort der Nachfrage verfügbar zu machen.

Im Rahmen der Distributions-Logistik sollen betrachtet werden:

Distributions-Logistik	Tätigkeiten
	Optimierung
	Risiken
	Kommissionierung

1. Tätigkeiten

In der Vergangenheit wurden die Tätigkeiten der Distributios-Logistik meist durch verschiedene Unternehmensabteilungen abgewickelt. Inzwischen werden sie vielfach als Teile einer einzigen Funktion betrachtet. Als Tätigkeiten der Distributios-Logistik lassen sich nennen:

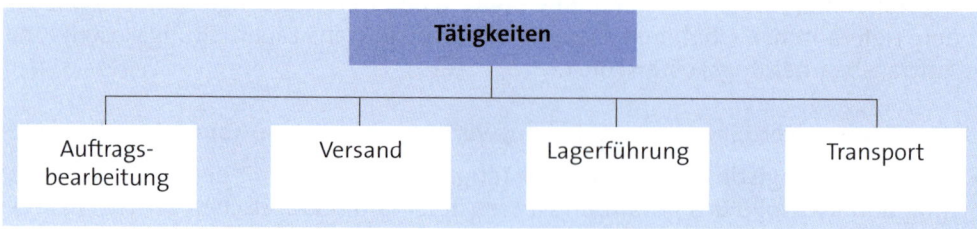

1.1 Auftragsbearbeitung

Die Auftragsbearbeitung verwaltet alle Auftragsdaten, von der Angebotserstellung über den Auftrag und die Auftragsdurchführung bis zur Auslieferung der fertiggestellten Erzeugnisse. Während die Erstellung der Daten zur Rechnungserstellung noch von der Auftragsbearbeitung wahrgenommen wird, zählen die Rechnungsbegleichung, Offene-Posten-Buchhaltung und die Verkaufsstatistiken nicht mehr hierzu.

Ziel der Auftragsbearbeitung ist es, sämtliche Auftragsdaten fehlerfrei und ohne Verzögerung zu erfassen, um eine **pünktliche Auslieferung** und eine verbesserte Beantwortung bei Kundenanfragen zu erreichen.

Aufträge durchlaufen folgende **Schritte:**

- **Erfassung der Aufträge**, wobei die Erzeugnisse auf Gültigkeit geprüft und gegebenenfalls Kreditprüfungen der Kunden veranlasst werden

- **Prüfung der Verfügbarkeit**, die zeigen soll, ob die Aufträge als Sofortaufträge ausgeführt werden können oder sie im Fertigungsplan zu berücksichtigen sind, da über sie lagermäßig nicht verfügt werden kann

- **die Steuerung der Aufträge**, wodurch diese überwacht und erforderliche Änderungen berücksichtigt werden, welche die Fertigstellungstermine beeinflussen können

- **Kundenanfragen**, die bearbeitet werden müssen. Sie beziehen sich häufig auf den Arbeitsfortschritt bzw. auf die Liefertermine.

Die Auftragsbearbeitung arbeitet eng mit anderen Funktionsbereichen des Unternehmens zusammen, insbesondere der Konstruktions- und Entwicklungsabteilung, der Lagerwirtschaft und der Fertigungssteuerung.

Aufgabe 44 > Seite 208

1.2 Versand

Sobald Aufträge fertig gestellt sind, werden sie zur Auslieferung bereitgestellt. Dazu sind im Auslieferungslager entsprechende Pläne aufzustellen, welche die Arbeitsbelastung des Versandpersonals und die Kapazität der Transportmittel zu berücksichtigen haben.

Die bei der Auftragsannahme festgelegten **Lieferanweisungen** sind zu beachten. Sie können sich auf die Verpackung, die Verladung sowie die Auslieferung beziehen. Insbesondere müssen hier auch geäußerte **Kundenwünsche** entsprechend berücksichtigt werden.

1.3 Lagerführung

Die Voraussetzung zur Erfüllung der Distributionsfunktion sind ausreichende Lagerbestände. Bei der Führung von Lagerbeständen unterscheidet man:

▶ **Erzeugnisläger**, die zur Aufnahme aller verkaufsfähigen Erzeugnisse, Ersatzteile und Waren dienen. Darin sind die hauptsächlich nachgefragten Güter in ausreichender Menge bereitzuhalten. **Aufträge**, die aus den Lagerbeständen erfüllt werden, sind:

Sofort-aufträge	Sie werden unmittelbar nach Auftragseingang erfüllt. Da Aufträge verschiedener Kunden um den gleichen Lagerbestand konkurrieren können, erfolgt eine **Reservierung** im Lagerbestand für die Kunden, die ihren Auftrag zuerst gemeldet hatten. Daraufhin werden **Ausfasspapiere** erstellt, die zum Empfang der Güter berechtigen.
Lager-aufträge	Sie werden zunächst – i. d. R. IT-mäßig – erfasst. Danach wird der vorhandene Lagerbestand auf seine Verfügbarkeit überprüft. Ist genügend Lagerbestand vorhanden, erfolgt eine **Reservierung**, und der Lagerbestand wird gekennzeichnet. Wird der Auftrag mit den Auftragspapieren ausgeliefert, erfolgt eine Reduzierung des verfügbaren Lagerbestandes.
	Sind die Materialien nicht im Lager vorrätig, muss im Fertigungsplan überprüft werden, wann die Erzeugnisse fertig gestellt sein werden. Daraufhin erfolgt eine Reservierung beim offenen Auftragsbestand. Durch die Erstellung einer Auftragsbestätigung wird sichergestellt, dass noch nicht ausgelieferte Aufträge richtig ausgeliefert werden.

▶ **Außenläger**, die vielfach zwischen der Fertigungsstätte und den Kunden aufgebaut werden. Da die Lagerbestandsführung vom Unternehmen zentral gesteuert wird, richtet sich der Fertigungsplan nach den jeweiligen Lagerplänen der einzelnen Außenläger.

Es besteht ein **zeitlicher Unterschied** zwischen dem Bedarf des Kunden und dem Bedarf für eine Wiederauffüllung der Läger, die vor allem losgrößenbedingt sind. Um den Kundenbedarf bei den Lägern zu bestimmen, erfolgt eine nach den einzelnen Außenlägern getrennte Bedarfsvorhersage für jedes Lagerteil.

1.4 Transport

Aufträge, die versandfertig sind, werden täglich ermittelt. Um eine Liste der zu vergebenden Aufträge zu erhalten, müssen die Aufträge mit späteren Lieferterminen bis zur Verfügbarkeit des bestellten Erzeugnisses zurückgehalten werden.

Mit dem Schreiben der Versandpapiere ist zu überprüfen, ob die im Auftrag vereinbarten Transportmittel verfügbar sind. Werden die Versandpapiere IT-mäßig erstellt, können die verfügbaren Versandkapazitäten automatisch berücksichtigt werden.

Die **Freigabe von Aufträgen** an den Versand löst folgende **Tätigkeiten** aus:

- **Lagertätigkeiten**, die auf der festgelegten Reihenfolge der Versandtätigkeiten im Lager beruhen. Werden Zeiten der Lagertätigkeiten pro Lagerteil gespeichert, lassen sich zukünftige **Belastungsprofile** ermitteln.

- **Verpackungstätigkeiten**, mit denen sicherzustellen ist, dass die einzelnen Packmittel den Laderaum optimal nutzen, um damit Leerkosten zu vermeiden. Hier ist auf genormte Verpackungsgrößen (Postpakete, Europaletten) zu achten. Dadurch werden Transportkosten durch ein optimales Paket- und Behältermanagement gespart.

  Der **Verbrauch** von Verpackungsmaterialien ergibt sich:

  - bei kleineren Verpackungseinheiten, z. B. Kisten, Kartons, Aufkleber oder Etiketten, aufgrund von Daten der Vergangenheit

  - bei größeren Verpackungseinheiten wie Kisten, Fässern oder Collicos gegebenenfalls bereits bei der Stücklistenauflösung.

- **Transporttätigkeiten**, denen eine Belastungsplanung der Transportmittel zu Grunde liegt. Deren Belastung hängt davon ab, ob große Strecken zu überbrücken sind oder kleinere Lieferungen in den umliegenden Orten zu erfolgen haben.

  Bei Lieferungen mit großen Entfernungen ist es sinnvoll, Sammelladungen zu bestimmten Knotenpunkten zusammenzustellen. Nach der Art der **Transportwege** lassen sich unterscheiden:

Feste Transportwege	Lieferungen auf festen Transportwegen werden i. d. R. dort durchgeführt, wo die Transporte in einer fest vorgegebenen Reihenfolge zu erfolgen haben.
Variable Transportwege	Lieferungen auf variablen Transportwegen werden nach dem Umfang der Aufträge, der gewünschten Lieferfähigkeit gegenüber den Kunden sowie der Fahrzeit festgelegt. So entstehen vielfach unterschiedliche Auslieferungstouren.

Die einzelnen Tätigkeiten der Materialverteilung werden inzwischen verstärkt als eine einheitliche Funktion betrachtet.

Aufgabe 45 > Seite 208

2. Optimierung

Die Materialverteilung muss schnell und zuverlässig erfolgen. Gegenüber den Abnehmern erfordert dies eine optimale Gestaltung des Lieferservice und der damit verbundenen Distributionskosten:

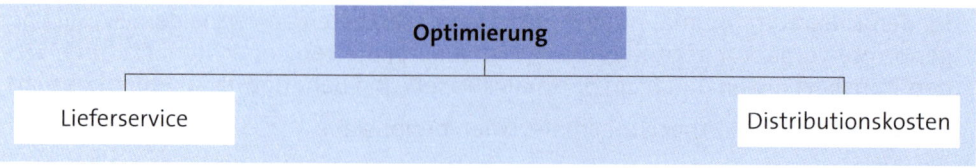

2.1 Lieferservice

Der Lieferservice ist ein Maß für die Wettbewerbsfähigkeit, das von erheblicher Bedeutung für den Erfolg eines Unternehmens ist. **Einflussfaktoren**, die auf den Lieferservice wirken, sind:

► Die **Lieferzeit**, die möglichst kurz sein sollte, was durch eine schnelle Bearbeitung der einzelnen damit verbundenen **Arbeitsschritte** möglich ist, z. B. als:

- **Auftragsübermittlung** und **Auftragsbearbeitung** mithilfe moderner IT-gestützter Erfassungsgeräte

- **Kommissionierung** mithilfe mechanisierter Lagereinrichtungen und genormten Verpackungseinheiten

- **Verpackung, Verladung, Transport** mithilfe von Einheiten, die zugleich Lager-, Verpackungs- und Verladeeinheiten sind.

► Der **Lieferbereitschaft**, welche die Verfügbarkeit der Güter darstellt. Ihre Erhöhung ist z. B. durch eine erhöhte Zahl bzw. günstigerer Standorte von Außenlägern möglich.

Diese Maßnahmen der Erhöhung müssen nicht zwangsläufig zu Kostensteigerungen führen. Dies kann der Fall sein, wenn z. B. gleichzeitig eine sinnvollere Lagerhaltungspolitik möglich ist.

► Der **Lieferzuverlässigkeit**, wofür i. d. R. ein Sicherheitsbestand für Lagerartikel zu halten ist. Die Höhe dieses Bestandes richtet sich sowohl nach dem Vorhersagefehler der Vergangenheit als auch nach dem gewünschten Lieferbereitschaftsgrad.

2.2 Distributionskosten

Die Materialverteilung umfasst für sämtliche von ihr zu leistenden Aufgaben folgende Gesamtkosten:

$$K_V = K_T + L_{HKf} + L_{HKv} + K_U$$

K_V = Gesamtkosten der Verteilung
K_T = Transportkosten von der Fertigung zum Lager
L_{HKf} = Fixe Lagerhaltungskosten
L_{HKv} = Variable Lagerhaltungskosten
K_U = Kosten für entgangenen Umsatz aufgrund durchschnittlicher Lieferzeit

Die Beachtung dieser Kosten bestimmt die Entscheidung über Zahl, Standort und Größe der **Außenläger**. Ihre optimale Zahl liegt – ohne Berücksichtigung des Lieferservice – dort, wo die Gesamtkosten minimal sind:

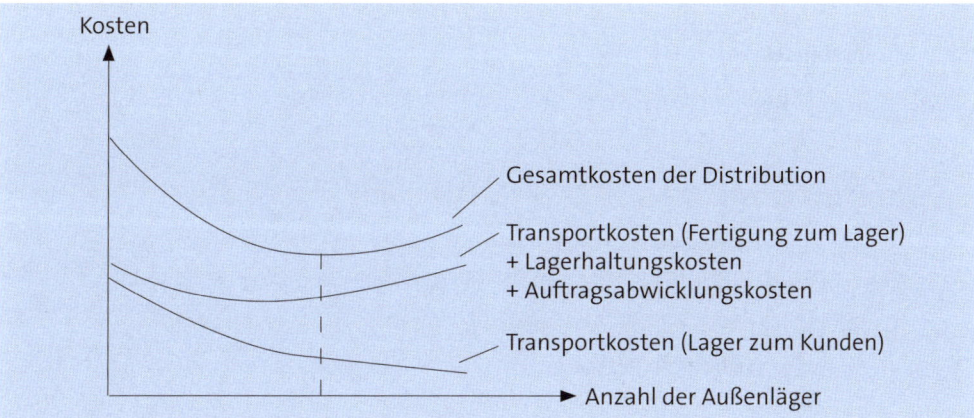

Ein Großteil der Distributionskosten fällt als **Vertriebskosten** an, die sein können:

▶ **Einzelkosten des Vertriebs**, wozu Kosten für Kundendienst, Spezialverpackung, Transport vom Lager zum Kunden zählen. Sie lassen sich einzeln erfassen und einem Auftrag zurechnen.

▶ **Gemeinkosten des Vertriebs**, die für Werbung, Verkaufsförderung, Akquisition, Vertriebsleitung und Vertriebsverwaltung anfallen und sich nicht einem bestimmten Auftrag zurechnen lassen.

Die Vertriebskosten müssen detailliert aufgegliedert sein, damit sie Kostenanalysen unterzogen werden können.

Aufgabe 46 > Seite 209

3. Lagerrisiken

Die Außenläger werden eingerichtet und unterhalten, weil Fertigungs- und Verwendungsaktivitäten zu verschiedenen Zeiten, an verschiedenen Orten und in unterschiedlichen Mengen auftreten. Als **Einflussgrößen** sind zu berücksichtigen:

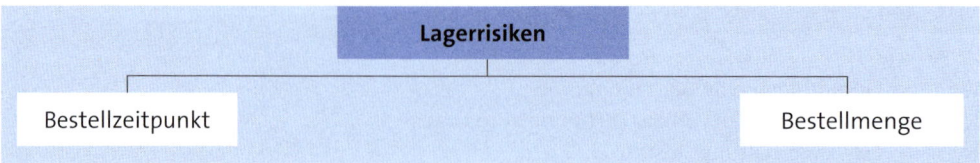

3.1 Bestellzeitpunkt

Läger werden im Zeitablauf abgebaut. Dies bedeutet, dass zu einem in der Zukunft liegenden Zeitpunkt eine Bestellung erfolgen muss. Dieser Zeitpunkt ist der **Bestellpunkt**.

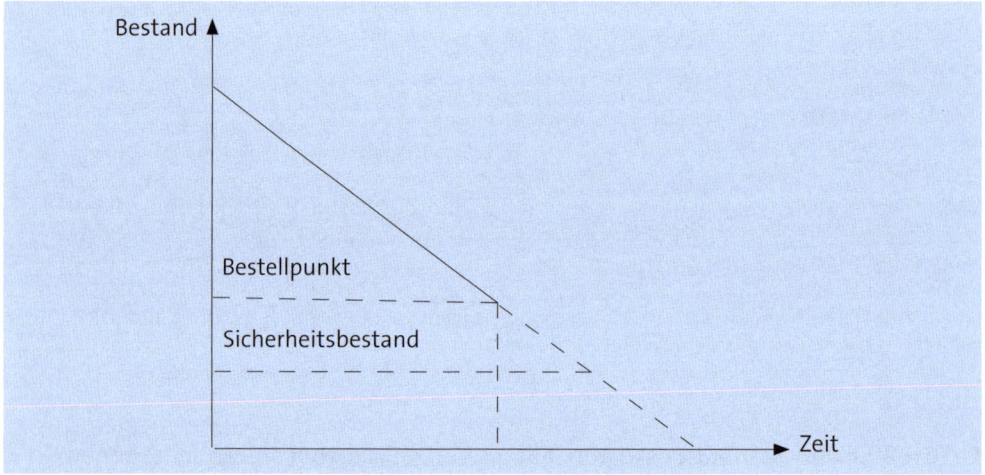

Dabei stellen sich bei Außenlägern die Probleme des Bestellbestandes, der Bestellmenge und des Sicherheitsbestandes in gleicher Weise, wie dies für die Innenläger im Rahmen des Kapitels C. ausführlich dargelegt wurde.

Der **Lieferbereitschaftsgrad** ist festzulegen, der den Bestellzeitpunkt beeinflusst.

3.2 Bestellmenge

Die Frage der Bestellmenge kann auch als **Bestellfrequenz** gesehen werden. Bei der Versorgung der Außenläger sind die gleichen Kriterien zu beachten, wie im Kapitel D. ausführlich dargestellt wurde.

Die **optimale Bestellmenge** als Häufigkeit der Versorgung durch den Fertigungsbereich ergibt sich vor allem aus

► **Bestellkosten**, die im Materialverteilungsbereich als Kosten der Auftragsbearbeitung und Kosten der Einlagerung anfallen

► **Lagerhaltungskosten**, die insbesondere Raum-, Kapital-, Steuer-, Versicherungskosten und Abschreibungen darstellen.

4. Kommissionierung

Kommissionierung nennt man das Zusammenstellen von bestimmten Teilmengen aufgrund einer Bestellung. Handelt es sich nicht um sporadische Entnahmen, die rein manuell durchgeführt werden wie bei einem Ersatzteil- oder Instandhaltungslager, sind zur rationellen Durchführung der Kommissionierung **spezielle Kommissioniergeräte** notwendig, mit denen die Möglichkeit besteht

► **Wegezeit** zu reduzieren, indem der Kommissionierer auf einem Fahrzeug die Regale entlang fährt

► **Greifzeit** zu optimieren, indem eine Hubeinrichtung eine Vertikalbewegung ausführt.

Hier haben sich folgende **Arten** entwickelt:

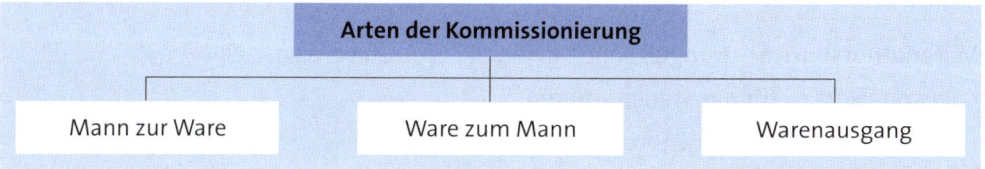

4.1 Mann zur Ware

Der Mitarbeiter geht ins Lager und holt sich seine Ware. Diese statische Bereitstellung der Ware an festen Lagerplätzen bezeichnet man als **Mann-zur-Ware-System**. Diese Art ist sehr zeitaufwändig und für einen hohen Lagerumschlag nicht geeignet.

4.2 Ware zum Mann

Die Ware wird z. B. von einem Hochregallager zum Mann gebracht. Hier wird Ware von Menschen oder Automaten aus dem Lager an einen festgelegten Platz in der Regel außerhalb der Regaleinrichtung gebracht, damit dort die Artikel für den Kommissionierauftrag entnommen werden können.

Nur bei bestimmten Produkteigenschaften (ähnliche Formen und Abmessungen, wie bei Arzneimittelschachteln, CD-Verpackungen) lassen sich **vollautomatische Kommissioniersysteme** einsetzen. Werden ganze Paletten entnommen, eignet sich ein Hochregalstapler.

Sind bei internem Bedarf die Waren in der Kommissionierzone auftragsspezifisch zusammengestellt, gibt es ablauforganisatorisch grundsätzlich zwei **Prinzipien** für den Transport zur Verbrauchsstelle:

▸ Das **Bringprinzip** (Push), dessen Vorteil darin bestehen kann, dass das Lagerpersonal nach dem Kommissionieren auch mit dem innerbetrieblichen Transport betraut ist und auf dem Weg zur Verwendestelle mehrere Abladestellen bedient. Mit der räumlichen und zeitlichen Abstimmung kann eine wirtschaftliche Nutzung der vorhandenen Transportmittel und des Lagerpersonals gegeben sein. Diese Organisationsform findet sich oft in Klein- und Mittelbetrieben.

▸ Das **Hol- oder Ziehprinzip** (Pull), das oft bei Gruppenarbeit mit Eigenverantwortung für das Produktionsergebnis realisiert ist und dessen Vorteil darin zu sehen ist, dass die Gruppe selbst den geeigneten Zeitpunkt der Materialversorgung unter Beachtung der noch bestehenden Vorräte festlegen kann. Dies ist wichtig bei Massenfertigung, wo oft nur geringe Stellflächen für die großen Mengen an Einsatzstoffen vorhanden sind.

4.3 Warenausgang

Untersuchungen des Materialflusses im Warenausgang sind in der VDI-Richtlinie 3300 genauer beschrieben. In jedem Betrieb wird Material bewegt und gelagert. Die Bedingungen für einen wirtschaftlichen Materialfluss gelten also für Unternehmen, unabhängig von ihrer Größe, ihren individuellen Aufgaben und den Wirtschaftszweigen.

Materialflussuntersuchungen sollen helfen, Kosten zu senken, z. B.:

▸ Personalkosten für das Transportieren

▸ Betriebsmittelkosten für Fördergeräte

▸ Raumkosten für die Lagerhaltung

▸ Kapitalkosten für die Materialbestände.

Bei externen Bedarfen werden die Waren nach der Kommissionierung für den außerbetrieblichen Transport vorbereitet. Die notwendigen logistischen Tätigkeiten des Warenausgangs entsprechen im Wesentlichen denen des Wareneingangs.

Für den Materialfluss sind die Eigenschaften der Erzeugnisse, ihre Verpackung und die Transportmittel zu berücksichtigen. Sind die Artikel auf einem umschließenden Transportmittel gelagert, können sie direkt für die Verladung bereitgestellt werden. Enthält eine Palette stapelfähige Transport- oder Verpackungsmittel (z. B. Kisten, Schachteln), so werden diese je nach Art und Gewicht mit Stretch- oder Schrumpffolie umhüllt.

Auf der Informationsseite sind die notwendigen Unterlagen zu erstellen (Versand-, Zollpapiere) und der Versand mit eigenem oder fremdem Transporteur in die Wege zu leiten.

Immer häufiger wird auch von der **Entsorgungs-Logistik** gesprochen, bei welcher der Güterfluss in umgekehrter Richtung fließt. Hier sind es beschädigte oder falsch ausgelieferte Güter, die vom Kunden an den Lieferanten in Form von Retouren zurückgehen. Dazu gehören auch das Leergut, die zu entsorgenden Abfallstoffe sowie die im Rahmen des Recycling zur Wiederverwendung oder -verwertung zurückzuführenden Güter.

Die **Steuerungsfunktion** im Warenausgang besteht in der Steuerung der Prozesskette nach den Forderungen eines optimalen Informations- und Materialflusses. Diese Kriterien orientieren sich unmittelbar an den Unternehmenszielen und beinhalten

- kurze Durchlaufzeiten

- hohe Flexibilität zum Absatzmarkt

- hohe Liefertreue

- niedrige Bestände.

Das **Logistikmanagement** beschäftigt sich vor allem mit Zielsetzungen wie der Reduzierung von Kosten, der Verbesserung des Lieferservices, höherer Qualität und Flexibilität. Im Einzelnen sind als Aufgaben zu nennen:

- Verminderung der Leerfahrten von Transporteinheiten

- Transportmittel zu planen

- Anteil des Nutzfahrzeugs an der Güterverteilung zu organisieren

- Erhöhung der zeitlichen, gewichts- und/oder volumenmäßigen Auslastung der Transporteinheiten

- Bildung durchgängiger Transportketten

- Durchsetzung einer Harmonisierung der Verpackungsmodalitäten und Ladehilfsmittel.

Ziel des Logistikmanagements ist es, alle Versorgungs- und Entsorgungsfunktionen, die mit der Beschaffung, der Herstellung und der Verteilung von Gütern zusammenhängen zu möglichst geringen Kosten durchzuführen. Damit nimmt das Logistikmanagement einen hohen Stellenwert in der Managementhierarchie ein, da es bei der Verbesserung der Wettbewerbsfähigkeit im Unternehmen darum geht, Durchlaufzeiten zu verkürzen, Bestände zu senken und Termintreue zu garantieren.

Aufgabe 47 > Seite 209

H. Entsorgungs-Logistik

Mit der Bereitstellung der Materialien ist es dem Unternehmen möglich, seine Leistungserstellung zu bewirken. Wenn die Materialien in vollem Umfang in die Erzeugnisse eingegangen sind, ist der materialwirtschaftliche Prozess abgeschlossen. Es kann aber auch sein, dass Materialien nicht oder nicht in vollem Umfang zu Bestandteilen der Erzeugnisse geworden sind und deshalb eine weitere materialwirtschaftliche Maßnahme notwendig wird, die Materialentsorgung.

Der **Entsorgungs-Logistik** sind folgende Maßnahmen zuzurechnen (*Maier/Rothe*):

► das Erfassen, Sammeln, Selektieren, Separieren, Einstufen der Rückstände nach der Möglichkeit der Verwertung, ihrer Gefährlichkeit und Umweltbelastungswirkung

► das Aufbereiten, Umformen, Regenerieren, Bearbeiten sowie Sichern der Materialien

► die Suche nach Abnehmern sowie der Verkauf oder die Abgabe der zu entsorgenden Materialien an Dritte.

Die Entsorgungs-Logistik beschäftigt sich mit der optimalen Entsorgung bzw. Rückführung von Abfällen. Mit ihrer Hilfe sollen Emissionen bei den entsorgungslogistischen Prozessen soweit wie möglich vermieden und die logistischen Kosten minimiert werden.

Die Materialentsorgung ist eine wichtige logistische Aufgabe, die in den vergangenen Jahren für die Unternehmen beträchtlich an **Bedeutung** gewonnen hat. Die Forderung nach einer Null-Fehler-Produktion hat wesentlich dazu beigetragen, dass der Rücklauf reduziert werden konnte. Inzwischen sind Unternehmen gefordert, bei Ausfall von Gütern diese zurückzunehmen und dabei auch beträchtliche Werte zurückzugewinnen. Logischerweise läuft im Rahmen der Entsorgungs-Logistik die Prozesskette rückwärtsgerichtet:

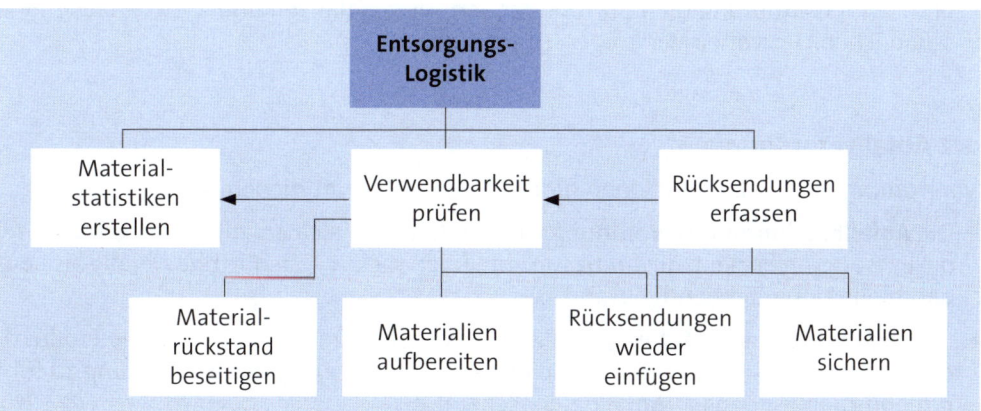

Im Rahmen der Materialentsorgung sollen daher nachfolgend behandelt werden:

Entsorgungs-Logistik	Abfallrecht
	Abfallwirtschaft

1. Abfallrecht

Abfallrechtliche Vorschriften können vom Bund und den Ländern erlassen werden. Das Grundgesetz gibt den Ländern die Möglichkeit, Umweltgesetze zu erlassen, solange und soweit der Bund von seinem Gesetzgebungsrecht keinen Gebrauch macht. Weiterhin ist es den Ländern möglich, Ausführungsgesetze zu Rahmengesetzen des Bundes zu erlassen.

Es sind darzustellen:

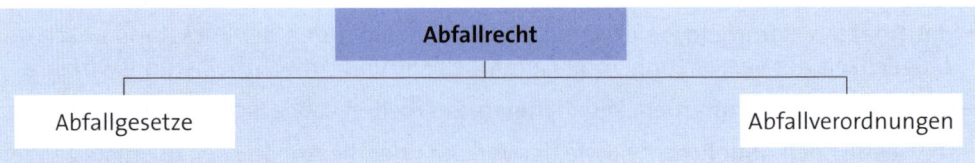

1.1 Abfallgesetze

Wichtige Gesetze, welche die Abfallwirtschaft betreffen, sind z. B.:

► **Kreislaufwirtschaftsgesetz von 2012, das frühere Gesetz zur Förderung der Kreislaufwirtschaft und Sicherung der umweltverträglichen Beseitigung von Abfällen (KrW/AbfG)** von 1994. Der im Gesetz enthaltene Kreislaufgedanke soll vermitteln, dass die Beseitigung eines Stoffes als Abfall und damit auch sein Ausscheiden aus dem Wirtschaftskreislauf die Ausnahme sein soll.

► Das **Bundesimmissionsschutzgesetz von 2006 (BImSchG)**, welches das Abfallrecht ergänzt und der umfassenden bundeseinheitlichen Regelung der Luftreinhaltung und Lärmbekämpfung dient, um Menschen, Tiere, Pflanzen und andere Sachen vor schädlichen Umwelteinwirkungen zu schützen.

1.2 Abfallverordnungen

Verordnungen, die als Grundlagen für die Abfallwirtschaft dienen, sind z. B.:

► Die **Abfallbestimmungsverordnung** von 2002, welche sich auf die Anforderungen an die Entsorgung bezieht, die für bestimmte überwachungsbedürftige Abfälle als Sonderabfälle zu berücksichtigen sind.

► Die **Abfallnachweisverordnung** von 2006, worin geregelt wird, für welche Produktionsanlagen und Abfallarten der Nachweis über Menge, Art und Beseitigung zu führen und zu erbringen ist (Abfallbegleitschein).

► Die **Verordnung über Betriebsbeauftragte für Abfall** von 2008, in der Verfahrensalternativen und Voraussetzungen für die Genehmigung von Abfalltransporten festgelegt werden, sowie das Einsammeln und Befördern von Abfällen geregelt ist.

Die Verordnung enthält auch eine detaillierte Verfahrensbeschreibung zur Erlangung der Transportgenehmigung. Außerdem wird die Bestellung des Betriebsbeauftragten für bestimmte ortsfeste Abfallbehandlungsanlagen und Abfall erzeugenden Anlagen sowie seine Pflichten geregelt.

► Die **Verpackungsverordnung** von 2008, mit welcher die Flut des Verpackungsmülls eingedämmt werden soll, der rund 50 % des gesamten Hausmülls und hausmüll-ähnlichen Gewerbemülls ausmacht.

  - **Transportverpackungen** müssen vom Hersteller oder Handel zurückgenommen werden, um sie wieder zu verwenden bzw. stofflich zu verwerten.

  - Für **Getränkeverpackungen** ist ein Pfand zu erheben, das für Einwegverpackungen höher sein kann als für Mehrwegverpackungen.

Aufgabe 48 > Seite 210

2. Abfallwirtschaft

Die Abfallwirtschaft ist die Gesamtheit der planmäßigen Aktionen und die Organisati-on, die der Vermeidung und Verringerung von Abfallstoffen sowie der Behandlung von Abfallstoffen unter besonderer Berücksichtigung der Wirtschaftlichkeit der angestreb-ten Verfahren dienen (*Bloech*).

Als **Abfälle** sind alle beweglichen Sachen zu verstehen, deren sich der Besitzer entledi-gen will oder deren geordnete Entsorgung zur Wahrung des Wohls der Allgemeinheit, insbesondere des Schutzes der Umwelt, geboten ist.

Die Abfallwirtschaft kann sich beziehen auf:

2.1 Abfallbegrenzung

Der beste Weg umweltgerechte Unternehmenspolitik zu betreiben, ist die Begrenzung des Abfalls. Damit wird das Problem der Abfallbehandlung minimiert. **Arten** der Ab-fallbegrenzung sind:

► Die **Abfallvermeidung**, welche eine Strategie darstellt, die eine Entstehung von Ab-fällen vor, während und nach dem betrieblichen Leistungsprozess gänzlich unterbin-det. Sie ist bereits bei der Auswahl der Materialien, Fertigungsverfahren und Distri-butionswege in geeigneter Weise zu berücksichtigen.

► Die **Abfallverminderung**, welche angestrebt werden sollte, wenn eine absolute Ab-fallvermeidung nicht erreichbar ist. Dabei ist zu versuchen, möglichst wenig und dann auch nur solche Abfälle in Kauf zu nehmen, die eine hohe, wirtschaftlich sinn-volle Recyclingfähigkeit aufweisen.

Auf geringstmögliche Abfälle ist bereits bei der Planung und Entwicklung der Erzeugnisse sowie der verwendeten Technologien zu achten.

2.2 Abfallbehandlung

Lassen sich die Abfälle nicht vermeiden und nur begrenzen, müssen sie entsorgt sowie mithilfe geeigneter und rechtmäßig zugelassener Verfahren behandelt werden. Dabei lassen sich grundsätzlich folgende **Strategien** der Abfallbehandlung unterscheiden:

► Das **Recycling**, mit dem Abfälle, die an sich für den Leistungsprozess des Unternehmens nicht mehr verwertbar sind, durch geeignete Prozesse für diesen oder einen anderen Leistungsprozess wieder verwendbar gemacht werden. Gleiches gilt für die Rückgewinnung und Nutzung von Stoffen oder Energieeinheiten aus gebrauchten Enderzeugnissen.

Recyclingstrategien sind:

Wieder-verwertung	Der Abfall, der häufig einer bestimmten Vorbehandlung oder Aufbereitung unterzogen werden musste, wird unter teilweiser oder völliger **Gestaltungsauflösung** als Erzeugnisstoff in dem gleichen, bereits durchlaufenen Transformationsprozess bzw. Einsatzbereich wiederholt eingesetzt.
Weiter-verwertung und Weiter-verarbeitung	Hier werden Produktionsrückstände oder „verbrauchte" Produkte bzw. Altstoffe nicht in dem für sie ursprünglich vorgesehenen Fertigungsprozess eingesetzt. Die Weiterverwertung findet in einem noch nicht durchlaufenen, anders gearteten Fertigungsprozess oder Einsatzbereich statt, nachdem das neue Erzeugnis durch biologische, chemische, mechanische oder thermische Behandlung entsprechend vorbehandelt wurde.
Wieder-verwendung	Das gebrauchte oder schon einmal eingesetzte Produkt wird für den gleichen oder ähnlichen Verwendungszweck, für den es ursprünglich hergestellt wurde, wiederholt benutzt, wobei es gegebenenfalls einer entsprechenden Vorbehandlung unterzogen werden muss.
Weiter-verwendung	Es handelt sich um eine Alternative der Reststoffverwendung, bei der das gebrauchte Produkt für einen Verwendungszweck benutzt wird, für den es ursprünglich nicht hergestellt wurde, d. h. seinen Einsatz nicht in dem als Erstverwendung vorgesehenen Zweck findet.

► Die **Abfallvernichtung**, die erfolgt, wenn die Abfälle mangelnde oder fehlende Recyclingfähigkeit aufweisen oder bei ihrer Verwertung nicht recycelbare bzw. nicht deponiefähige Rückstände ergeben. Dazu bieten sich chemische, physikalische, elektrotechnische, biologische und thermische Verfahren an.

Aus dem Vernichtungsprozess können ökologisch problemlose, wiederzuver-wendende Stoffe zurückbleiben, aber auch ökologisch gefährliche Stoffe, die auf Deponien abzulagern sind.

▸ Die **Abfallbeseitigung**, die sich ebenfalls auf nicht verwertbare Abfälle bezieht, wobei zu unterscheiden sind:

Abfalldiffusion	Abfälle werden an die Umweltmedien abgegeben und dort verteilt (diffundiert). **Handlungsweisen** können sein:
	▸ Die **Verdünnung** der Abfälle und ihre **Zuleitung** in Umweltmedien.
	▸ Die **Konzentration** der Abfälle als kompaktes räumliches Zusammenfassen, dem sich die geordnete Deponierung anschließt.
Abfall-ablagerung	Der geordneten Ablagerung bzw. Deponierung kommt noch immer die größte Bedeutung zu.
	Die **Deponie** ist eine Anlage zur dauerhaften, geordneten und kontrollierten Ablagerung von Abfall. Technische Standards sollen die gefahrlose, unproblematische Deponierung sichern.

Die Abfälle müssen zwecks Abfallbehandlung genau erfasst, in geeigneter Weise sortiert und gesammelt werden. Bei ihrem Transport sind gegebenenfalls **Beförderungsvorschriften** zu beachten.

Die Material-Logistik ist bei etwa zwei Drittel der Unternehmen für die Materialentsorgung zuständig.

Aufgabe 49 > Seite 210
Aufgabe 50 > Seite 210

Aufgabe 1:

(1) Komplettieren Sie das folgende, Ihnen bereits bekannte Bild um die Arten der Materialien, die jeweils Gegenstand der materialwirtschaftlichen Aktivitäten sind!

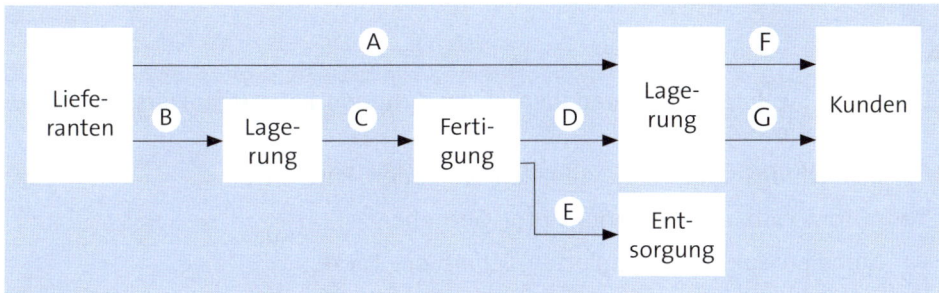

(2) Zeigen Sie, wohin die jeweiligen Materialien fließen!

(3) Materialien fließen inzwischen nicht mehr nur intern, sondern auch von Zulieferern. Bereits Henry Ford bezog die benötigten Kühler für seine Autos von Zulieferern.

Welche Sourcing-Techniken sind gegenwärtig bedeutsam?

Lösung s. Seite 211

Aufgabe 2:

Ein Unternehmen benötigt zehn verschiedene Materialien.

Teilenummer	Verbrauchsmenge in Stück	Wert in € pro Stück
1174	2.000	10
1175	1.000	8
1176	2.000	4
1177	500	60
1178	5.000	3
1179	500	10
1180	1.200	75
1181	12.000	10
1182	500	6
1183	1.000	1

(1) Ermitteln Sie

  ► die prozentuale Verteilung der Mengen und Werte

  ► die Rangfolge der Materialien

  ► A-, B-, C-Güter.

(2) Stellen Sie das Ergebnis grafisch dar!

(3) Worin bestehen grundsätzlich die Vorteile einer ABC-Analyse für die Unternehmen?

(4) Geben Sie Beispiele, wie C-Güter in Unternehmen behandelt werden sollten!

Lösung s. Seite 211

Aufgabe 3:

(1) Ordnen Sie folgende Materialien in die Gruppen Rohstoffe, Hilfsstoffe bzw. Betriebsstoffe ein:

- ► Bekleidungsindustrie: Textilballen, Nähfaden, Putzmittel
- ► Automobilbau: Karosserie, Motor, Getriebe
- ► Möbelproduktion: Spanplatten, Scharniere, Lacke.

(2) Welche Güter werden als Primärbedarf bezeichnet?

(3) Welche Stoffe sind Sekundärbedarf?

Lösung s. Seite 212

Aufgabe 4:

Viele Tätigkeiten werden heute durch IT unterstützt. Dennoch sind weiterhin die physischen Prozesse zu realisieren.

(1) Welche Schritte (Prozesse) der Materialverwaltung werden überwiegend manuell abgewickelt?

(2) Eine Bestellung wurde über IT beim Lieferanten veranlasst. Dadurch stehen eine Reihe von Informationen beim Lieferanten fest. Welche Arbeitsschritte (z. B. beim Buchkauf über Amazon) werden dadurch erleichtert, verkürzt oder entfallen völlig?

(3) Wie wichtig sind fundierte Daten beim Einsatz von IT?

Lösung s. Seite 213

Aufgabe 5:

Die Materialverteilung hat vor allem für einen reibungslosen Materialfluss zu sorgen. Dabei gilt es die gesamte Materialflusskette – vom Lieferanten bis zum Kunden – aufeinander abzustimmen. Die Distributionsfunktion sorgt insbesondere für die auftragsspezifische Zusammenstellung der einzelnen Artikel- oder Materialpositionen im Rahmen der Kommissionierung.

(1) Nennen Sie Vorgänge, die heute IT-gestützt ablaufen!

(2) Nennen Sie Einrichtungen und Lagerhilfsmittel, welche die Tätigkeiten im Lager unterstützen!

Lösung s. Seite 213

Aufgabe 6:

Zur Einhaltung der Forderungen des Umweltschutzes setzen die Unternehmen Umweltbeauftragte ein. Diese kontrollieren die Einhaltung gesetzlicher und sonstiger Auflagen und wirken auf die Einhaltung der Umweltbelange im Unternehmen ein. Das Tätigkeitsfeld umschließt somit die gesamte Kette im Materialfluss.

(1) Welche Gesetze in der Abfallwirtschaft bilden die Grundlage für die Tätigkeit?

(2) Welche Aufgaben kommen auf einen Beauftragten zu?

Lösung s. Seite 213

Aufgabe 7:

Unternehmen verfügen heute über Programme, die einen zentralen Zugriff auf die Daten über eine Datenbank ermöglichen. Hierdurch kann ein schneller Informationsfluss, aber auch eine zentrale Steuerung der Einkaufspolitik realisiert werden. Der zentrale Zugriff auf die Datenbank erlaubt aber auch den Fachabteilungen eine dezentrale Verfügbarkeit.

(1) Nennen Sie betriebliche und außerbetriebliche Einflussfaktoren auf die Gestaltung der Organisation in der Materialwirtschaft!

(2) Welche Aufgaben bei Großunternehmen und Holdings sollten zentral in einer Stabsstelle bzw. dezentral in den Unternehmen durchgeführt werden?

(3) Zentrale Organisationsformen werden häufig unter dem Aspekt dirigistischer Maßnahmen gesehen. Sollten die Prozesse daher eher dezentral organisiert werden?

(4) Inwieweit werden mit dem EFQM (European Foundation for Quality Management) und der Balanced Scorecard gesamtlogistische Prozesse angesprochen?

Lösung s. Seite 213

Aufgabe 8:

Es gibt verschiedene Möglichkeiten der Gliederung in Unternehmen. In unserem Fall gilt eine Gliederung nach dem Objektprinzip im Einkauf, wobei für jede Produktgruppe folgende Tätigkeiten durchzuführen sind: Beschaffungsinformationen besorgen, Bestellen und Einkaufen, Wareneingang überwachen und Rechnungsprüfung.

(1) Wie könnte eine Gliederung nach dem Verrichtungsprinzip aussehen?

(2) Welche anderen Gliederungsprinzipien sind auch denkbar?

(3) Durch Supply Chain Management (SCM) entstehen neue Strukturen, die zu neuen Zielen führen. Beschreiben Sie, was im Rahmen des SCM geschieht und nennen Sie die daraus resultierenden Ziele!

Lösung s. Seite 214

Aufgabe 9:

Das CIM-Konzept stellt einen Rahmen dar, wie die Prozesse mit Unterstützung des Computers ablaufen. Wichtig sind die drei Komponenten: Datenbank, PPS und CA-Komponenten. In der Datenbank werden Angaben zu Materialien, zu den Strukturen in der Stückliste, zu den Tätigkeiten in Arbeitsplänen und Maschinen gemacht.

(1) Welche Tätigkeiten des PPS sind aus materialwirtschaftlicher Sicht bedeutsam?

(2) Was wird unter Betriebsdatenerfassung verstanden?

(3) Produktionsprozesse üben einen hohen Einfluss auf Kosten, Qualität und Rentabilität aus, sodass es wichtig ist, die Produktion zum Zeitpunkt des Auftragseingangs (**Push-Vorgehen**) auch zu starten.

Man kann sich aber auch vorstellen, dass ausgehend vom errechneten Liefertermin der Auftrag (**Pull-Vorgehen**) zurückgerechnet wird. Damit lenkt der Liefertermin alle Aktivitäten, sodass sich diese auf die späteste Bindung der Materialien beziehen.

Welchen Einfluss haben diese Vorgehensweisen auf die Kapitalbindung? Warum hat gerade die Auftragsfertigung ein Interesse an der Orientierung am Liefertermin?

(4) Bereits mit dem Aufkommen von CIM und KAIZEN wurden zur Unterstützung der Methoden die „7 Tools" und die **„Seven New Tools"** als Erweiterung eingesetzt. Auf welche Daten wird dabei zugegriffen?

Lösung s. Seite 215

Aufgabe 10:

Das Konzept des Qualitätsmanagements befähigt ein Unternehmen seine Tätigkeiten über die gesamte Prozesskette hinweg zu dokumentieren und diese Tätigkeiten einem kontinuierlichen Verbesserungsprozess (KVP) zu unterziehen. Wie bei TÜV oder Dekra werden sämtliche Prozesse auf ihre Funktionsfähigkeit überprüft und zertifiziert.

(1) Welche Funktionsbereiche sind hier angesprochen?

(2) Wie können Fehler entdeckt werden?

(3) Eine große Anzahl an Techniken zur Steuerung von Prozessen wird heute eingesetzt, um sichere Entscheidungen zu fällen. Vor allem sind dies EFQM, QFD, FMEA, Poka Joke, KAIZEN. Was soll durch diese Methoden erreicht werden?

(4) Warum legt *Ohno* im „Toyota Production System" großen Wert auf „Muda, Muri, Mura"?

Lösung s. Seite 216

Aufgabe 11:

Erläutern Sie, was unter folgenden Begriffen zu verstehen ist:

- Material-Logistik
- Materialwirtschaft
- Material
- Rohstoff
- Hilfsstoff
- Betriebsstoff
- Werkstoff
- Zulieferteil
- Erzeugnis
- Waren
- Verschleißwerkzeug
- Standardisierung
- Normung
- Typung
- Baukasten
- Mengenstandardisierung
- ABC-Güter
- ABC-Analyse
- Wertanalyse
- Nummerung
- Nummernschlüssel
- Klassifizierender Nummernschlüssel
- Verbundschlüssel
- Materialbeschaffung
- Sekundärbedarf
- Tertiärbedarf
- Materiallagerung
- Materialverteilung
- Logistik
- Materialentsorgung
- Abfallwirtschaft
- Abfallbegrenzung
- Abfallbehandlung
- Stab-Linien-Organisation
- Sparten-Organisation
- Matrix-Organisation
- Organisationsprinzipien
- CIM
- Grunddatenverwaltung
- PPS-System
- CAD
- CAM
- CAE
- Lagerbuchhaltung
- Lagerbewegung
- Lagerstatistik
- Qualität
- Qualitätsmanagement
- MRP I/MRP II
- ERP-Systeme
- Operations Management
- Lean Management
- ECR
- Prozess.

Lösung s. MiniLex Seite 237 ff.

Aufgabe 12:

(1) Zeigen Sie, bei welchen Fertigungstypen Lageraufträge bzw. Kundenaufträge eingesetzt werden!

	Lageraufträge	Kundenaufträge
Einzelfertigung		
Massenfertigung		
Kleinserienfertigung		
Großserienfertigung		

(2) Bei welchen Aufträgen kann das Unternehmen auf sichere Planungsgrundlagen zurückgreifen?

Lösung s. Seite 217

Aufgabe 13:

Unternehmen sind verpflichtet, ihre Produkte zum Liefertermin an den Kunden zu liefern. Hier sind besonders die Beschaffung der Teile und die Durchlaufzeit zu berücksichtigen.

(1) Zeigen Sie, wie die Durchlaufzeit beeinflusst werden kann, wenn Bestellvorgang, Auftragsbestätigung, Transport und Warenannahme von jetzt 5 Tagen je Tätigkeit (gesamt = 20 Tage) auf drei Tage je Tätigkeit gekürzt werden sollen.

(2) Welche Durchlaufzeit ergibt sich:

Fertigungsstufe	Teileart	Fertigungszeit in Tagen
1	Zusammenbau E1	3
2	Baugruppe G7	7
3	Baugruppe G8	3
4	Einzelteil T5 Einzelteil T6 Einzelteil T7	5 6 7

(3) Berechnen Sie, an welchem Fabriktag der Auftrag (inkl. Bestellzeit) zu starten ist, wenn der Liefertermin auf dem Fabriktag 150 liegt!

Lösung s. Seite 217

Aufgabe 14:

Folgende Stückliste ist gegeben:

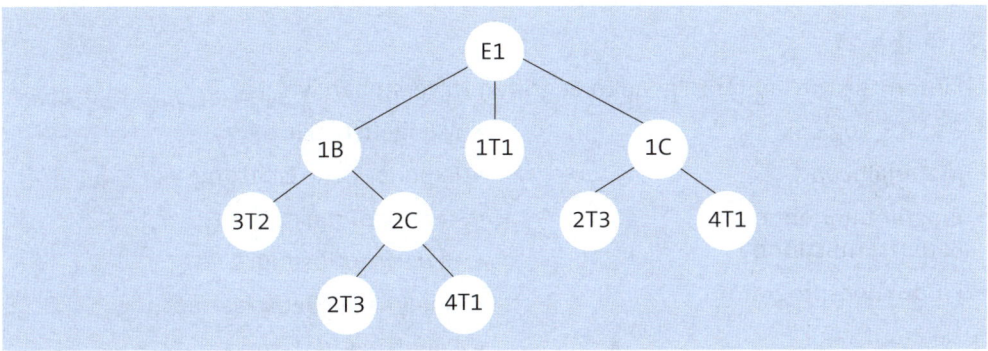

(1) Stellen Sie dies als Strukturstückliste dar!

(2) Entwickeln Sie daraus Baukastenstücklisten!

Lösung s. Seite 218

Aufgabe 15:

Die Dispositionsstückliste zeigt, wie viel Teile und zu welchem Zeitpunkt (Dispositions-stufe) zu disponieren (planen) sind.

(1) Angenommen ein Kunde wünscht 1.000 Produkte des Erzeugnisses E1 aus obigem Beispiel. Welche Mengen sind zu planen?

(2) Wie sieht eine Berechnung für T4 aus?

Lösung s. Seite 219

Aufgabe 16:

Die ermittelten Werte unterliegen einem Fehler, der zu Umsatzausfall, zusätzlichen Fehlmengenkosten oder unnötiger Kapitalbindung führen kann. Die mittlere absolute Abweichung (MAD) ermöglicht die Ermittlung des Sicherheitsbestandes.

$$MAD = \frac{\text{Summe der absoluten Differenzen}}{\text{Anzahl der Differenzen}}$$

(1) Berechnen Sie den Wert für MAD

Vorhersagewert alt	Tatsächlicher Verbrauch	Differenz absolut
100	105	5
102	110	8
108	105	3

(2) Wie hoch sollte der Sicherheitsbestand gewählt werden?

Lösung s. Seite 219

Aufgabe 17:

Erläutern Sie, was unter folgenden Begriffen zu verstehen ist:

- Bedarfs-Logistik
- Materialbedarf
- Programmorientierte Bedarfsermittlung
- Produktionsprogramm
- Lagerauftrag
- Bruttobedarf
- Zusatzbedarf
- Nettobedarf
- Fabrikkalender
- Beschaffungszeit
- Durchlaufzeit
- Vorlaufzeit
- Erzeugnisbeschreibung
- Stückliste
- Strukturstückliste
- Baukastenstückliste
- Variantenstückliste

- Mengenstückliste
- Exponentielle Glättung
- Verwendungsnachweis
- Bedarfsauflösung
- Analytische Bedarfsauflösung
- Renetting-Verfahren
- Gozinto-Verfahren
- Fertigungsstufen-Verfahren
- Dispositionsstufen-Verfahren
- Synthetische Bedarfsauflösung
- Verbrauchsorientierte Bedarfsauflösung
- Vorhersagezeitraum
- Vorhersagehäufigkeit
- Vorhersagemethoden
- Fehlervorhersage
- Mittelwert-Verfahren.

Lösung s. MiniLex Seite 237 ff.

Aufgabe 18:

Die verbrauchsgesteuerte Disposition ist bei C-Teilen gut geeignet. Voraussetzung ist eine kontinuierliche Bestands- und Bedarfsfortschreibung.

(1) Wie wird der Bestellpunkt ermittelt?

(2) Bei welchem Bestellpunkt muss eine Bestellung in der optimalen Bestellmenge ausgelöst werden, wenn der Sicherheitsbestand 8.000 Stück, die Beschaffungsdauer 5 Tage sind und pro Tag 2.000 Stück verarbeitet werden?

(3) Wie weit reicht der Sicherheitsbestand?

(4) Wie kann dies durch EDV (z. B. in einem Supermarkt) optimiert werden?

(5) Bestandsführung (engl. = Inventory) wird durch Software gestützt vielfach überflüssig, da diese Aufgabe oft an die Lieferanten übertragen ist. Auf welche Weise kann dies geschehen?

Lösung s. Seite 219

Aufgabe 19:

Häufig ist eine exakte Ermittlung des Servicegrades und damit der Fehlmengenkosten nicht möglich. Daher werden heute Politiken eingesetzt, die keine optimalen sondern praxisorientierte Lösungen darstellen. Entscheidungsgrößen sind dabei Bestellmengen bzw. Bestellzeitpunkte.

(1) Ordnen Sie die Bestandsstrategien in folgendes Schema ein:

Bestellmenge / Bestelltermine	fest	variabel
fest		
variabel		

(2) Welche Strategien werden heute nur noch selten eingesetzt?

(3) Beschaffungsvorgänge bedingen ein Vertrauensverhältnis zwischen den Lieferanten und den Kunden. Wie hat sich die Zusammenarbeit der Lieferanten und Kunden aufgrund so genannter Supply Chains weiterentwickelt?

Lösung s. Seite 220

Aufgabe 20:

Typische Anwendungsbereiche für das Bestellrhythmusverfahren sind Überprüfungen von Schüttgütern, Tankladungen und Silos.

(1) An welche Voraussetzungen ist dies geknüpft?

(2) Welche zwei Kennzeichen charakterisieren dieses Verfahren?

(3) Zeichnen Sie ein Modell dieses Verfahrens!

Lösung s. Seite 220

Aufgabe 21:

Heute werden zur Steuerung der Lagerbestände EDV-Verfahren eingesetzt. Diese erlauben ein permanentes Abgleichen der Bestände zwischen Bedarf und Bestand. Dies hat starke Auswirkungen auf die ermittelten Zeiten und gibt auch eine höhere Sicherheit in der Bestandsführung.

(1) Wie kann auf diese Prozesse eingewirkt werden?

(2) Wie kann eine Reduzierung der Kapitalbindung im Lager erreicht werden?

(3) Bestände stellen gebundenes Kapital dar. Wichtig ist deshalb, durch Logistik und PPS-Planungen eine Reduzierung der Bestände durch entsprechende Gestaltung der Prozesse zu bewirken.

    a)   Wie kann eine Absenkung der Bestandshöhen erreicht werden?

    b)   Welche Gründe sind maßgeblich für hohe Bestände und deren Beseitigung?

Lösung s. Seite 221

Aufgabe 22:

Die Erfassungsmethoden des Materialverbrauchs sind bedeutsam für das Ermitteln der Materialkosten. Gerade die Materialwirtschaft wird heute weitgehend IT-gestützt abgewickelt.

(1) Welche Vorteile bietet die Fortschreibungsmethode?

(2) Wie groß ist der aktuelle (18.11.2014) Endbestand?

Datum	Zugang	Abgang	Bestand
01.10.2012			2.000
05.10.2012	1.000		
05.10.2012		1.500	
15.10.2012		300	
02.11.2012	1.500		
07.11.2012		800	
18.11.2012		1.200	

Lösung s. Seite 222

Aufgabe 23:

Bestandsbewegungen werden durch verschiedene betriebliche Stellen veranlasst. Diese Bewegungen werden dokumentiert durch Belege, die einen Hinweis auf den Verursachungsgrund geben. Hier ist bei jedem Vorgang auch eine Prüfung auf die Ordnungsmäßigkeit vorzunehmen.

(1) Geben Sie zu folgenden Vorgängen eine korrespondierende Größe an, die diesen ausgelöst hat!

    ► Materialeingang

    ► Eigenfertigung

    ► interne Entnahme

    ► externe Entnahme

    ► Reservierung

    ► Beschaffung

    ► Stornierung

(2) Im Materialstammsatz werden neben dem Materialbestand weitere Bestandsgrößen geführt. Nennen Sie einige dieser Bestandsgrößen!

Lösung s. Seite 222

Aufgabe 24:

(1) Bearbeiten Sie folgenden Angebotsvergleich in Euro:

Angebotspreis		5.000,00	6.000,00	5.500,00
- Rabatt	20 %	1.000,00	1.200,00	1.100,00
- Bonus	10 %	500,00	600,00	550,00
+ Mindermengenzuschlag	3 %	150,00	180,00	165,00
- Zieleinkaufspreis		3.650,00	4.380,00	4.015,00
- Skonto	3 %	109,50	131,40	120,45
- Bareinkaufspreis		3.540,00	4.248,60	3.894,55
+ Bezugskosten		500,00	700,00	300,00
= Einstandspreis		4.040,50	4.948,60	4.194,55

(2) Wie könnten diese Preise mit einem Durchschnittspreis angesetzt werden?

(3) Kundenanforderungen sind heute vielfältig und bedingen hohe Lagerbestände. Auch wird am Markt eine hohe Präsenz an Produkten erwartet. Im Folgenden sind Fragen zur Bedarfsermittlung und Bestandsführung zu stellen:

   a) Unternehmen bedienen Märkte. Dazu sind Kundenanforderungen zu beachten. Kundenwünsche bedingen eine höhere Vielfalt und **Varianten** an Produkten. Inwiefern hat dies Auswirkungen auf die Datenhaltung (speziell Stücklisten, Arbeitspläne, Netzwerke)?

   b) Produkte werden gegenwärtig vielfach in großen Stückzahlen gefertigt. Kann der Markt durch **Mass Customization** (= kundenbezogene Massenproduktion) darauf reagieren?

   c) Inwieweit lohnt sich heute der Einsatz von statistischen Verfahren zur Bedarfsermittlung bei **C-Teilen**?

Lösung s. Seite 222

Aufgabe 25:

Erläutern Sie, was unter folgenden Begriffen zu verstehen ist:

- Bestands-Logistik
- Materialbestand
- Lagerbestand
- verfügbarer Bestand
- disponierter Bestand
- Sicherheitsbestand
- Meldebestand
- Höchstbestand
- Bestandsstrategien
- Lieferbereitschaftsgrad
- Fehlmengenkosten
- Bestandsergänzung
- Bestellpunkt-Verfahren
- Reihenfolge-Verfahren
- Vorratsbehälter-Verfahren
- Bestellrhythmus-Verfahren
- Isteindeckungszeit

- Solleindeckungszeit
- Bestandsführung
- Skontrationsmethode
- Inventurmethode
- retrograde Methode
- Inventur
- verlegte Inventur
- Stichprobeninventur
- Stichtagsinventur
- permanente Inventur
- Bestandsbewegungen
- Anschaffungswert
- Fifo-Verfahren
- Wiederbeschaffungswert
- Tageswert
- Verrechnungswert
- Bestandsüberwachung.

Lösung s. MiniLex Seite 237 ff.

Aufgabe 26:

(1) Ein Konzern ist als Holding organisiert. Die einzelnen Unternehmenseinheiten betätigen sich selbstständig auf eigenen regionalen und überregionalen Märkten sowie in unterschiedlichen Branchen.

    a) Ein Automobilwerk produziert an verschiedenen Standorten Pkw, Lkw, Omnibusse, Spezialfahrzeuge. Wie kann die Beschaffung realisiert werden?

    b) Welche Art der Gliederung ist sinnvoll?

(2) Bei Klein- und Mittelbetrieben erfolgt i. d. R. eine zentrale Beschaffung. Worin sind ihre Vorteile zu sehen?

Lösung s. Seite 223

Aufgabe 27:

Die Beschaffungsmarktforschung bietet eine Fülle von Informationsquellen an. Da Unternehmen heute auf qualitätsorientierte Lieferanten angewiesen sind, ist eine ständige Aktualisierung der Daten notwendig. Hier interessiert besonders, inwieweit die Lieferanten sich technisch weiterentwickeln und ihre Produkte einem kontinuierlichen Verbesserungsprozess unterziehen.

(1) Welche Methoden primärer Marktforschung sind lohnend?

(2) Welche Methoden sekundärer Marktforschung sind lohnend?

Lösung s. Seite 224

Aufgabe 28:

In vielen Unternehmen wird die Einkaufsabteilung durch den gezielten Einsatz beschaffungspolitischer Instrumente zu einer strategischen Abteilung weiterentwickelt. Hier werden die Komponenten Güter, Märkte, Preise und Lieferanten in eine Gesamtkonzeption eingebunden.

(1) Nennen Sie dazu jeweils strategische Forderungen an den Einkauf!

(2) Was versteht man unter Systemlieferanten?

(3) Eine Beschaffungsmethode, die heute vielfach als **„Milk Run"** bezeichnet wird, ist doch im Grunde eine alte und bekannte Methode. Was stellen Sie sich darunter vor und inwieweit trägt diese Methode zur optimalen Beschaffung bei?

(4) Die Lieferanten und deren Vorlieferanten sind in Form einer Pyramide zu sehen, bei der das Unternehmen, das den Endkunden beliefert, an der Spitze der Pyramide steht. Welche Formen der Zusammenarbeit finden sich?

Lösung s. Seite 224

Aufgabe 29:

Die Fertigung nach KANBAN bezieht sich auf innerbetriebliche Produktionsvorgänge. Dagegen beschreibt Just-In-Time die Beziehungen zwischen Unternehmen, die ihre Liefermengen gegenseitig abstimmen. Dies setzt eine Homogenisierung der Verbrauchszahlen zwischen den beteiligten Unternehmen voraus.

(1) Welche Ziele sind zu formulieren?

(2) Welche Planungsansätze bieten sich an?

(3) Aus welchen Gründen wurde in Japan KANBAN entwickelt? Inwieweit lassen sich diese Aufgaben auch als eKANBAN realisieren?

(4) Begriffe wie Just-In-Time (JIT) und Just-In-Sequence (JIS) sind seit einigen Jahren überall gebräuchlich. Welche systemtechnischen Voraussetzungen müssen gegeben sein, damit das ihnen zu Grunde liegende „In Time" funktioniert und welche Vorteile sind mit ihnen verbunden?

Lösung s. Seite 225

Aufgabe 30:

Beschaffungstermine sind stark davon abhängig, ob es sich um A-, B- oder C-Teile handelt.

(1) Kennzeichnen Sie folgende Situationen mit V (= Verbrauchsgesteuert) bzw. mit B (= Bedarfsgesteuert) und geben Sie an, ob es sich um A-, B- oder C-Teile handelt!

Ein Rentner füllt im Supermarkt Regale auf.		
Firma Würth ergänzt nach Lieferrhythmus das Schraubenlager beim Kunden.		
Daimler beliefert die Reparaturabteilung der Niederlassung mit angeforderten Teilen.		
Eine Firma liefert Cockpits und Airbags direkt an die Fertigungsstraße.		
Der Apothekengroßhandel beliefert alle 4 Stunden die Apotheken.		

(2) Wie sind die Ergebnisse zu interpretieren?

Lösung s. Seite 226

Aufgabe 31:

Eine Boutique hat einen Lagerbestand von 1.000 Artikeln deren Einstandspreis im Durchschnitt bei 120 € liegt. An Lagerkosten sind zu beachten:

Miete	3.000 €/Mon.	36.000 €
Personalkosten	5.000 €/Mon.	60.000 €
Abschreibungen		10.000 €
Diebstahl, Veralterung		5.000 €
Sonstiges (Heizung, Beleuchtung)		6.000 €
Gesamtbetrag		117.000 €

(1) Wie groß sind die jährlichen Zinskosten bei 12 % Bankzinsen?

(2) Wie groß ist der Lagerhaltungskostensatz?

(3) Wie groß sind Zins- und Lagerkosten pro Jahr?

Lösung s. Seite 227

Aufgabe 32:

Neben Materialkosten fallen besonders Lohnkosten und Gemeinkosten im Unternehmen an. Multipliziert man die Bindungsdauer des Umlaufvermögens mit den täglich anfallenden Auszahlungen, erhält man den Umlaufkapitalbedarf. Folgende Daten liegen zu Grunde:

Rohstoff-Lagerdauer	20 Tage
Lieferantenziel	15 Tage
Vorproduktion	8 Tage
Zwischenlager	3 Tage

Endmontage	12 Tage
Endlager	5 Tage

(1) Berechnen Sie den Kapitalbedarf für das eingesetzte Material, wenn mit einem Materialeinsatz von ca. 5.000 € zu rechnen ist!

(2) Kann auf den Kapitaleinsatz eingewirkt werden, wenn die Bindungsdauern reduziert werden?

Lösung s. Seite 227

Aufgabe 33:

Für das Jahr 2012 benötigt ein Unternehmen 2.000 Mengeneinheiten eines Materials, dessen Einstandspreis 5 € beträgt. Die Bestellkosten für eine Bestellung betragen 60 €, der Lagerhaltungskostensatz liegt bei 20 %.

(1) Ermitteln Sie die optimale Beschaffungsmenge!

(2) Ermitteln Sie die optimale Bestellhäufigkeit!

(3) Zeigen Sie rechnerisch und grafisch, wie sich die Bestellkosten verhalten, wenn mit einer Bestellung jeweils 1, 10, 100, 500, 1.000, 2.000 Einheiten bestellt werden!

Lösung s. Seite 227

Aufgabe 34:

Unternehmen stehen oft vor der Frage, welche Kriterien bei der Nutzwertanalyse eingesetzt werden sollen. Es empfiehlt sich folgende Kriterien zur Gewichtung heranzuziehen:

Kriterien	Gewicht
Preis	5
Qualität	2
Lieferzeit	2
Service	1

(1) Welche weiteren Kriterien wären möglich?

(2) Führen Sie eine Analyse durch, wobei folgende Beurteilungen vorliegen:

Kriterien	Beurteilung Firma A	Beurteilung Firma B
Preis	Gut	Sehr gut
Qualität	Gut	Befriedigend
Lieferzeit	Gut	Gut
Service	Befriedigend	Ausreichend

(3) Lieferanten werden im Vergleich zu früher anders gesehen, wenn man von Vertrauen, Zuverlässigkeit, Qualität und Wertschöpfungspartner spricht. Die Forderung nach hoher Verlässlichkeit ist zurückzuführen auf Prozesse in einem globalen Sourcing.

Welche Kriterien sind aus qualitativer bzw. quantitativer Sicht zu beachten?

Lösung s. Seite 228

Aufgabe 35:

In der Praxis wird heute eine Bestellung IT-mäßig abgewickelt. Als internationale Grundlage dazu dient EDI-FACT.

(1) Welche Vorteile bringt diese Vorgehensweise den Unternehmen?

(2) Irrtümlicherweise werden Bremsen (ABS) zu Audi statt zu BMW geschickt und dort eingebaut. Wie ist zu verfahren?

(3) Wie werden folgende Rechtsgeschäfte behandelt?

- ► Rahmenvertrag

- ► Kauf auf Abruf

- ► Konsignationslagervertrag

- ► Streckengeschäft

(4) Beschaffungsvorgänge laufen auf der Grundlage von Software ab. Inwieweit kann ein „Warehouse-Management" sämtliche Vorgänge der Märkte und der Logistik steuern?

Lösung s. Seite 229

Aufgabe 36:

Bei Angebotsvergleichen sind Preis, Lieferbedingungen und Zahlungsbedingungen von hoher Bedeutung. Ein Einwirken auf diese Kriterien zeigt, welche Angebote besonders vorteilhaft sind.

(1) Welche Preisklauseln sind zu beachten?

(2) Welche Zahlungsbedingungen haben einen Einfluss auf den Endpreis?

(3) Welche Lieferbedingungen sind vor allem wichtig?

Lösung s. Seite 230

Aufgabe 37:

Erläutern Sie, was unter folgenden Begriffen zu verstehen ist:

- ► Beschaffungs-Logistik
- ► Materialbeschaffung
- ► Beschaffungsmarktforschung
- ► Marktanalyse
- ► Marktbeobachtung
- ► Sekundärforschung
- ► Primärforschung
- ► Markt
- ► Beschaffungsprinzipien
- ► Vorratsbeschaffung
- ► Einzelbeschaffung
- ► Fertigungssynchrone Beschaffung
- ► Just-In-Time-Beschaffung
- ► Beschaffungswege
- ► Beschaffungstermi
- ► Beschaffungskosten
- ► Bestellkosten
- ► Lagerhaltungskosten
- ► Lagerhaltungskostensatz
- ► Fehlmengenkosten

- ► optimale Beschaffungsmenge
- ► optimale Bestellhäufigkeit
- ► Angebot
- ► Angebotsprüfung
- ► Bestellung
- ► Kauf
- ► Erfüllungszeit
- ► Gewicht
- ► Verpackung
- ► Erfüllungsort
- ► Preis
- ► Zahlungsbedingungen
- ► Lieferbedingungen
- ► Beschaffungskontrolle
- ► Elektronische Kataloge
- ► E-Procurement
- ► MRO-Produkte
- ► Sourcing
- ► Auktionen.

Lösung s. MiniLex Seite 237 ff.

Aufgabe 38:

Unternehmen sind über Programme miteinander verkettet. In der Folge von PPS II wurden neue Softwarelösungen entwickelt, die über den Rahmen von PPS-Systemen hinausgehen. Ist APS eine Lösung, die übergreifend Unternehmen bei der Gestaltung von Plänen unterstützt?

Lösung s. Seite 230

Aufgabe 39:

Erläutern Sie, was unter folgenden Begriffen zu verstehen ist:

- Produktions-Logistik
- Programmplanung
- Fließfertigung
- Serienfertigung
- Outsourcing
- Auftragsverwaltung
- Informationen
- Netzplan

- Durchlaufterminierung
- Kapazitätsterminierung
- Rückwärtsterminierung
- Losgröße
- Durchlaufzeit
- Priorität
- BDE.

Lösung s. MiniLex Seite 237 ff.

Aufgabe 40:

(1) Der Bedeutung des Wareneingangs ist in der Schnittstelle zwischen Lieferung und der weiteren Verwendung des Materials gemäß der logistischen Kette zu sehen. Hier hat der Empfänger der Ware seine Pflicht zur Untersuchung der Warensendung und evtl. der Mängelrüge wahrzunehmen.

    a) Welche Tätigkeiten laufen im Wareneingang ab?

    b) In welchen Einzelschritten läuft dies ab?

    c) Wie kann auf die Einhaltung der Liefertermine eingewirkt werden?

    d) Der Begriff „Kapazitätsmanagement" greift auf die Produktionsgegebenheiten zu. Inwieweit können Unternehmen ihre Produktion bezüglich ihrer Kapazität dynamisch anpassen?

(2) Die Industrie kennt folgende Fertigungstypen: Einzelfertigung, Kleinserienfertigung, Großserienfertigung, Massenfertigung. Dabei macht die Komplexität der zugekauften Teile und Module eine Prüfung der Qualität und der Funktionsfähigkeit empfehlenswert. Der Einbau fehlerhafter Teile und eine evtl. Verschrottung hätte einen negativen Einfluss auf die Wertschöpfung.

    a) Wie wird bei Einzelfertigung und Kleinserienfertigung vorgegangen?

    b) Wie wird bei Großserienfertigung und Massenfertigung vorgegangen?

    c) Wie werden Produkte behandelt, die just-in-time zugeliefert werden?

    d) Wie kann auf den Prüfungsumfang und die Prüfungskosten eingewirkt werden?

Lösung s. Seite 230

Aufgabe 41:

(1) Läger sind vielfach in den Produktionsfluss integriert und folgen dem Produktionsdurchlauf. Dieser Ablauf ist: Wareneingang – Teilefertigung – Vormontage – Endmontage – Endprodukt.

- ► Wo entstehen Läger?
- ► Wie kann die Einlieferung der Materialien durch genormte Verpackungsbehälter unterstützt werden?
- ► Kann durch Outsourcing die Planungssituation verbessert werden?

(2) Hochregallager (HRL) haben gegenüber traditionellen Lägern den Vorteil, dass über ein automatisiertes Zugriffsystem die vielen Lagerplätze schnell erreicht werden können. Voraussetzung sind HRL-Rechner, die jederzeit Auskunft geben können, welches Material welchen Lagerplatz belegt und welcher Platz mit welchem Material belegt ist.

- ► Warum finden sich HRL bevorzugt im Kommissionierungsbereich des Warenausgangs bzw. im Ersatzteillager?
- ► Wie kann verhindert werden, dass im HRL Materialien mit hoher Umschlagshäufigkeit lange Transportwege haben?
- ► Was bedeutet chaotische Lagerung?

(3) Lagerung unterbricht den Bearbeitungsprozess. Läger haben damit neben der Lagerfunktion auch eine Ausgleichsfunktion in Bezug auf die Bestände. Sie verursachen Kosten (Lagerkosten, Kosten für Administration, Instandhaltung). Gleichzeitig sind Läger auch mit Risiken verbunden, die in einer Fehlbelegung (Lagerhüter) bzw. fehlerhaften Belieferung bestehen können.

Mithilfe welcher Maßnahmen kann man auf den Bestand von Lägern einwirken?

Lösung s. Seite 231

Aufgabe 42:

In Supermärkten sind Regale, Packmittel und Fördermittel im Einsatz. Je nach Warentyp finden sich unterschiedliche Einsatzformen.

(1) Wie wird das Wiederauffüllen realisiert bei Waschmitteln, Küchenrollen, Weine?

(2) Wie sollten Milch, Säfte, Bier gelagert werden?

(3) Wo ist eine Blocklagerung sinnvoll?

(4) Welche Fördermittel stehen in Baumärkten zur Verfügung?

Lösung s. Seite 232

Aufgabe 43:

Erläutern Sie, was unter folgenden Begriffen zu verstehen ist:

- Lager-Logistik
- Materiallagerung
- Materialprüfung
- Belegprüfung
- Mengenprüfung
- Zeitprüfung
- Qualitätsprüfung
- Rechnungsprüfung

- funktionsbezogene Läger
- stufenbezogene Läger
- standortbezogene Läger
- gestaltungsbezogene Läger
- Regale
- Packmittel
- Fördermittel
- Auslagerung.

Lösung s. MiniLex Seite 237 ff.

Aufgabe 44:

Ein Unternehmen stellt Elektronikbauteile und Steuergeräte her. Diese sind in den Grundkomponenten bereits vorgefertigt. Geht ein Kundenauftrag ein, so werden die Teile in der Montage kundenbezogen fertig gestellt (2 Tage). Werden Sonderanfertigungen benötigt, so sind zusätzlich Entwicklungsarbeiten und Tests durchzuführen (8 Tage). Die Kommissionierung und die Verpackung beträgt 1 Tag, der Versand 1 Tag.

(1) Welche Ablaufschritte ergeben sich?

(2) Welche Gesamtzeit ergibt sich bei einem Normalauftrag?

(3) Welche Gesamtzeit ergibt sich bei einem Spezialauftrag?

Lösung s. Seite 233

Aufgabe 45:

Bei innerbetrieblichen wie kundenbezogenen Transporten sind Zeitaspekte und Kostenrelevanz zu beachten. Fuhrpark und Transportmittel verursachen fixe Kosten, die optimal zu planen sind. Werden verschiedene Außenläger geführt, so sind in diesen Lägern Mindestbestände vorzuhalten.

Einen hohen Kostenanteil stellen die Verpackungsaktivitäten dar. Hier wäre zu prüfen, ob nicht genormte Behälter eingesetzt werden, die in einem Behältermanagement zu planen sind. Kostenintensiv sind Leerfahrten und Fahrten mit geringer Beladung. Hier sollte die Belieferung zwischen Hersteller und Abnehmer in Transportlosen erfolgen.

(1) Welche Vorgehensweise bei Außenlägern schlagen Sie vor?

(2) Wie kann der Rücklauf bei Behältern gesichert werden?

(3) Sind feste oder variable Transporttouren vorteilhaft?

(4) Der Kunde verlangt, dass ihm die Waren innerhalb von 24 Stunden zugeliefert werden. Dies bedeutet, dass der Warenumschlag zu beschleunigen ist und Wartezeiten vermieden werden. Somit ist – neben JIT – die Logistik zu unterstützen, um Waren schneller umzuschlagen.

Welche Entwicklungen sind dabei festzustellen?

Lösung s. Seite 233

Aufgabe 46:

Unternehmen sind heute bestrebt, kundenorientiert zu handeln. Dazu gehört auch die Versorgung der Kunden mit Ersatzteilen, Ausfallteilen und Verschleißteilen. Hierbei können keine Lagerhaltungsmodelle über konkrete Abgänge zu Grunde gelegt werden. Ein hoher Sicherheitsbestand und damit ein hoher Servicegrad verursachen beträchtliche Kosten.

(1) Wie können Ersatzteile eingeteilt werden?

(2) Welche Vorgehensweise schlagen Sie vor?

(3) Gibt es weitere Kriterien für die Bevorratung?

(4) Haben Vertragshändler heute alle Ersatzteile auf Lager?

(5) Die Kommissionierung ist ein Vorgang, bei dem die Waren für den Kunden bereitgestellt werden. Dabei werden Zugriffe auf gelagerte Güter vorgenommen. Wie kann dieser Zugriff auf Waren beschleunigt werden?

(6) Logistikdienstleister unterstützen wesentliche Arbeiten bei der Durchführung der Distribution. Welche Aufgaben sind dabei wichtig und worin können die Ziele der Logistikdienstleister bestehen?

Lösung s. Seite 234

Aufgabe 47:

Erläutern Sie, was unter folgenden Begriffen zu verstehen ist:

- Distributions-Logistik
- Materialverteilung
- Logistik
- Material-Management
- Physical Distribution
- Auftragsbearbeitung
- Versand
- Lagerführung
- Transport
- Lieferservice
- Distributionskosten
- Kommissionierung
- Hol-Bringprinzip
- Supply Chain Management.

Lösung s. MiniLex Seite 237 ff.

Aufgabe 48:

Bei allen Gesetzen wird verlangt, dass die eingesetzten Verfahren nach dem derzeitigen Stand der Technik zu konzipieren sind. Hierunter werden Verfahren, Geräte und Anlagen verstanden, die die Anforderungen aus den Gesetzen wirkungsvoll unterstützen.

(1) Beschreiben Sie das Ziel des BImSchG und geben Sie Beispiele!

(2) Beschreiben Sie das Ziel des Abfallgesetzes (AbfG) und geben Sie Beispiele!

(3) Wie kann dies sichergestellt werden?

Lösung s. Seite 235

Aufgabe 49:

(1) Eine der Grundaufgaben ist Vermeidung vor Verwertung vor Entsorgung. Ergänzen Sie folgende Tabelle:

Aufgabe	Inhalt	Beispiel
Vermeiden		Wegfall von Verpackungen
	Suche nach Alternativen	schadstoffarme Lkws, Wiederverwendung von Kühlmitteln
Verwenden	Mehrfache Verwendung gebrauchter Produkte und Verpackungen	
Verwerten		Altglas, Altpapier, PET-Flasche
Vernichten		Deponie

(2) Die Globalisierung hat wesentliche Auswirkungen auf unsere Umwelt. Inwieweit kann die Logistik künftig zur Nachhaltigkeit beitragen?

Lösung s. Seite 235

Aufgabe 50:

Erläutern Sie, was unter folgenden Begriffen zu verstehen ist:

- Entsorgungs-Logistik
- Materialentsorgung
- Abfallrecht
- Abfallgesetze
- Abfallverordnungen
- Abfall

- Abfallwirtschaft
- Abfallbegrenzung
- Abfallbehandlung
- Recycling
- Abfallvernichtung
- Abfallbeseitigung.

Lösung s. MiniLex Seite 237 ff.

Lösung zu 1:

(1) Arten der Materialien
   – siehe nachstehende Tabelle –

(2) Bestimmungsorte der Materialien
   – siehe nachstehende Tabelle –

	Arten der Materialien	Bestimmungsorte der Materialien
A	Waren	Sie gehen als zugekaufte Güter in das Fertigwarenlager.
B	Roh-, Hilfs-, Betriebsstoffe Zulieferteile	Sie werden als fremdbezogene Teile dem Eingangslager zugeleitet.
C	Roh-, Hilfs-, Betriebsstoffe Zulieferteile	Sie werden für die Fertigung bereitgestellt.
D	Erzeugnisse	Sie fließen als Fertigerzeugnisse dem Fertigwarenlager zu.
E	Abfälle	Sie werden in einer Deponie in geordneter Weise abgelagert.
F	Waren	Sie werden als zugekaufte Güter an die Kunden geliefert.
G	Erzeugnisse	Sie gehen als Fertigerzeugnisse vom Fertigwarenlager an die Kunden.

(3) Gegenwärtig werden Schritte durchlaufen, die als Single-Sourcing, Dual-Sourcing und Multiple-Sourcing bezeichnet werden. Besonders bedeutsam sind zudem Global-Sourcing und Modular-Sourcing (auch als System-Sourcing bekannt), was darin begründet ist, dass China und andere Länder eine Entwicklung genommen haben, die diese über den Rahmen von Teilelieferanten hinaus zu Global-Partnern macht.

Lösung zu 2:

(1)

Teile-nummer	Verbrauchs-wert in €	Werte kumuliert	Anteile prozentual	Posi-tion	Mengen prozentual	Güter
1181	120.000	120.000	40,0 %	1	10,0 %	A
1180	90.000	210.000	70,0 %	2	20,0 %	
1177	30.000	240.000	80,0 %	3	30,0 %	B
1174	20.000	260.000	86,7 %	4	40,0 %	
1178	15.000	275.000	91,7 %	5	50,0 %	
1175	8.000	283.000	94,3 %	6	60,0 %	C
1176	8.000	291.000	97,0 %	7	70,0 %	
1179	5.000	296.000	98,7 %	8	80,0 %	
1182	3.000	299.000	99,7 %	9	90,0 %	
1183	1.000	300.000	100,0 %	10	100,0 %	

(2)

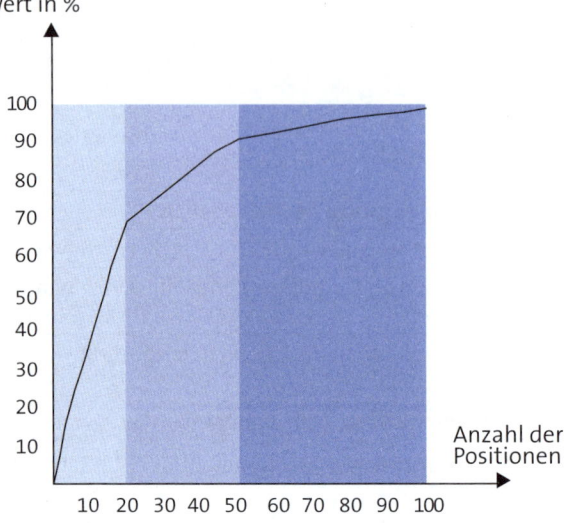

(3) Vorteile einer ABC-Analyse liegen für Unternehmen grundsätzlich darin

- ► das Wesentliche vom Unwesentlichen zu trennen
- ► die Schwerpunkte der Rationallisierungsarbeit gezielt festzulegen
- ► wirtschaftlich nicht wirkungsvolle Anstrengungen zu vermeiden
- ► die Wirtschaftlichkeit zu steigern.

(4) Für die **C-Güter** ist eine vereinfachte Behandlung zu empfehlen, z. B. indem

- ► mit Lieferanten monatliche oder Sammelrechnungen vereinbart werden
- ► telefonische Bestellungen vorgenommen werden
- ► die Zu- und Abgänge der Materialien pauschal gebucht werden
- ► die Sicherheitsbestände großzügig festgelegt werden
- ► die Meldebestände durch Markierungen gekennzeichnet werden
- ► weniger häufig größere Mengen bestellt werden.

Lösung zu 3:

(1)

Rohstoffe	Textilballen, Karosserie, Motor, Getriebe, Spanplatten
Hilfsstoffe	Nähfaden, Scharniere, Lacke
Betriebsstoffe	Putzmittel

(2) Anzüge, Automobile, Küchen

(3) Textilballen, Getriebe, Spanplatten

Lösung zu 4:

(1)

Materialeingang	Materialentnahme, Identitätsprüfung, Mengenprüfung, Qualitätsprüfung
Materiallagerung	Einlagerung, Auslagerung, Kommissionierung
Materialabgang	Terminkontrolle, Qualitätsprüfung

(2) Vergleich Lieferschein mit Bestellung
Überprüfung des Liefertermins
Erstellung der Materialeingangspapiere

(3) Eine Realisierung globaler Prozesse ist heute ohne IT nicht denkbar. Konzepte wie eProcurement, eSupply Chains, ERP, eMärkte (z. B. Amazon) usw. haben inzwischen große Bedeutung erlangt. Für diese Anwendungen werden Tools in Software entwickelt, die bei der Steuerung unterstützen.

Lösung zu 5:

(1) Erstellen der Versandpapiere und Rechnungen, Ermitteln von optimalen Tourenplänen

(2) Boden-, Regallagerung, Fachboden-, Palettenregale
Einfuhr-, Durchlauf-, Umlaufregale, Paternosterregale
Blocklager, Hochregallager

Lösung zu 6:

(1) Bundesimmissionsschutzgesetz (BImSchG) als Schutz vor Immissionen jeglicher Art

Wasserhaushaltsgesetz (WHG)

Abfallgesetz (AbfG)

(2) Kontrolle der Einhaltung der Gesetze

Hinwirkung auf Entwicklung und Durchführung Umwelt schonender Produkte und Prozesse

Hinweise auf Mängel

Einweisung und Schulung von Mitarbeitern

Lösung zu 7:

(1)

Betriebliche Einflussfaktoren	Organisation und Größe des Unternehmens, Art und Vielfalt der Materialien, Kosten des Materials (hinsichtlich ABC-Verteilung), Personalkapazität
Außerbetriebliche Einflussfaktoren	Größe und Anzahl der Lieferanten, Marktmacht der Lieferanten, Standort der Lieferanten

(2) Einrichtung einer Stabsstelle Materialwirtschaft in der Zentrale

Einrichtung von Abteilungen Materialwirtschaft in den einzelnen Geschäftsbereichen

(3) Nein, denn die Organisation der Läger ist als zentrale Lagerung effektiver. Die Versorgung gestaltet sich einfacher, wenn Waren direkt aus der Produktion einem Zentrallager zugeführt werden. Bei dezentraler Lagerung finden sich pro Lager jeweils verantwortliche Lagerleiter, die nach eigenen Regeln nur teilweise optimieren.

Zudem erreichen Zentralläger eine höhere Fixkostendegression, Investitionen erfahren eine schnellere Amortisation. Schließlich können die offenen Grenzen der EU bewirken, zentrale Läger einzurichten, die aufgrund unterschiedlich hoher Grundstücks-, Personal- und Transportkosten sowie Gebühren in einzelnen EU-Ländern Kostenvorteile mit sich bringen.

(4) Beide Verfahren unterteilen das betriebliche Umfeld in Kunden-, Mitarbeiter-, Prozess-, Finanz-, Wissensperspektive und garantieren auf diese Weise einen Erfolg. Prozessperspektiven überprüfen jeweils die Produktionsbedingungen und stellen somit eine Verknüpfung zu PPS dar. Besonders der zentrale Bereich mit „Vision and Mission" zeigt die Ausrichtung auf die gesamtlogistischen Ziele zur Prozessgestaltung.

Lösung zu 8:

(1) Es werden folgende Abteilungen geschaffen: Beschaffungsmarktforschung, Einkauf, Terminüberwachung und Rechnungsprüfung. Diese Abteilungen bearbeiten Aufgaben für die jeweiligen Produktgruppen, z. B. Elektronik, Kunststoffe, Bauteile.

(2) Gliederungsprinzipien können sein:

nach Märkten: BRD, Europa, Asien, Amerika

nach Branchen: Elektro, Elektronik, Stahl- und Gussteile

(3) Beim SCM handelt es sich um die Organisation sowie die Planung und Steuerung von Lieferketten. Wichtig ist dabei die IT-Integration aller am Prozess Beteiligten vom Lieferanten bis zum Kunden. Das Management umfasst Material- und Warenbewegungen samt Informationen über alle **Produktionsstufen** hinweg.

Ziele sind insbesondere:

► Steigerung des Nutzens für den Kunden

► Senkung der Bestände in der SCM-Kette und hohe Auswirkungen auf die Kosten

► schnellere Durchlaufzeiten der Aufträge.

Lösung zu 9:

(1)

Auftrags-steuerung	Marktdaten oder konkrete Kundendaten aus dem Produktionsprogramm, Freigabe, Verfolgung und Abschluss der Aufträge, Liefertermin
Kalkulation	Berechnung der Kosten- und Lieferdaten über die Machbarkeit des Auftrags
Primärbedarf	Ableitung der Fertigungsmengen aus dem Produktionsprogramm
Material-wirtschaft	Ermittlung konkreter Bedarfs-, Bestands- und Bestelldaten

(2) Die Betriebsdatenerfassung hat die Aufgabe, die im Produktionsprozess anfallenden Verbräuche an Materialmengen und deren Kosten zu erfassen. Daneben werden auch Auftragsdaten, Maschinendaten und Lohndaten festgehalten.

(3) Betrachtet man Produktionsprozesse, wird es weiterhin eine Form (**Push-Vorgehen**) geben, bei der beginnend bei der Teilefertigung über Baugruppenfertigung bis zur Montage gearbeitet wird. Wie Prozesse realisiert werden, hängt wesentlich von Kosten, Ausbringungsmenge und Qualität ab. Besonders die Teilefertigung erzielt dabei die geringsten Anteile an der **Wertschöpfung**. Somit ist diese Form durch hohe Ausbringungsmengen, geringe Wertschöpfung und wenig Variabilität in der Produktion bestimmt. Eine Entscheidung findet hier zu Gunsten einer Push-Produktion statt.

Dagegen werden bei der Auftragsfertigung (**Pull-Vorgehen**) Produkte hergestellt, die sich an den Wünschen der Kunden (z. B. bei Sondermaschinen) orientieren. Hier ist der Anteil an Wertschöpfung durch Baugruppen und Module sehr hoch, sodass diese aus Kostengründen sehr spät dem Produkt hinzugefügt werden, also nach Pull-Techniken organisiert werden. Zu beachten ist, dass es hierbei einen Übergang (Entkopplungspunkt) **von Push zu Pull** gibt, der zwar früh zu planen, jedoch erst spät zu realisieren ist.

(4) Im Textteil (vgl. Kapitel A.3.4.1) wurden die „sieben statistischen Werkzeuge" aufgeführt, die auch als „7 Tools" bezeichnet werden. Daneben sind auch die Verschwendungen (= Muda) wichtig. Um sie zu verhindern bzw. zu begrenzen, wird auch die **5-S-Methode** eingesetzt. Dabei handelt es sich um eine Abfolge, die im Wesentlichen auf Ordnung und Sorgfalt ausgerichtet ist. Sie umfasst:

- ► Seiri – Ordnung schaffen
- ► Seiton – am richtigen Ort aufbewahren
- ► Seiso – Sauberkeit
- ► Seiketsu – Ordnungssinn
- ► Shitsuke – Disziplin.

Die Weiterentwicklung der „7 Tools" führte in Japan zu den **„Seven New Tools"**. Dabei wird auf Daten zurückgegriffen, die Verfahren einbringen wie:

- ► Baumdiagramm
- ► Beziehungsdiagramm
- ► Affinitätsdiagramm

- Matrixdiagramm
- Entscheidungsdiagramm
- Netzplan
- Datenanalyse.

Lösung zu 10:

(1) Beschaffungswirtschaft, Lagerwirtschaft, Materialverteilung, Abfallwirtschaft

(2) Dies kann durch Elemente nach DIN EN ISO 9000 geschehen. Hier besonders durch Elemente wie „Lenkung fehlerhafter Produkte" und „Korrektur- und Vorbeugungsmaßnahmen".

(3) Neben KAIZEN als **„Wandel zum Besseren"** werden Techniken eingesetzt, die partielle Probleme lösen können:

- **QFD (Quality Function Deployment)** wird genutzt, um zu erfahren, was der Kunde will und was ergänzt oder weggelassen werden kann.

  Beispiel

  Rückspiegel – Welche Eigenschaften sollten diese besitzen? Was kann weggelassen werden? Wünscht der Kunde, dass mit dem Parken der Spiegel eingezogen wird?

- **FMEA (Fehlermöglichkeiten und Einflussanalyse)** dient dazu, Fehler in ihrer Auswirkung auf den Gebrauch eines Gutes zu ermitteln. Wichtig ist dabei die Eintrittswahrscheinlichkeit eines Fehlers.

  Beispiel

  Wie hoch ist die Fehlermöglichkeit, dass in der Innenverkleidung eines Flugzeugs brennbare Stoffe verwendet werden und wie hoch ist das Eintreffen eines Fehlers einzuschätzen?

- **Poka Joke** soll die Gestaltung der Prozesse so absichern, dass sich (in Anlehnung an REFA) keine Fehler ereignen.

  Beispiel

  Lötstellen an Chips sind so durch Schablonen zu kennzeichnen, dass die Möglichkeit, falsch zu löten, nicht gegeben ist.

▸ **KAIZEN** ist der bedeutendste Aspekt zur Qualität. Der Mitarbeiter soll ständig mitdenken und selbst zum Planer werden.

Beispiel

Mitarbeiter sind für Verbesserungen verantwortlich und werden im Verbesserungsmanagement dafür belohnt.

(4) *Ohno* hat früh erkannt, dass Fehler am Auto zu Reklamationen und/oder Rückrufaktionen führen. Das Gesamtkonstrukt mit „Muda, Muri, Mura", das sich auch in Deutschland durchgesetzt hat, wird ermöglicht durch:

▸ hohe Automatisierung der Prozesse

▸ Absicherung durch statistische Verfahren

▸ hohe Motivation der Mitarbeiter.

Lösung zu 11:

Siehe MiniLex S. 237 ff.

Lösung zu 12:

(1)

	Lageraufträge	Kundenaufträge
Einzelfertigung		x
Massenfertigung	x	
Kleinserienfertigung		x
Großserienfertigung	x	

(2) Großserien- und Massenfertigung erstellen ihre Produkte für den anonymen Markt. Hier werden Marktprognosen zu Grunde gelegt, die den Bedarf des Marktes festlegen. Dieser Bedarf ist mit hoher Unsicherheit verbunden.

Bei Einzelfertigung, Kleinserienfertigung liegen konkrete Kundenaufträge vor. Hier kann von einer hohen Planungssicherheit ausgegangen werden.

Lösung zu 13:

(1) Eine Beeinflussung der Bestellzeit ist möglich durch Bestellung mittels EDIFAKT, Auftragsbestätigung mittels E-Mail, Nachtauslieferung, Einsatz von automatischen Einlagerungsgeräten, Schichtarbeit.

(2)

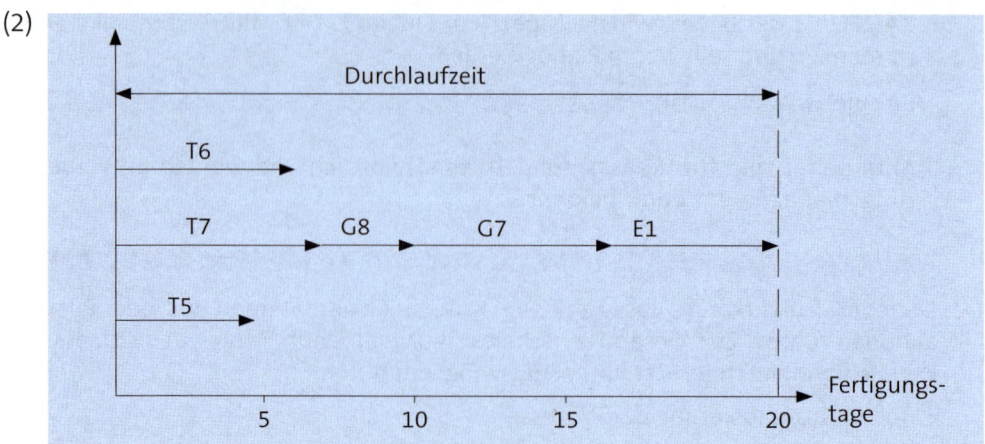

(3) Bestellzeit: 3 Tage • 4 = 12 Tage; Durchlaufzeit = 19 Tage; Fabriktag 150 - 31 = 119. Der Auftrag ist zum Fabriktag 119 zu starten.

Lösung zu 14:

(1)

E1		
Stufe	**Bezeichnung**	**Menge**
1	B	1
.2	T2	3
.2	C	2
..3	T3	2
..3	T1	4
1	T1	1
1	C1	1
.2	T3	2
.2	T1	4

(2)

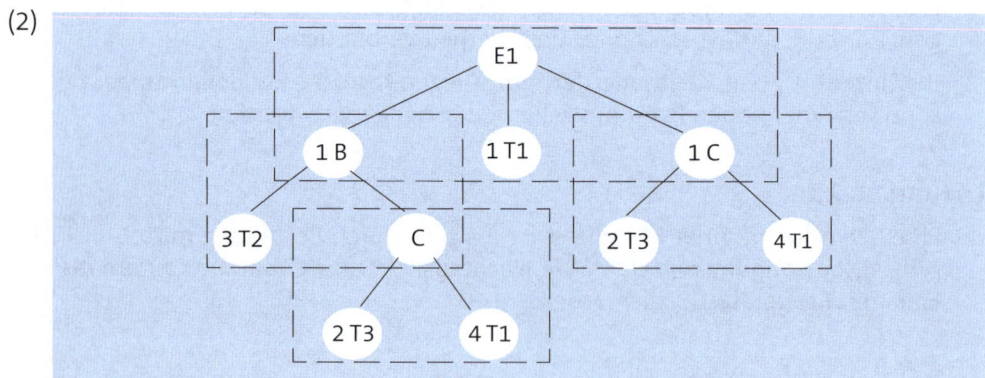

E 1	
Bezeichnung	Menge
B	1
T1	1
C	1

B	
Bezeichnung	Menge
T2	3
C	2

C	
Bezeichnung	Menge
T3	2
T1	4

Lösung zu 15:

(1)

Stufe	Anzahl Teile	Anzahl Teile
0	1.000 E1	
1	2.000 G1	
2	5.000 G2	11.000 T1
3	10.000 T3	15.000 T4

(2) Beispielrechnung für T4:

E1 $\cdot$ 2G1 $\cdot$ 2G2 $\cdot$ 3T4 = 12 $\cdot$ 1.000 = 12.000
E1 $\cdot$ 1G2 $\cdot$ 3T4   = 3 $\cdot$ 1.000 = 3.000
Gesamt   = 15.000

Lösung zu 16:

(1) $MAD = \dfrac{5 + 8 + 3}{3}$

MAD = **5,33**

Die Vorhersagen schwanken mit einem Wert von ca. 5,5 um den tatsächlichen Wert.

(2) Erhöht sich der MAD um 20 % (ca. 6,5), so sollte der Sicherheitsbestand um diese Größe erhöht werden, um alle Problemfälle abdecken zu können.

Lösung zu 17:

Siehe MiniLex S. 237 ff.

Lösung zu 18:

(1) B_P = Sicherheitsbestand + Beschaffungszeitraum $\cdot$ Verbrauch$_D$

(2) B_P = 8.000 + 5 $\cdot$ 2.000
B_P = 18.000 Stück

(3) Bei einem Sicherheitsbestand von 8.000 Stück könnte eine Lieferverzögerung von 4 Tagen aufgefangen werden.

(4) Folgende Programmschritte sind vorzusehen:

▸ Bei jedem Verbrauch ist zu prüfen, ob aktueller Bestand < Bestellbestand.

▸ Bei Unterschreitung des Bestellpunktes erfolgt eine Bestellauslösung in der optimalen Bestellmenge.

(5) Lieferanten übernehmen durch VMI (Vendor Managed Inventory) diese Verantwortung. Hier sind die Zulieferer über die eingesetzte Software verantwortlich für die Bestandsführung und Bestellung. Dabei gilt:

▸ Das Unternehmen übergibt dem Lieferanten Informationen über aktuelle Verkaufszahlen und Mengen sowie sonstige Daten zu vorgesehenen Materialien.

▸ Aufgabe des Lieferanten ist es, aus diesen Daten konkrete Bestellungen zu kreieren und diese Zahlen mit den Bestandsdaten des belieferten Unternehmens abzugleichen.

▸ Bei Bedarf werden die Materialien einem Konsignationslager zugeführt.

Diese Konsignationsläger werden in Regie des Lieferanten geführt, der die Materialien vorhält und plant. Diese Materialien bleiben bis zur Verwendung beim Kunden Eigentum des Lieferanten.

Lösung zu 19:

(1)

Bestellung / Bestelltermin	fest	variabel
fest	s, S, T/s, Q, T	S, T
variabel	s, Q	s, S

(2) Bei der heute üblichen Steuerung der Vorgänge mittels EDV sind Strategien, die zu bestimmten Zeitpunkten (T) überprüfen, nicht sinnvoll. Besonders die Erfassung der Daten mittels Scanner erlauben eine präzise taggenaue Bestandsführung.

(3) Kosten, Qualität und Wirtschaftlichkeit zählen zu den Grundpfeilern einer Produktion. Besonders im Rahmen einer Prozesskette zählen neben den Kunden die Lieferanten zu den Partnern, die im Sinne einer Supply Chain besonders zu pflegen sind.

Bei neuen Kundenaufträgen werden die Termine für den Kunden errechnet. Erst dann kann eine Bestellung beim Lieferanten erfolgen. Dies erfordert eine Kooperation zwischen den Partnern, die allerdings die Planungen nur sequenziell (simultan wäre ein vorausschauender Prozess) vornehmen können, sodass erst bei Anwendung einer APS-Software früh auf Wertschöpfungsprozesse aller Beteiligten zurückgegriffen werden kann.

Lösung zu 20:

(1) Zyklische Überprüfung des Lagerbestandes (z. B. wöchentlich)
Auslösung einer Bestellung auf den Höchstbestand
Notwendigkeit höherer Lagerbestände

(2) Variable Bestellmenge und feste Bestellzeitpunkte

(3)

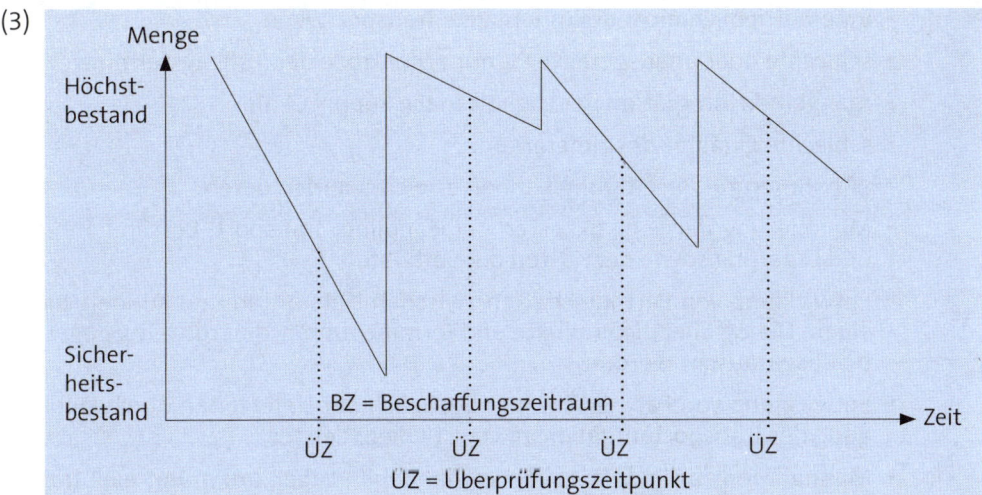

Lösung zu 21:

(1) Heutige Techniken erlauben eine Minimierung der Überprüfungs- und Sicherheitszeiten durch eine hohe Qualität durch den Lieferanten. Die Wiederbeschaffungszeit
wurde stark gekürzt durch Just-In-Time.

(2) Abbau der Lagerbestände und zeitgleiche Belieferung.

(3) Im Hinblick auf das gebundene Kapital gilt:

a) Gerade im Umlaufvermögen werden in Vorräten und Beständen hohe Werte
gebunden, dies macht ca. 12 % des Umsatzes aus. Gründe dafür sind u. a. auch
die hohen Überkapazitäten, um jederzeit Kundenwünschen gerecht zu werden.
Eine hohe Verfügbarkeit an Materialien und ein hoher Servicegrad weisen auf
nicht abgestimmte Prozesse und ungeplante Kapazitäten hin. Hohe Lagerbestände und damit hohe Lagerkosten fordern einen Abbau der Bestandshöhen.

Dem Abbau der Bestände dienen:

➤ Kürzere **Durchlaufzeiten** lassen überhöhte Bestände erkennen und unterstützen eine zeitlich bessere Vorausschau.

➤ Hohe **Qualitätssicherung** durch Null-Fehler-Produktion und schnelle **Stö-
rungsbeseitigung** führen zu einem Abbau von Bestandsreserven.

➤ Abgestimmte PPS-Abläufe und ein klarer Produktionsfluss verhindern
Schnittstellen und Läger.

Sinnvoll ist es hier, Methoden bzw. Verfahren einzusetzen, die durch Prozessab-
läufe und Zeitreihenanalysen die Regulierung unterstützen. Daneben ist wichtig, die Untersuchung der Teile und Typenvielfalt (nach DIN) vorzunehmen.

b) Unternehmen verfügen heute über eine sehr große Menge an Daten, die zu Pla-
nungszwecken herangezogen werden können. Diese Daten sind allerdings oft
nicht brauchbar, weil sie fehlerhaft sind. Ihre **Entstehung** wird bewirkt durch:

➤ schlecht beherrschte Prozesse aufgrund von Planungsfehlern

➤ ungenaue Bestandsführung durch Fehlbuchungen

- innerbetrieblich nicht dokumentierte Transportwege
- schlechte oder unausgereifte Planung/Kontrolle der Auftragstermine
- mangelnde Integration der Logistik in die Supply Chain
- schlechte Qualität des Lieferanten.

Maßnahmen zur Beseitigung können erreicht werden durch:

- Minimierung der Logistikkosten bei Handling, Transport, Bestandsführung und Lagerung sowie der Kosten der Software
- Entwicklung von Partnerschaften zwischen Lieferanten und Kunden, die zu einem Dialog über die Produkte und Termine führen, die frühzeitig gegenseitig ausgetauscht werden
- Entwicklung von Partnerschaften bezüglich der Lieferzeiten durch Übertragung der Transportaufgaben an Logistikdienstleister
- Maßnahmen zur Reduktion der vorhandenen Läger, um damit eine höhere Effizienz einzelner Läger zu erreichen und dadurch Kosten zu senken.

Lösung zu 22:

(1) Genaue Erfassung der Bewegungen durch Lieferscheine und Materialentnahmescheine

Entnahmen enthalten neben Materialnummer und Stückzahl auch Kostenart (Roh-, Hilfs-, Betriebsstoffe), belastete Kostenstelle und Kostenträger (Auftragsnummer)

(2) Der aktuelle Endbestand (18.11.2014) beträgt 700 Stück.

Lösung zu 23:

(1)

Materialeingang	Bestellung
Eigenfertigung	Fertigungsauftrag
Interne Entnahme	Werkstattauftrag
Externe Entnahme	Kundenauftrag
Reservierung	Kundenauftrag
Beschaffung	Bestellung
Stornierung	Löschung/Fertigungsauftrag

(2) Neben dem effektiven Bestand werden geführt:
Verfügbarer Bestand, Disponierter Bestand, Bestellbestand, Werkstattbestand, Fertigungsauftragsbestand.

Lösung zu 24:

(1) Zunächst fällt auf, dass große Unterschiede zwischen Angebotspreis und Einstandspreis festzustellen sind. Ein Einwirken auf die Rabattprozente, die Bezugskosten sowie die Vernachlässigung des Mindermengenzuschlags bringt günstigere Preise.

(2) Für die interne Verrechnung wird häufig mit Durchschnittspreisen gearbeitet, um Kostenkalkulationen übersichtlicher zu gestalten. Hier wäre ein Preis von ca. 4.200 € ein sinnvoller Wert.

(3) Bezüglich der Fragen zur Bedarfsermittlung und Bestandsführung gilt:

a) Im Variantenmanagement versuchen die Unternehmen, die Produktvielfalt zu regulieren. Dies geschieht durch den Übergang der Fertigung zu mehr System-Sourcing (auch Modular-Sourcing), bei dem Unternehmen ganze Komponenten (z. B. Cockpit von Conti AG, Hella für Heckspoiler) fertigen. Damit werden auch sämtliche Aktivitäten der Datenhaltung (Stücklisten, Arbeitspläne) an die vorgelagerten Lieferanten übertragen. Sie stellen in eigener Verantwortung und auf eigene Kosten komplexe Teile her, die über Netzwerke mit dem jeweiligen Endfertiger verbunden sind.

b) Einerseits bestimmen große Stückzahlen die Wirtschaftlichkeit und die Kostensituation. Jedoch verlangt der Kunde nach individuellen Produkten. Mass Customization ermöglicht dies, insbesondere durch den Einsatz moderner Informations- und Kommunikationstechniken. Individualisierte Produkte bewirken einerseits leicht höhere Produktionskosten, können andererseits aber zu geringeren Lagerkosten führen, da kundenorientiert produziert wird, was vorzuhaltende Bestände reduziert. Deshalb ist das Konzept heute in vielen Unternehmen bzw. Branchen üblich (z. B. Adidas, Car-Configurator bei BMW).

c) C-Teile werden allgemein durch Mittelwerte, Regressionsanalyse oder exponentielle Glättung ermittelt. Damit lassen sich Bestände regulieren. Erreicht man eine bessere Datenqualität in der Lieferantenkette, können Bestände – besonders bei Zulieferung von C-Teilen – kurzzeitig nachgeordert werden. Somit können die IT-Systeme selbstständig Teile nachordern, die beim Kunden die Bestände stark absenken. Auf diese Weise werden Sicherheitsbestände, Distributionsbestände und Transportbestände abgebaut.

Lösung zu 25:

Siehe MiniLex S. 237 ff.

Lösung zu 26:

(1) Für den Konzern gilt:

(a) Die einzelnen Produktionsbereiche arbeiten selbstständig auf unterschiedlichen Märkten. Daher ist der Einkauf dezentral den einzelnen Standorten zuzuordnen. Probleme einer mangelnden Führungsrolle des Einkaufs in der Zentrale begegnet man mit der Einrichtung einer Stabsstelle „Einkaufsmarketing", die einen Zugriff auf sämtliche Einkaufs- und Beschaffungsdaten besitzt.

(b) Da eine Gliederung der Produktion nach Standorten vorliegt, sollte nach Erzeugnisgruppen gegliedert sein. Allerdings sind gewisse Ähnlichkeiten bei den Produkten Lkw und Omnibusse zu sehen. Hier könnte die Motorenproduktion einer übergeordneten Stelle zugeordnet werden.

(2) Vorteile zentraler Beschaffung in Klein- und Mittelbetrieben sind:

- ▶ Die zeitliche Steuerung der Materialien und die Kontrolle der Beschaffungstätigkeit sind relativ leicht möglich.

- ▶ Das Zusammenfassen des Gesamtbedarfes in großen Bestellmengen lässt eine kostengünstige Beschaffung durch Ausnutzen von Preisstaffeln und Mengenrabatten erwarten.

- ▶ Das Zusammenführen der Materialanforderungen kann die Beschaffung – vor allem bei nicht gerechtfertigter Unterschiedlichkeit der Materialien – in die Lage versetzen, auf Standardisierung hinzuarbeiten.

- ▶ Das Standardisieren und Zusammenführen des Bedarfes der einzelnen Fertigungsbereiche ermöglichen eine bessere Disposition der Lagerbestände, die insgesmt geringer gehalten werden können.

- ▶ Das Betreuen einzelner Beschaffungsmärkte durch qualifiziertes Personal ermöglicht es, das Marktgeschehen intensiver zu beobachten.

Lösung zu 27:

(1) Die Einkäufer sind heute – auch im Hinblick auf ständige Verbesserungen – gefordert, sich über die Beschaffungsmärkte Kenntnisse zu verschaffen. Maßnahmen sind:

- ▶ Messebesuche

- ▶ Besuche beim Lieferanten und Lieferantenbewertungen

- ▶ Informationen über Referenzkunden des Lieferanten

- ▶ Qualitätsnachweise des Lieferanten.

(2) Hier stehen heute viele Möglichkeiten der Informationsgewinnung zur Verfügung:

- ▶ Suche nach Lieferanten in Branchenverzeichnissen

- ▶ Abfragen von Lieferantendatenbanken

- ▶ Suchen im Internet.

Lösung zu 28:

(1) Strategische Forderungen sind:

Güter	Qualität der Güter, Entwicklung von Systemkomponenten, Einhalten von Umweltstandards
Märkte	Globalisierung, Erkennen neuer Märkte, Wechselkursrisiko, Angebots-Nachfragesituation
Preise	Lieferservice, Garantieleistungen, Preis-Leistungsverhältnis
Lieferanten	Flexibilität, gute Erfahrungen in der Vergangenheit, technisches Knowhow

(2) Diese Lieferanten liefern keine Einzelteile sondern Komponenten und Baugruppen. Damit reduziert sich für den Abnehmer die Anzahl der Lieferanten, andererseits garantieren diese auch die Qualität der gesamten Komponenten und Baugruppen.

(3) Urlauber auf dem Bauernhof können vielfach feststellen, dass jeden Morgen ein Milchlaster kommt und die Milch bei den umliegenden Bauernhöfen einsammelt, wobei er gleichzeitig die Behälter vom Vortag zurückbringt. Tätigkeiten, die dabei anfallen, sind, volle Kannen gegen leere Kannen auszutauschen oder auch Milch in den Tank zu pumpen, wobei in diesem Fall die Behälter nicht ausgetauscht werden müssen.

Dieses Konzept ist die Grundidee bei der Versorgung von Zulieferanten. Auch hier sind Umfang, Route, Destinationen, Leergut, Zeit und Menge bekannt. Gelingt es, normierte Behälter einzusetzen, so fallen Aktivitäten wie das Leergut entsorgen weg. Wichtig für die Nutzung der Methode sind Planungen über den Umfang der Umläufe, Entfernungen und ein Streckenplan.

(4) Letztlich ist eine Kette zu sehen, die vom Teilelieferanten zum Komponentenfertiger, zum Systemlieferanten und zum Produzenten führt, der den Markt beliefert. Dies erfolgt heute meist in sequenzieller Abfolge. Denkbar sind folgende **Formen:**

▶ **Konzernbelieferung:** Hier erfolgt die Belieferung aus Zweigwerken, die als Zulieferer fungieren. Besonders der Bereich des F+E wird hier eine bedeutsame Rolle spielen, da Produktionsanstöße aus dem Konzern erfolgen und innerbetrieblich Zulieferer zu ermitteln sind. Günstig ist es, dass Fabrikgeheimnisse nicht sofort an die Öffentlichkeit gelangen.

▶ **Single-Sourcing-Kooperation:** Bei dieser Form ist bemerkenswert, dass man lediglich – evtl. für neue Produkte – Lieferanten sucht, die spezielle Teile liefern können. Hier gehen aber auch Informationen an den Single-Sourcer über, was zu Problemen führen kann.

▶ **Einkaufsgenossenschaften:** Diese Möglichkeit bietet sich besonders im Mittelstand an. Unternehmen bedienen sich dabei entsprechender Händler, die den Markt kennen und über das notwendige Wissen verfügen, das genutzt werden kann.

▶ **Supply Chain Management:** Dies ist die optimale Form der Verzahnung, da bei ihr Zielsetzung, Planung und Steuerung in hohem Maße koordiniert sind.

Lösung zu 29:

(1) Gesamtbedarf auf Tagesgrößen herunterbrechen
Schnelles Reagieren auf Liefertermine

(2) Produktionsvereinheitlichung durch Normung, Typung, Modulbauweise
Einsatz von Prognoseverfahren (gleitende Mittelwerte)
Rechtzeitiges Erkennen von Versorgungslücken durch Gapanalysen
Integration der Materialversorgung in den gesamten Materialfluss

(3) Neben reinen Kartensystemen („*Material fehlt oder ist ausreichend*") oder Ampelsystemen („*Alles im grünen Bereich*") werden heute Bevorratungstechniken im Rahmen von eKANBAN auf elektronische Daten und Software überführt. Sie ermöglichen damit schnellere Datenzugriffe und einen Abgleich zu bestehenden PPS-Systemen.

(4) Im Automobilbau wird gemeinhin von Just-In-Sequence anstelle von Just-In-Time gesprochen. Hier geht es um die Optimierung von logistischen Ketten. Informationen begleiten diese Ketten und werden in ein Rahmenkonzept eingebunden, damit die Zusammenarbeit realisiert werden kann. Wichtige Voraussetzungen sind dabei:

▸ Anwendungen von AB-Teilen und XY-Teilen wegen der hohen Wertigkeit.

▸ Lieferanten gewährleisten hohe Qualität (als **Null-Fehler-Produktion**) und eine hohe Prozessqualität sowie eine exakte Liefertermingestaltung.

▸ Die Partner organisieren ihre Produktion im Sinne einer Fließfertigung und damit in Abkehr von der Werkstattplanung.

▸ Zulieferer haben ihre Produktion nahe beim Abnehmer.

▸ Die beteiligten Unternehmen haben ihr PPS im Sinne eines SCM aufeinander abgestimmt.

Durch „in-Time" sind Vorteile für beide Partner gegeben, weil Bestände minimiert werden. Dadurch wird der Durchfluss (in der Wertschöpfungskette) beschleunigt. Wenn dies auch zu Problemen führen kann, die in Abhängigkeit, höheren Transportkosten und Qualitätsnachteilen beim Abnehmer zu sehen sind, so überwiegen die **Vorteile** durch:

▸ gegenseitige Abstimmung der Produktion

▸ Senkung der Kosten

▸ Verkürzung der Durchlaufzeit

▸ Schwachstellenanalyse.

Werden Zulieferer dazu gebracht, ihre Produktion auf das Gelände des Abnehmers zu verlagern (z. B. Mercedes in Rastatt), fallen Risiken (Verkehrsstau, Nachlieferung, Qualitätsprobleme) weg bzw. werden gemindert.

Lösung zu 30:

(1)

Ein Rentner füllt im Supermarkt Regale auf.	V	C
Firma Würth ergänzt nach Lieferrhythmus das Schraubenlager beim Kunden.	V	C
Daimler beliefert die Reparaturabteilung der Niederlassung mit angeforderten Teilen.	B	A
Eine Firma liefert Cockpits und Airbags direkt an die Fertigungsstraße.	B	B
Der Apothekengroßhandel beliefert alle 4 Stunden die Apotheken.	B	B

(2) Nur bei A- und B-Gütern erfolgt die Belieferung aufgrund einer Bedarfsanforderung. C-Güter werden aus Kostengründen nach festen Rhythmen aufgefüllt.

Lösung zu 31:

(1) $K_Z = \dfrac{1.000 \cdot 120 \cdot 12}{2 \cdot 100} = \mathbf{7.200\ €}$

(2) $L_S = \dfrac{117.000 \cdot 2 \cdot 100}{120.000} = \mathbf{195\ \%}$

(3) $K_Z = 7.200\ €$

$L_K = 117.000\ €$

Gesamtkosten = **124.000 €/Jahr** oder **10.350 €/Mon.**

Lösung zu 32:

(1) Summe der Bindungsdauer minus Lieferantenziel = 20 + 8 + 3 + 12 + 5 - 15 = 33

Kapitalbedarf – 33 · 5.000 = **165.000 €**

(2) Die kumulierten Werte der Lagerdauern sind 28 Tage. Dies scheint heute nicht mehr gerechtfertigt. Hier kann durch eine bessere Organisation der Prozesse eine spürbare Reduzierung erreicht werden. Lassen sich die Dauern auf 14 Tage reduzieren und die Endmontage in 10 Tagen realisieren, so beträgt die Durchlaufzeit jetzt 32 - 15 = 17 Tage.

Kapitalbedarf = 17 · 5.000 = **85.000 €**

Lösung zu 33:

(1) $X_{opt} = \sqrt{\dfrac{200 \cdot 2.000 \cdot 60}{5 \cdot 20}}$

$X_{opt} = \mathbf{489{,}8\ Stück}$

(2) Bei einer gerundeten Beschaffungsmenge von 500 Stück erfolgen 4 Bestellungen pro Jahr.

(3) Die Bestellkosten zeigen folgenden Verlauf:

1	10	100	500	1.000	2.000
60	6	0,60	0,12	0,06	0,03

Es zeigt sich, dass die fixen Bestellkosten bei 500 Einheiten 0,12 €, bei 2.000 Einheiten 0,03 € betragen.

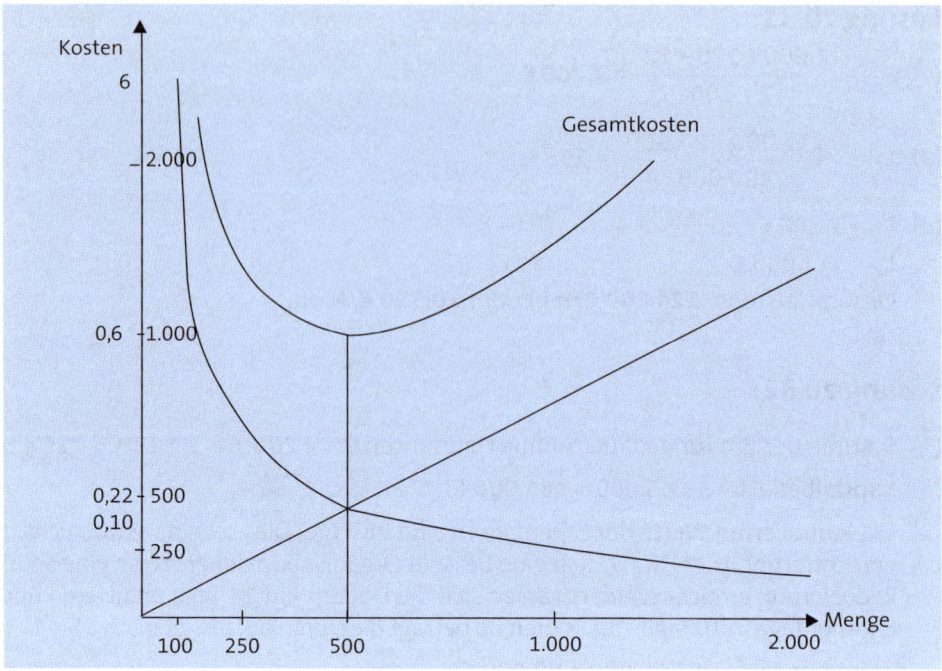

Lösung zu 34:

(1) Hier wird eine Fülle von Kriterien angeführt:
Konditionen, Zusatzleistungen, Kulanz, Marktanteile, Produktbreite, technisches Knowhow, Bereitschaft zu gemeinsamer Wertanalyse, Systemlieferant

(2) Eine Analyse könnte folgendes Bild ergeben:

Kriterien	Gewicht	Unternehmen A		Unternehmen B	
Preis	5	4	20	5	25
Qualität	2	4	8	3	6
Lieferzeit	2	4	8	4	8
Service	1	3	3	2	2
			39		41

Da das Unternehmen B einen Wert von 41 erzielt, ist ihm der Vorzug zu geben.

(3) Heute werden Daten erhoben, die den Lieferanten weit gezielter charakterisieren. Für das Management wichtige Aspekte beim Aufbau von **Beziehungen** sind insbesondere:

▸ Unterstützung bei der Entwicklung der Potenziale des Lieferanten

▸ Sourcing-Partner

▸ Unterstützung bei der Sicherung der Lieferfähigkeit

▸ Verkürzung sämtlicher administrativer Prozesse

▸ gemeinsame Entwicklung mit den Lieferanten.

Sinnvoll ist es, Daten bzw. Kriterien unter den Gesichtspunkten der **Qualität** bzw. der **Quantität** zu ermitteln:

► Vielfach handelt es sich bei den **qualitativen Daten/Informationen** um subjektive Meinungen, die jedoch durch Verfahren zu objektivieren sind. Das gilt für die Nutzwertanalyse, Scoringmodelle, Checklisten, Auditierungen, Gap-Analysen und Portfolioanalysen.

► **Quantitative Analysen** resultieren aus Zahlen der Liefergenauigkeit sowie numerischen Prozessen, die auf Kennzahlen, Kostenanalysen, Benchmarking und Lieferterminabweichungen beruhen.

Lösung zu 35:

(1) Das Erstellen und Versenden einer Auftragsbestätigung entfällt; kein Zeitverzug; Beschaffenheit der Ware ist durch Vorkontakte geklärt.

(2) Durch die fehlerhafte Belieferung gerät der Lieferant in Lieferverzug; hier ist eine Konventionalstrafe zu erwarten.

(3)

Rahmenvertrag	Es ist keine Menge festgelegt (gilt für C-Teile).
Kauf auf Abruf	Es ist der Abrufzeitraum festgelegt.
Konsignationslagervertrag	Der Lieferant unterhält auf eigene Kosten ein Lager aus dem sich der Verbraucher bedient. Erst mit der Entnahme entsteht eine Zahlungsverpflichtung.
Streckengeschäft	Das Unternehmen führt die Lieferung nicht selbst aus, sondern beauftragt ein Unternehmen, das die Lieferung direkt an den Verbraucher weiterleitet. Es entstehen keine Lager- und Organisationskosten.

(4) Das **Warehouse Management** stellt für Unternehmen eine entscheidende Softwarelösung dar. Dabei läuft der gesamte Prozess – vom Lieferanten bis zum Kunden – IT-gesteuert auf elektronische Weise ab. Dies geschieht einschließlich der Rechnungsschreibung, der Verbuchung bzw. auch der Forderungseintreibung. Es ist eine enge Bindung an das Supply Chain gegeben.

Im **strategischen Bereich** erfolgen der Aufbau von elektronischen Katalogen, die Präsenz auf elektronischen Märkten, die Produktdifferenzierung und Marktanalysen.

Das **operative Tagesgeschäft** wird gestützt vom **Warehouse Management**, das Unterstützung leistet durch elektronische Bestellabwicklung, elektronisches Cash, softwaregestützte Prozesse, **Customer-Relationship-Management** (CRM).

Elektronische Prozesse zeichnen sich durch folgende Merkmale aus:

► Zugriffe über Kataloge sind leicht machbar (siehe Amazon).

► Software ist bei den Partnern über eine Anmeldung leicht zu installieren.

► Neue Partner sind problemlos zu integrieren.

► Hohe Markttransparenz durch strukturierte Prozesse.

Die Entwicklung auf den Märkten geht stark in Richtung der elektronischen Marktplätze und ermöglicht, ständig neue Käuferschichten hinzuzugewinnen. Wichtig und entscheidend über Annahme beim Kunden ist der Aufbau des Katalogs zum

Finden der Produkte. Hier ist in nächster Zeit viel Energie zur Vereinheitlichung aufzuwenden. Auktionen und Ausschreibungen ergänzen die Methoden.

Lösung zu 36:

(1) Festpreis, unbestimmter Preis (auf der Basis der Kostenkalkulation des Lieferanten am Liefertag), Preisgleitklausel (zur Ermittlung des Preises in der Zukunft), Bagatell-klausel (wenn der Preis schwankend ist)

(2) Gewährung eines Skontos (2 % oder 3 % bei Monatsziel), Gewährung eines Kredits (ohne Mehrkosten), Gewährung von Mehrfachrabatten durch zähes Verhandeln (Schaufensterrabatt, Rabatt für erste Inbetriebnahme)

(3) EXW (ex works – ab Werk)
CIF (cost, insurance, freight – frei Haus)

Lösung zu 37:

Siehe MiniLex S. 237 ff.

Lösung zu 38:

Diese APS-Lösungen (Advanced Planning and Scheduling) wurden entwickelt, weil MRP I und MRP II die Prozesse nur **sequenziell** abarbeiten können. APS greift als Datenbasis zwar weiterhin auf ERP-Daten (PPS-Dateien) zu. Logischerweise führen Änderungen in **Teilplänen** zu Änderungen in anderen Plänen, wenn Unternehmen in der Supply Chain verknüpft sind. Wären die Daten voraussehbar und deterministisch zu ermitteln, kann dies einen Schritt hin zu **simultaner** Planung darstellen. Gelingt es, die IT stärker einzubinden, führt dies zu höherer Datensicherheit bei Teilplänen und damit zu einer höheren Prozesssicherheit.

Lösung zu 39:

Siehe MiniLex S. 237 ff.

Lösung zu 40:

(1) a)   Identifizierung des Materials
Prüfen der Lieferberechtigung nach Menge, Zeit, Vollständigkeit
Quantitätsprüfung zur Feststellung evtl. Fehlmengen

b)   Zeitnahe und vollständige Annahme und Kontrolle
Weitergabe der Materialien an die bedarfsauslösende Stelle (Lager, Produktion, Vertrieb)
Eingabe der Daten in das Materialsystem
Aufnahme der Kenndaten zur Pflege der Lieferantenbewertung

c)   Früherer Versand durch den Lieferanten
Auswahl eines anderen Spediteurs
Auswahl anderer Transportmittel

d) Bei der Produktion gilt es, zwischen strategischen und operativen Aufgaben zu unterscheiden:

- ▸ **Strategisch** und damit langfristig kann auf betriebliche Kapazität eingewirkt werden durch Vergrößerung oder Verkleinerung des Bestandes an Produktionsmaschinen. Hervorgerufen wird dies durch Änderungen in der Supply Chain und durch die Globalisierung.

- ▸ Im **operativen Bereich** müssen Kapazitätsengpässe erkannt und behoben werden. Dies erfordert Maßnahmen wie:

  - Erkennung von Engpässen oder Überkapazitäten bei Simultanplanungen

  - Auslastungsanalysen für bestimmte Engpässe

  - Abstimmung mit den Zulieferern.

  Wenn es gelingt (vgl. z. B. VW, BMW, Mercedes), Zulieferer als Partner im Gesamtprozess zu sehen, führt dies zu erfolgreichen Kooperationen. Der Zulieferer (virtuelles Unternehmen) wird als Teil des eigenen Unternehmens angesehen.

(2) a) Typisch sind hier zugekaufte Produkte, die einen hohen Spezialisierungsgrad aufweisen und häufig zum Sondermaschinenbau zählen. Viele elektronische Bauteile und Komponenten werden bezogen und eingebaut. Diese Teile können aus wirtschaftlichen Gründen im eigenen Unternehmen nicht geprüft werden.

b) Hier werden die Produkte vom Unternehmen selbst entwickelt und einer intensiven Qualitätsprüfung unterzogen. Diese Prüfungen werden vor dem Ablauf der Bandfertigung durchgeführt. Zugekaufte Materialien werden stichprobenartig geprüft.

c) Werden Teile direkt an das Band geliefert, so hat der Zulieferer die Fehlerfreiheit zu garantieren. Heute werden 40 bis 100 ppm (parts per million) als fehlerhaft akzeptiert.

d) Einsatz von Stichprobenverfahren, Daten zur Lieferantenbeurteilung, Checklisten, ABC-Analysen, FMEA (Fehler-Möglichkeit und Einflussanalyse)

Lösung zu 41:

(1) ▸ In allen Bearbeitungsstufen, da der Ablauf nicht vollständig synchronisiert werden kann. Hier handelt es sich um die Optimierung und das Zusammenspiel von Ladeeinheit, Lagersystem und Transportsystem. Um den Fluss zu optimieren sollten Vorgänge wie Umladen, Handhaben und sonstiges Einwirken vermieden werden.

▸ Der Lieferant verpflichtet sich am Behältermanagement des Unternehmens teilzunehmen. Damit können zugelieferte Teile in Behältern direkt an den Ort der Weiterverarbeitung gebracht werden.

▸ Werden Teile der Produktion an Zulieferer outgesourct, so kann der Zulieferer verpflichtet werden, fertigungssynchron an die Montage zu liefern. Damit entfallen Einlagerungen und sonstige Lagertätigkeiten ebenso, wie der Zulieferer eine Pufferfunktion übernimmt.

(2) ► Im Wareneingang werden unnötige Ein- und Auslagerungen vermieden. Daher bevorzugt man hier eine fertigungssynchrone Anlieferung und Bereitstellung. Im Warenausgang sind Waren – speziell im Konsumgüterbereich – für Kundenaufträge bereitzustellen. Trotz hoher Kosten sind automatisierte Kommissioniersysteme vorteilhaft.

► Waren können nach ihrer Umschlagshäufigkeit in Klassen eingeteilt werden. Es empfiehlt sich, Waren mit hohem Umschlag im HRL in einen vorderen A-Bereich zu lagern.

► Der HRL-Rechner vergibt die Regalplätze unter Beachtung des Umschlags und verteilt die Waren in ABC-Bereiche sowie in verschiedene Gänge.

(3) Lagerung entsteht durch die Versorgung im Unternehmen mit Materialien. Durch den Übergang der Werkstattsteuerung zu einer Fließfertigung/Reihenfertigung werden Zwischenlagerungen vermieden. Ein Einwirken auf den Bestand in den Lägern ist durch folgende **Maßnahmen** möglich:

► Einführung von Just-In-Time, was bedeutet, dass nur unmittelbar notwendiges Material für die Produktion geliefert wird

► ein effektives C-Teile-Management, das realisiert werden kann, indem die Versorgung der Läger an ein Logistikunternehmen übertragen und damit einen Beitrag zur Reduzierung von Beständen geleistet wird

► die Nutzung von **Zentrallägern**, wobei die Unternehmen dabei bestrebt sind, mit hoher Automatisierung zu arbeiten, was die Förderanlagen einer hohen Nutzung zuführt und damit die fixen Kosten reduziert. Somit steht der Fluss der Waren im Vordergrund, zusammen mit einer hohen Datenverfügbarkeit.

Lösung zu 42:

(1) Gabelstapler holen ganze Paletten aus Regalplätzen oberhalb der Verkaufsregale und platzieren die Waren in die Regale.

(2) Hier sind Durchlaufregale sinnvoll, die auf Rollenbahnen – durch Abschrägung – die Waren nach vorne gleiten lassen. Damit kann das FIFO-Prinzip wegen des Verfalldatums realisiert werden.

(3) Sonderartikel werden in einem Sonderbereich gestapelt.

(4) Dem Kunden werden zwei Arten von Wagen angeboten: normale und Wagen für sperrige Güter (Bretter, Baumaterial). Daneben kann auch mittels Gabelstapler transportiert werden.

Lösung zu 43:

Siehe MiniLex S. 237 ff.

Lösung zu 44:

(1)

Prüfen der Aufträge auf Machbarkeit

↓

Erfassen der Kundenauftragsdaten

↓

Korrektur der Auftragsdaten um evtl. Lagerbestände

Ermittlung des Liefertermins und Mitteilung an Kunden

↓

Erstellung der Auftragspapiere, Frachtpapiere, Lieferschein, Rechnung

↓

Durchführung des Transports durch Spediteur

(2) Ein Normalauftrag kann in 4 Tagen abgewickelt werden.

(3) Bei einem Spezialauftrag ergeben sich 12 Tage. Hier sollte auf die Entwicklungszeit eingewirkt werden.

Lösung zu 45:

(1) Zurückverlagern der Bestände zum Hersteller
Einsatz optimaler Lagerhilfsmittel
Zusammenführen der Transporteinheiten zu kostenoptimalen Transporten

(2) Die Behälter im Unternehmensverbund zu den Kunden werden geplant. Der Behälterumlauf ist abgestimmt auf die Ladekapazitäten und das Ladegut. Damit lassen sich Bestände verringern.

(3) Werden Materialien just-in-time ausgeliefert, wird man eine feste Tourenplanung bevorzugen. Wird die Ladekapazität nicht voll genutzt, sollten mehrere Aufträge zu einer Ladung zusammengefasst werden.

(4) Im Flugverkehr werden Passagiere zu Drehkreuzen/Hubs gebracht und finden dort ihre Anschlussflüge – und dies ohne „Zwischenlagerung". Diese Gedanken werden auch beim **Warenumschlag** aufgegriffen, um

▸ Warte- und Liegezeiten zu verkürzen

▸ bessere Auslastungszahlen der Transportmittel und niedrigere Kosten zu erreichen

▸ die Prozesse über Tourenpläne zu steuern.

Oft verfügen die Läger (bevorzugt an geografisch günstigen Orten) auch über Vorrichtungen und Möglichkeiten, um Waren bestimmten Prozessen zu unterziehen (Umpacken, Wiegen). Dies wird als **Cross-docking** bezeichnet.

Lösung zu 46:

(1) Es empfiehlt sich die Anwendung einer ABC-Analyse, die zeigt, dass ein sehr niedriger Anteil der Ersatzteile den größten Anteil am Umsatz mit Ersatzteilen darstellen.

(2) Dezentrale Bevorratung der umsatzstärksten Ersatzteile; sonst zentrale Bevorratung

(3) Vielfach ist die Funktionstüchtigkeit einer Anlage (z. B. Zeitungsdruck, Roboter im Automobilbau) zwingend notwendig. Hier muss das Ausfallverhalten, die Instandhaltungsstrategie und die Ausfallkosten beachtet werden.

(4) Hier sind lediglich C-Teile vorrätig, in anderen Fällen erfolgt eine Belieferung aus dem Zentrallager.

(5) Die Lager- und Distributionslogistik hat die Aufgabe, Waren zu kommissionieren. Wesentlich war früher die Entscheidung, ob das Prinzip „Mann-zu-Ware" oder „Ware-zu-Mann" vorherrscht. Mitarbeiter begeben sich inzwischen vielfach nicht mehr ins Lager und suchen die Waren. Die Prozesse sind stark rationalisiert, sodass die Waren mittels Fördergeräten einem Entnahmepunkt zugeführt werden, an dem die Ware dann entnommen werden kann. So gilt z. B.:

- ▶ Im Flugverkehr werden die Gepäckstücke zur Entnahme einem Band zugeführt. Würden diese Bänder mit einer zusätzlichen Funktion ausgestattet, d. h. könnten die einzelnen „Lappen" nach unten geklappt werden, wäre es möglich, die Ware durch Sensoren in **Behälter unterhalb des Bandes** zu bringen. Diese Form findet sich in Lägern zur Entnahme und für den Transport.

- ▶ Waren können (ähnlich wie bei Zigarettenautomaten) in Füllschächten bereitgehalten werden, sodass nach Eingabe einer Nummer die Ware in Behälter gebracht wird. Dies zielt auf Normung der Packungsgrößen.

- ▶ Waren werden mit RFID (**Radio Frequency Identification**) ausgestattet. Dies sind Chips, die wesentlich mehr Daten enthalten als es mithilfe von Barcodes möglich ist. Stattet man Waren mit RFID-Tags aus, können sie leicht gefunden werden und für Prozesse zur Verfügung stehen.

(6) Logistikdienstleister sind Unternehmen, die weltweit und kostengünstig sämtliche Prozesse der Logistik abwickeln. Besonders die fortschrittlichen „Fourth-Party-Logistik-Provider" bieten Dienste an, die − unter Einschluss der Kontraktlogistik − folgende **Aufgaben** übernehmen:

- ▶ Lagerhaltung und Bestandsmanagement

- ▶ Transport und Routenplanung/Wegeplanung/Wegeoptimierung sowie Warenbehandlung

- ▶ Zollbehandlung und Erstellung der Begleitpapiere

- ▶ Bereitstellung entsprechender Softwareprogramme

- ▶ finanzielle Sicherstellung der Aktivitäten.

Die Entwicklung geht dabei auch zu Unternehmen, die sich als globale Provider verstehen und somit einen weltweiten Markt bedienen. Das **Ziel** ist eine weltweite

Belieferung mit Waren, wobei alle Aktivitäten in der Verantwortung des Dienstleisters liegen.

Lösung zu 47:

Siehe MiniLex S. 237 ff.

Lösung zu 48:

(1)

Schutz des Bürgers vor jeglichen Immissionen	Licht, Strahlen, Ruß, Staub, Gase

(2)

Benutzung eines Gewässers durch Erlaubnis oder Bewilligung	Einleiten von Stoffen, Entnehmen und Ableiten von Wasser, Einleiten von Abwasser

(3)

Verwertung, Ablagerung, Einsammeln, Lagern als geordnete Entsorgung zur Wahrung des Wohls der Allgemeinheit	Kunststoffverordnung, Altöl, Klärschlamm

Lösung zu 49:

(1)

Aufgabe	Inhalt	Beispiel
Vermeiden	Vorsorge treffen, dass Abfall nicht entsteht	Wegfall von Verpackungen
Vermindern	Suche nach Alternativen	Schadstoffarme Lkw´s, Wiederverwendung von Kühlmitteln
Verwenden	Mehrfache Verwendung gebrauchter Produkte und Verpackungen	Mehrfachverpackungen, Mehrwegcontainer
Verwerten	Produkte oder Teile werden einer erneuten Verwendung zugeführt	Altglas, Altpapier, PET-Flasche
Vernichten	Abfallbeseitigung	Deponie

(2) Unternehmen stehen seit einigen Jahren vor veränderten Rahmenbedingungen. Neben wachsender Globalisierung rücken umweltpolitische Themen verstärkt in den Fokus der Gesellschaft und der Unternehmen selbst. Die gesellschaftliche, politische und betriebswirtschaftliche Forderung nach einer **nachhaltigen** Entwicklung bedeutet, dass die Unternehmen umdenken müssen.

Die ökologischen Probleme bestimmen, wie stark die Logistik bzw. die **Supply Chain** eines Unternehmens mit dem Thema Umwelt und Ressourcenschutz konfrontiert ist. Grundsätzlich gilt, dass eine Supply Chain in diesem Zusammenhang von verschiedenen Einflussfaktoren betroffen ist. Zu den wichtigsten **Anspruchsgruppen** in diesem Kontext gehören:

► der **Staat** mit immer mehr internationalen und nationalen Regulierungen

► **Kunden** und **Konsumenten** mit zunehmendem Bewusstsein und verstärkter Nachfrage nach **umweltfreundlichen** Produkten und (Logistik-)Dienstleistungen.

Beispiel

Die Festlegung der Verpackungsmaße eines Produktes definiert das Volumen und das Gewicht eines Produktes und folglich die maximale Anzahl der Produkte/Pakete pro Ladungsträger. Somit beeinflusst eine Entscheidung bezüglich Kunde und Produkt die theoretisch maximale Auslastung eines Containers und folglich auch die **Routenoptimierungen**.

Die Entscheidung eines Unternehmens für eine Zentrallager-Strategie in der Distribution stellt eine Fixgröße der Ressourcen dar und bestimmt maßgeblich die **Transportkilometer** innerhalb des Logistiknetzwerkes, die einen wesentlichen Einfluss auf die **Treibstoffmenge** haben.

Im Bereich des **Transports** können Treibhausgasemissionen, z. B. durch eine erhöhte Transporteffizienz, Routenoptimierung, Transportverlagerung auf umweltfreundlichere Verkehrsträger, eingespart werden.

Die Ansätze in der **Intralogistik** zielen auf die Vermeidung von Leerlaufverbräuchen durch effizientere interne Fördertechnik. Die **Logistikplanung** umfasst das ökoeffiziente Behältermanagement, die Touren-, Netzwerk- und Standortplanung unter Berücksichtigung ökologischer Kriterien. Eine softwaregestützte Transportplanung sorgt für Touren- und Auslastungsoptimierung.

Lösung zu 50:

Siehe MiniLex S. 237 ff.

Das MiniLex enthält die wichtigsten Begriffe, die in diesem Buch behandelt werden. Weitere Begriffe finden sich in: *Olfert/Rahn/Zschenderlein*, Lexikon der Betriebswirtschaftslehre, Kiehl

5-S-Methode
Sie wird eingesetzt, um durch eine Abfolge die wesentlichen Kriterien zur Ordnung am Arbeitsplatz zu sichern und zu garantieren. Ziel ist, einfache Prozesse zu reorganisieren.

ABC-Analyse
Sie ist ein Instrument, das dazu dient, die Materialien im Unternehmen nach der Verteilung ihrer Werthäufigkeit in A-Güter, B-Güter und C-Güter zu klassifizieren.

Dies geschieht in vier **Schritten:**

► **Erfassung der Jahresbedarfswerte** für jede Materialart durch Multiplikation der jeweiligen Mengen und Preise

► **Sortierung der einzelnen Jahresbedarfswerte** vom höchsten Bedarfswert (Rang 1) bis zum niedrigsten Bedarfswert (Rang n)

► **Ermittlung der Prozentanteile** der einzelnen Jahresbedarfswerte im Verhältnis zum gesamten Jahresbedarf

► **Festlegung der Wertgruppen** (A, B, C) auf der Grundlage der kumulierten Prozentanteile.

ABC-Güter
A-Güter weisen einen Mengenanteil von ca. 15 % und einen Wertanteil von ca. 80 % auf.

Der Mengenanteil der **B-Güter** beträgt ca. 35 %, während der Wertanteil ca. 15 % ausmacht.

C-Güter verfügen über einen Mengenanteil von ca. 50 % und einen Wertanteil von ca. 5 %.

Abfall
Dabei handelt es sich um alle **beweglichen Sachen**, deren sich der Besitzer entledigen will oder deren geordnete Entsorgung zur Wahrung des Wohls der Allgemeinheit, insbesondere des Schutzes der Umwelt, geboten ist.

Abfallbegrenzung
Sie sollte das vorrangige Ziel der Abfallwirtschaft darstellen, zumal bei einer erfolgreichen Begrenzung von Abfällen die Probleme minimiert werden, die mit der Abfallbehandlung verbunden sind.

Advanced Planning and Scheduling
APS ist eine Weiterentwicklung zur Lösung von Problemen, die versucht, Planungsschritte in eine simultane Planung zu überführen und damit eine höhere Planungssicherheit zu erreichen.

Arten der Abfallbegrenzung sind:

► Die **Abfallvermeidung**, welche eine Strategie darstellt, die eine Entstehung von Abfällen vor, während und nach dem betrieblichen Leistungsprozess gänzlich unterbindet.

► Die **Abfallverminderung**, welche angestrebt werden sollte, wenn eine absolute Abfallvermeidung nicht erreichbar ist. Dabei ist zu versuchen, möglichst wenig und dann auch nur solche Abfälle in Kauf zu nehmen, die eine hohe, wirtschaftlich sinnvolle Recyclingfähigkeit aufweisen.

Abfallbehandlung
Abfälle müssen, soweit sie nicht vermeidbar sind, entsorgt sowie mithilfe geeigneter und rechtmäßig zugelassener Verfahren behandelt werden. **Strategien** der

Abfallbehandlung sind dabei:

- Recycling
- Abfallvernichtung
- Abfallbeseitigung.

Abfallbeseitigung
Sie kann sein:

- **Abfalldiffusion**, wobei Abfälle an Umweltmedien abgegeben und dort verteilt (diffundiert) werden, z. B. indem sie verdünnt oder konzentriert werden.
- **Abfalllagerung**, der heute noch die größte Bedeutung zukommt. Sie geschieht in Deponien als Anlagen zur dauerhaften, geordneten und kontrollierten Ablagerung.

Abfallgesetze
Wichtige Gesetze sind z. B.:

- Gesetz zur Förderung der Kreislaufwirtschaft und Sicherung der umweltverträglichen Beseitigung von Abfällen (KrW/AbfG)
- Bundesimmissionsschutzgesetz (BImSchG).

Abfallrecht
Abfallrechtliche Vorschriften können vom Bund und den Ländern erlassen werden. Das Grundgesetz gibt den Ländern die Möglichkeit, Umweltgesetze zu erlassen, solange und soweit der Bund von seinem Gesetzgebungsrecht keinen Gebrauch macht. Weiterhin ist es den Ländern möglich, Ausführungsgesetze zu Rahmengesetzen des Bundes zu erlassen.

Zu unterscheiden sind:

- Abfallgesetze
- Abfallverordnungen.

Abfallvernichtung
Sie kann erfolgen, wenn die Abfälle mangelnde oder fehlende Recyclingfähigkeit aufweisen, bei ihrer Verwertung nicht recycelbare Rückstände hervorrufen bzw. nicht deponiefähige Rückstände ergeben.

Die **Kosten** der Abfallvernichtung sind vielfach sehr hoch.

Abfallverordnungen
Zu den wichtigen Verordnungen zählen z. B.:

- Abfallbestimmungsverordnung
- Abfallnachweisverordnung
- Verpackungsverordnung
- Verordnung über Betriebsbeauftragte für Abfall.

Abfallwirtschaft
Sie ist die Gesamtheit der planmäßigen Aktionen und die Organisation, die der Vermeidung und Verringerung von Abfallstoffen sowie der Behandlung von Abfallstoffen unter besonderer Berücksichtigung der Wirtschaftlichkeit der angestrebten Verfahren dienen.

Die Abfallwirtschaft kann sich beziehen auf

- Abfallbegrenzung
- Abfallbehandlung.

Angebot
Es ist eine an eine bestimmte Person bzw. an ein bestimmtes Unternehmen gerichtete **Willenserklärung**, Güter zu den angegebenen Bedingungen zu liefern und kann mündlich oder schriftlich abgegeben werden. Das Angebot ist

- **verbindlich**, wenn der Anbieter sich verpflichtet innerhalb der gesetzlichen oder vertraglichen Bindungsfrist die angebotene Leistung zu erbringen
- **unverbindlich**, wenn die Bindung an das Angebot eingeschränkt oder ausgeschlossen wird.

Angebotsprüfung

Sie erfolgt unter zwei **Gesichtspunkten**:

▸ Mit der **formellen Angebotsprüfung** soll sichergestellt werden, dass die Anfrage des Unternehmens und das Angebot des Lieferanten sachlich übereinstimmen. Sie bezieht sich auf alle vom anfragenden Unternehmen gesetzten Daten.

▸ Die **materielle Angebotsprüfung** erfolgt unter Anlegung bestimmter Kriterien, die üblicherweise sind:

- Qualität des Materials

- Preis des Materials

- Lieferfrist

- Flexibilität des Lieferanten

- Marktstellung des Lieferanten

- Ruf des Lieferanten

- Standort des Lieferanten.

Anschaffungswert

Das ist der bei der Beschaffung des Materials zu zahlende Preis. Er wird auch als **Einstandspreis** bezeichnet und kann sich zusammensetzen aus:

	Angebotspreis
-	Rabatt
-	Bonus
+	Mindermengenzuschlag
=	Zieleinkaufspreis
-	Skonto
=	Bareinkaufspreis
+	Bezugskosten
	Verpackung/Fracht/Rollgeld
	Versicherung/Zoll
=	**Anschaffungswert**

Arbeitstagekalender

Mit ihm wird ein Zeitrahmen festgelegt, der Perioden gleicher Länge ent-hält. In ihm werden nur **Arbeitstage** berücksich-tigt, die fortlaufend nummeriert sind. Zu unterscheiden sind:

▸ dreistelliger Arbeitstage-Kalender (000 - 999; umfasst ca. 4 Jahre)

▸ jahresbezogener Arbeitstage-Kalender (000 - ca. 250)

Auftragsbearbeitung

Sie verwaltet alle Auftragsdaten, von der Angebotserstellung über den Auftrag und die Auftragsdurchführung bis zur Auslieferung der fertig gestellten Erzeugnisse und erstellt die Daten zur Rechnungserstellung.

Auktion

Die Auktion ist eine **Methode zur Preisfindung**, wie sie auf konventionellen oder elektronischen Plätzen durchgeführt wird (z. B. ebay). Bei der **Rückwärtsauktion/ Reverse Auktion** geben die Lieferanten Gebote ab und unterbieten sich dadurch. Den Zuschlag erhält bei Auktionsende der Lieferant, der das preislich niedrigste Angebot abgegeben hat.

Auslagerung

Darunter wird vor allem das Kommissionieren verstanden, das in zwei **Formen** erfolgen kann:

▸ Die Zusammenstellung der Materialien eines Auftrages an den Lagerplätzen wird oft als **„Mann zu Ware"** bezeichnet.

▸ Die Bereitstellung der Materialien eines Auftrages durch automatisierte Lagergeräte im Hochregallager wird häufig als **„Ware zu Mann"** genannt.

Baukasten

Er bildet ein **Ordnungsprinzip**, das den Aufbau einer Zahl verschiedener Dinge aus einer Sammlung genormter Bausteine ermöglicht.

Baukastenstückliste

Sie enthält Zusammenbauten, deren struktureller Aufbau aber nur bis zur jeweils nächstniedrigeren Stufe dokumentiert wird. In der Baukastenstückliste wird – im Gegensatz zur Strukturstückliste – stets **nur eine Fertigungsstufe** dargestellt.

Bedarfsauflösung

Sie ist im Rahmen der programmorientierten Bedarfsermittlung mithilfe deterministischer Methoden möglich als:

► analytische Bedarfsauflösung

► deterministische Bedarfsauflösung.

Bedarfsauflösung, *analytische*

Bei ihr werden die **Baukastenstücklisten** und **Strukturstücklisten** zur Ermittlung des Nettobedarfes herangezogen. Verfahren der analytischen Bedarfsauflösung sind:

► Fertigungsstufen-Verfahren

► Dispositionsstufen-Verfahren

► Renetting-Verfahren

► Gozinto-Verfahren.

Bedarfsauflösung, *synthetische*

Sie erfolgt auf der Grundlage der **Verwendungsnachweise**. Bei der Bedarfsauflösung wird nicht vom Erzeugnis ausgegangen, sondern von den einzelnen Teilen, deren Verwendung festgestellt und deren Bedarf ermittelt wird.

Bedarfsermittlung, *programmorientierte*

Sie ist ein zukunftsorientiertes Verfahren, das auf zwei **Informationsquellen** beruht:

► Fertigungsprogramm

► Erzeugnisse.

Mit ihrer Hilfe werden als **Bedarfsarten** festgestellt:

► Bruttobedarf

► Nettobedarf.

Bedarfsermittlung, *verbrauchsorientierte*

Sie erfolgt im Rahmen der Bedarfsvorhersage. Dabei wird der zukünftige Materialbedarf aufgrund von **Vergangenheitswerten** prognostiziert. Dies ist möglich, wenn die Vergangenheitswerte eine gewisse **Regelmäßigkeit** aufweisen als

► konstant verlaufende Werte

► trendbeeinflusste Werte

► saisonabhängig verlaufende Werte.

Bedarfs-Logistik

Sie hat die Aufgabe, den Bedarf an Einsatzgütern (Roh-, Hilfs-, Betriebsstoffe usw.) für die geplanten Leistungsprozesse festzustellen. Dabei liegen ihr Bedarfsmeldungen zu Grunde.

Belegprüfung

Die Daten des eingehenden Materials von Packlisten wie Transportpapieren, Warenbegleitscheinen oder Lieferscheinen, auf denen zumindest die Auftragsnummer der Bestellung, die Sachnummer und die Menge des Materials enthalten sind, werden bei der Belegprüfung mit den Bestellkopien verglichen, um eventuelle Fehler zu erkennen.

Beschaffung, *fertigungssynchrone*

Bei ihr handelt es sich um eine Kombination von Vorratsbeschaffung und Einzelbeschaffung. Das Unternehmen beschafft einerseits in Abstimmung mit der Fertigung, andererseits werden **rahmenmäßige Lieferverträge** über große Materialmengen abgeschlossen.

Beschaffungskontrolle

Ihr ist besondere Aufmerksamkeit zu widmen als:

► **Kostenkontrolle**, die sich vor allem bezieht auf:

- Beschaffungskosten

- Bestellkosten

- Lagerhaltungskosten

- Fehlmengenkosten.

► **Ablaufkontrolle**, bei der es im Wesentlichen geht um:

- Bestellmengenkontrolle

- Lieferterminkontrolle.

Beschaffungskosten

Sie umfassen alle **bestellmengenabhängigen Kosten**, die durch den Fremdbezug von Material entstehen und ergeben sich nach dem Schema, das als „Anschaffungswert" dargestellt wird.

Beschaffungs-Logistik

Sie stellt die Verbindeung zwischen der Absatz-Logistik der Lieferanten und der Produktions-Logistik des Unternehmens her, indem sie bedarfsgerecht die für die Leistungserstellung benötigten Materialien bereitstellt. Zu ihren **Aufgaben** zählen:

► Lieferantenauswahl

► Angebotseinholung/-prüfung

► Angebotsauswahl/Bestellung.

Beschaffungsmarktforschung

Sie ist das systematisch und methodisch einwandfreie Untersuchen eines Beschaffungsmarktes mit dem Ziel, Entscheidungen in diesem Bereich zu treffen und zu erklären.

Beschaffungsmenge, *optimale*

Die Beschaffungsmenge gilt als optimal, wenn die Kosten für die Bereitstellung und Lagerung zusammen ein Minimum ergeben. Rechnerisch ergibt sich die optimale Beschaffungsmenge:

$$x_{opt} = \sqrt{\frac{200 \cdot M \cdot K_B}{E \cdot L_{HS}}}$$

x_{opt} = Optimale Beschaffungsmenge
M = Jahresbedarfsmenge
E = Einstandspreis pro Mengeneinheit
K_B = Bestellkosten je Bestellung
L_{HS} = Lagerhaltungskostensatz

Beschaffungsprinzipien

Das sind:

► Vorratsbeschaffung

► Einzelbeschaffung

► Fertigungssynchrone Beschaffung

► Just-In-Time-Beschaffung

► Sourcing-Strategien.

Beschaffungstermine

Nach der unterschiedlichen Ermittlung der Beschaffungstermine gibt es

► die **verbrauchsgesteuerte Beschaffung**, die durchgeführt werden kann als:

- Bestellpunkt-Verfahren

- Bestellrhythmus-Verfahren

► die **bedarfsgesteuerte Beschaffung**, die auf der Bedarfsermittlung durch Stücklistenauflösung basiert.

Beschaffungswege

Bei der Beschaffung von Materialien können als Beschaffungswege genutzt werden:

► Direkte Beschaffungswege, insbesondere durch unmittelbares Beschaffen beim Hersteller, aber auch durch Nutzung von:

- Einkaufsbüros

- Einkaufsgemeinschaften.

► Indirekte Beschaffungswege, bei denen zwischen dem Hersteller und dem beschaffenden Unternehmen ein Absatzorgan geschaltet wird. Das sein kann:

- Handel

- Kommissionär

- Importeur.

Beschaffungszeit

Sie umfasst folgende Zeiten:

► Bestellvorgang

► Auftragsbestätigung

► Transport

► Materialannahme.

Dazu können noch **Lieferfristen** oder **Lieferverzögerungen** kommen.

Bestand, *disponierter*

Er umfasst die Bestandsmengen des Lagers, die für bereits laufende Aufträge geplant sind und wird auch **Vormerkung** oder **Reservierung** genannt.

Bestand, *verfügbarer*

Er stellt eine Teilmenge des Lagerbestandes dar. Seine Ermittlung muss vorgenommen werden, wenn Vormerkungen für den Fertigungsplan oder offene Bestellungen zu bestimmten Terminen gegeben sind:

	Bestand am Lager
+	Offene Bestellungen
-	Vormerkungen
=	**Verfügbarer Bestand**

Bestandsbewegungen

Dabei handelt es sich um Vorgänge, die eine Änderung des Bestandes bewirken.

Sie können sein:

► **körperliche Bestandsbewegungen** als Zugänge und Abgänge

► **nichtkörperliche Bestandsbewegungen**, die darstellen:

- Reservierungen

- Beschaffungen

- Stornierungen.

Bestandsergänzung

Um sie vornehmen zu können, ist es erforderlich, den Lagerbestand zu überprüfen. Ist der Meldebestand erreicht, muss die Bestellung der benötigten Materialmenge erfolgen. Zu unterscheiden sind:

► **verbrauchsbedingte Bestandsergänzung**, die mithilfe des Bestellpunkt-Verfahrens bzw. des Bestellrhythmus-Verfahrens möglich ist

► **bedarfsbedingte Bestandsergänzung**, bei der die Isteindeckungszeit und die Solleindeckungszeit zu unterscheiden sind.

Bestandsführung

Ihre Aufgabe ist es, den Materialbestand festzustellen, indem die durch die Bedarfsrechnung realisierten Materialabgänge erfasst und bewertet werden.

Dementsprechend sind zu unterscheiden:

► **Mengenerfassung**, die erfolgen kann mithilfe der:

- Skontrationsmethode

- retrograden Methode

- Inventurmethode.

► **Werterfassung**, bei der sich anbieten:

- Anschaffungswert

- Tageswert

- Wiederbeschaffungswert

- Verrechnungswert.

Bestands-Logistik

Sie dient dazu, eine hohe Lieferbereitschaft bei gutem Servicegrad sowie eine Bestandsoptimierung und Kosteneinsparungen sicherzustellen.

Bestandsstrategien

Sie dienen dazu, im Rahmen von Lagerhaltungsproblemen Entscheidungen darüber herbeizuführen, wann und wie viel Materialien bereitzustellen sind. Sie werden auch **Lagerhaltungsstrategien** genannt und können sein:

- ▶ (S, T)-Strategie
- ▶ (s, S, T)-Strategie
- ▶ (s, S)-Strategie
- ▶ (s, Q, T)-Strategie
- ▶ (s, Q)-Strategie.

Bestandsüberwachung

Sie umfasst:

- ▶ Eingangsüberwachung
- ▶ Entnahmeüberwachung
- ▶ Verfügbarkeitsüberwachung.

Bestellhäufigkeit, *optimale*

Sie lässt sich mithilfe der folgenden Formel ermitteln:

$$n_{opt} = \sqrt{\frac{M \cdot E \cdot L_{HS}}{200 \cdot K_B}}$$

n_{opt} = Optimale Bestellhäufigkeit
M = Jahresbedarfsmenge
E = Einstandspreis pro Mengeneinheit
K_B = Bestellkosten je Bestellung
L_{HS} = Lagerhaltungskostensatz

Bestellkosten

Sie werden auch Bestell**abwicklungs**kosten genannt und sind Kosten, die innerhalb des Unternehmens für die Materialbeschaffung anfallen. Die Bestellkosten sind von der Anzahl der Bestellungen abhängig.

Bestellpunkt-Verfahren

Der Bestellpunkt ist die Menge des verfügbaren Lagerbestandes, bei der eine Bestellung ausgelöst wird. Er ist Grundlage des Bestellpunkt-Verfahrens, das in zwei **Arten** praktiziert wird:

- ▶ Der **sofortigen Lagerergänzung**, die bei Materialien erfolgt, deren Wiederbeschaffung zwischen zwei Lagerabgängen vorgenommen werden kann, weil ihre Beschaffungszeiten entsprechend kurz sind:

$$B_M = (T_W + T_U) \cdot P + B_S$$

B_M = Meldebestand
T_W = Wiederbeschaffungszeit
T_U = Überprüfungszeit beim Eingang des Materials
P = Materialbedarf
B_S = Sicherheitsbestand

- ▶ Der **langfristigen Lagerergänzung**, bei der davon ausgegangen wird, dass zwischen der aufgrund des erreichten Meldebestandes erfolgten Bestellauslösung und dem Eintreffen der Materialien dem Lager noch mehrmals Materialien entnommen werden.

Bestellrhythmus-Verfahren

Es ist durch festgelegte Beschaffungsrhythmen und variable Bestellmengen gekennzeichnet, deren Umfang vor allem vom Verbrauch zwischen den Überprüfungszeitpunkten abhängt.

Da der Bestand zwischen den Überprüfungszeitpunkten unbekannt ist, muss der Bedarf während der Überprüfungszeit berücksichtigt werden. Der **Bestellpunkt** als Meldebestand ergibt sich:

$$B_M = \frac{V_T (T_W + T_U)}{T_P} + B_S$$

B_M = Bestellpunkt
V_T = Verbrauch in Tagen
T_W = Wiederbeschaffungszeit in Tagen
T_U = Überprüfungszeit in Tagen
T_P = Vorhersageperiode in Tagen
B_S = Sicherheitsbestand

Bestellung

Sie stellt die Willenserklärung einer Person bzw. eines Unternehmens dar, bestimmte Güter zu den angegebenen Bedingungen zu kaufen und ist an **keine** besondere **Form** gebunden. Deshalb kann sie erfolgen:

► schriftlich

► fernmündlich

► mündlich.

Liegt ein Angebot des Lieferanten vor und wird – ohne Abweichung zum Angebot – bestellt, entsteht mit der Bestellung ein **rechtswirksamer Vertrag**.

Betriebsstoffe

Sie bilden selbst **keinen Bestandteil** des fertigen Erzeugnisses, sondern werden mittelbar oder unmittelbar bei der Herstellung des Erzeugnisses verbraucht. Zu den Betriebsstoffen rechnen alle Güter, die den Leistungsprozess ermöglichen und in Gang halten.

Bruttobedarf

Er wird als programmorientierter Bedarf ermittelt:

► Durch die Multiplikation des Primärbedarfes mit den Mengenangaben der Erzeugnisbestandteile aus den Stücklisten ergibt sich der **Sekundärbedarf**.

► Außerdem ist der **Zusatzbedarf** als ungeplanter Bedarf zu berücksichtigen, der zusätzlich von einem Teil benötigt wird.

	Sekundärbedarf
+	Zusatzbedarf
=	**Bruttobedarf**

CAD

Computer Aided Design ist das computergestützte Entwerfen von Einzelteilen, Baugruppen und ganzen Erzeugnissen. Sie werden entwickelt, konstruiert und technisch berechnet. Außerdem erfolgt die Erstellung der erforderlichen Unterlagen.

CAM

Computer Aided Manufactoring dient der Steuerung und Überwachung der Betriebsmittel, insbesondere der Werkzeugmaschinen, Lager- und Transportsysteme. Mit seiner Hilfe wird damit der eigentliche Fertigungsvorgang gesteuert und überwacht.

CAE

Computer Aided Engineering wird zur Simulation konstruktiver Merkmale eingesetzt und zeigt, wie sich konstruktive Änderungen auswirken. Damit wird die Konstruktion von Einzelteilen, Baugruppen und Erzeugnissen erheblich wirtschaftlicher. Es ermöglicht, Fertigungsgüter bereits vor Erstellung eines Prototyps zu optimieren.

CIM

Computer Integrated Manufacturing stellt eine Verknüpfung der primär betriebswirtschaftlichen Module im Rahmen eines Produktionsplanungs- und Produktionssteuerungssystems (PPS) mit den primär technischen Modulen dar.

Cross-Docking

Es regelt den Warenumschlag in Warenverteilzentren, um Wartezeiten zu verkürzen, bessere Auslastungszahlen und niedrigere Kosten zu erreichen und die Prozesse über Tourenpläne zu optimieren.

Dispositionsstufen-Verfahren

Es wird genutzt, wenn einzelne Teile in mehreren Erzeugnissen und/oder in verschiedenen Fertigungsstufen vorkommen. Damit jedes Teil aber nur einmal aufgelöst werden muss, werden beim Dispositionsstufen-Verfahren alle gleichen Teile auf die unterste Verwendungsstufe heruntergezogen, die als **Dispositionsstufe** bezeichnet wird.

Distributionskosten

Sie stellen die Gesamtkosten der im Rahmen der Materialverteilung zu leistenden Aufgaben dar:

$$K_V = K_T + L_{HKf} + L_{HKv} + K_U$$

K_V = Gesamtkosten der Verteilung
K_T = Transportkosten von der Fertigung zum Lager
L_{HKf} = Fixe Lagerhaltungskosten
L_{HKv} = Variable Lagerhaltungskosten
K_U = Kosten für entgangenen Umsatz aufgrund durchschnittlicher Lieferzeit

Distributions-Logistik

Sie umfasst alle Lager- und Transportvorgänge von Materialien (Waren) zum Abnehmer sowie die damit verbudnenen Informations-, Steuerungs- und Kontrolltätigkeiten, die auf eine externe Marktversorgung gerichtet sind.

Die Distributions-Logistik ist die Schnittstelle zwischen Hersteller und Kunden und sichert die Lieferfähigkeit und Lieferzeit.

Durchlaufzeit

Ein Großteil der Distributionskosten fällt als **Vertriebskosten** an.

Sie ergibt sich aus der Differenz von Fertigungstermin und Anlieferungstermin:

► Die Durchlaufzeit setzt sich aus den einzelnen **Arbeitszeiten** zusammen, die in den Arbeitsplänen festgelegt sind.

► Zu berücksichtigen sind auch die erforderlichen **Förderzeiten, Liegezeiten, Kontrollzeiten**.

► Außerdem können **Sicherheitszeiten** hinzukommen, mit denen unplanmäßige Verzögerungen aufgefangen werden können.

ECR

Nach ECR-Boards ist dies eine gemeinsame Initiative und enge Zusammenarbeit von Herstellern und Händlern mit dem Ziel, die Versorgungskette zu optimieren, um so dem Verbraucher einen höheren Nutzen durch niedrigere Kosten, besseren Service und eine breitere Produktpalette zu bieten.

Einzelbeschaffung

Bei ihr werden die Materialien in der benötigten Menge jeweils erst zum Zeitpunkt ihrer Verwendung beschafft.

Entsorgungs-Logistik

Sie beschäftigt sich mit der internen und externen Entsorgung bzw. Rückführung von Abfällen unter Berücksichtigung minimaler Kosten. Heute ist der Gedanke der Nachhaltigkeit in den Unternehmen stark ins Bewusstsein gerückt und verlangt ein entsprechendes Reagieren.

eKANBAN

Neben reinen Kartensystemen (*„Material fehlt oder ist nicht ausreichend"*) oder Ampelsystemen (*„Alles im grünen Bereich"*) werden heute diese Bevorratungstechniken in IT überführt und ermöglichen damit schnellere Datenzugriffe und eine Verknüpfung zu bestehenden PPS-Systemen.

E-Procurement

Hierunter wird die **elektronische Abwicklung** von **Beschaffungsvorgängen** verstanden. Die einzelnen Phasen werden über das Internet (auch Intranet, Extranet) abgewickelt.

Erfüllungsort

Er ist der Ort, an dem die Übergabe des Materials zu erfolgen hat als:

► gesetzlicher Erfüllungsort (Sitz des Lieferanten)

► vertraglicher Erfüllungsort (zwischen Partnern vereinbart)

► natürlicher Erfüllungsort (den Umständen nach).

Am Erfüllungsort geht die **Gefahr** für das Material über.

Erfüllungszeit

Sie ist die Zeit, zu welcher der Lieferant das Material zu übergeben hat:

► Ist **nichts vereinbart**, kann der Lieferant sofort liefern, das beschaffende Unternehmen sofortige Lieferung verlangen.

► **Vertraglich** können festgelegt werden:

- **Promptgeschäfte**, bei denen die Lieferung sofort zu erfolgen hat

- **Lieferungsgeschäfte**, bei denen eine spätere Erfüllungszeit vereinbart wird.

ERP-Systeme

Diese Systeme beinhalten einzelne Bausteine in einem integrierten Softwaresystem. Die Bausteine oder Module ermöglichen den Unternehmen die **Abwicklung ihrer Geschäftsprozesse** in den einzelnen betriebswirtschaftlichen Funktionen.

Erzeugnisbeschreibung

Sie kann erfolgen mithilfe von:

► Stücklisten

► Verwendungsnachweisen.

Erzeugnisse

Dazu werden alle vom Unternehmen selbst gefertigten Vorräte an Gütern gerechnet. Sie können sein:

► **Fertigerzeugnisse** als vom Unternehmen selbst gefertigte Vorräte, die versandfer-

tig sind. Sie werden auch als Erzeugnisse bzw. Enderzeugnisse genannt.

► **Unfertige Erzeugnisse**, die alle Vorräte an Erzeugnissen umfassen, welche noch nicht verkaufsfähig sind, für die aber im Unternehmen bereits Kosten entstanden sind.

eSupply Chain

Es ist die Planung/Steuerung mithilfe der IT-Integration für alle am Prozess Beteiligten. Die Lieferkette umfasst sämtliche Lieferanten und reicht bis zum Endkunden. Ziele sind u. a. die Steigerung des Nutzens für den Kunden, die Senkung der Bestände in der SCM-Kette mit entsprechenden Auswirkungen auf die Kosten sowie schnellere Durchlaufzeiten der Aufträge.

Fehlervorhersage

Die mithilfe der stochastischen Methoden errechneten Werte sind Vorhersagewerte, d. h. bei ihnen besteht die **Gefahr fehlerhafter Aussagen**. Daher erscheint es zweckmäßig, eine Fehlervorhersage durchzuführen, die auf der mittleren quadratischen bzw. mittleren absoluten Abweichung beruhen können.

Fehlmengenkosten

Sie fallen an, wenn das beschaffte Material den Bedarf der Fertigung nicht deckt, wodurch der Leistungsprozess teilweise oder ganz unterbrochen wird.

Fertigungsprogramm

Es wird auf der Grundlage des Absatzprogrammes erstellt und legt fest, welche Aufträge von der Fertigung in bestimmten Perioden durchzuführen sind. Das Fertigungsprogramm stellt den Ausgangspunkt für die Ermittlung des Materialbedarfes dar.

Fertigungsstufen-Verfahren

Bei ihm können die Teile des Erzeugnisses in der Reihenfolge der Fertigungsstufen aufgelöst werden. Es wird auch **Baustu-fen-Verfahren** genannt.

Voraussetzung für die Anwendbarkeit des Fertigungsstufen-Verfahrens ist, dass in den Erzeugnissen keine Teile vorhanden sind, die auf verschiedenen Stufen vorkommen.

Fifo-Verfahren

Es kann zur Ermittlung der Anschaffungskosten bzw. Herstellungskosten gleichartiger Gegenstände des Vorratsvermögens verwendet werden. Hierbei wird unterstellt, dass die zuerst angeschafften oder hergestellten Gegenstände auch zuerst verbraucht oder veräußert werden (*first in – first out*).

FMEA

Es bezieht sich auf sämtliche Fehlermöglichkeiten sowie eine Analyse, inwieweit man darauf Einfluss nehmen kann (**Fehlermöglichkeiten und Einflussanalyse**). Dabei interessieren eventuelle Fehler am Produkt. Es stellt die Eintrittswahrscheinlichkeit fest, um zu besserer Qualität zu gelangen.

Fördermittel

Die technische Entwicklung der Fördermittel führte in den letzten Jahren im Lagerbereich dazu, die Transportkapazität bei gleichem Bedienungspersonal zu steigern. Es gibt z. B.:

► **Ladegeräte** zum Beladen und Entladen der Materialien, z. B. als Bodenfahrzeuge, Krane

► **Transportgeräte**, deren Einsetzbarkeit vom Lagerort, der Lagereinrichtung und dem Transportweg zur Fertigungsstelle abhängt

► **Lagerhilfsgeräte**, die für unterschiedliche Tätigkeiten genutzt werden, z. B. Zählen, Messen, Wiegen, Kommissionieren.

Gap-Analyse

Damit sollen Lücken (bzw. ein Nichterreichen) erkannt werden. Sie befasst sich mit der Frage, wieso zwischen dem Soll als Vorgabe und dem Ist als erreichtem Ergebnis eine Lücke entsteht und wie diese Lücke geschlossen werden kann.

Gewicht

Das der Preisberechnung zu Grunde liegende Gewicht kann sein:

► **Bruttogewicht** als Gewicht des Materials einschließlich Verpackung

► **Nettogewicht** oder **Reingewicht** als Gewicht ohne Verpackung.

Die Differenz zwischen Bruttogewicht und Nettogewicht – das Gewicht der Verpackung – wird als **Tara** bezeichnet.

Glättung, *exponentielle*

Sie ist die wichtigste Methode der verbrauchsbedingten Ermittlung des Materialbedarfes. Bei ihr besteht die Möglichkeit, die Daten zu gewichten, was mithilfe des Glättungsfaktors α erfolgt, der zwischen den Werten 0 und 1 liegt.

► Je kleiner α ist, umso stärker werden weiter zurück liegende Perioden gewichtet.

► Je größer α ist, umso stärker erfolgt die Gewichtung jüngerer Perioden.

Mit der exponentiellen Glättung erster Ordnung ist eine Vorhersage bei **konstantem Bedarf** möglich:

$$V_n = V_a + \alpha\,(T_i - V_a)$$

V_n = Neue Vorhersage
V_a = Alte Vorhersage
T_i = Tatsächlicher Bedarf der abgelaufenen Periode
α = Glättungsfaktor

Um **Trends** zu berücksichtigen, wird die exponentielle Glättung zweiter Ordnung eingesetzt.

Gozinto-Verfahren
Es ist ein Verfahren, bei dem mathematische Methoden zur Bedarfsermittlung eingesetzt werden. Die Grundlage bildet der **Gozinto-Graph**, der die Zusammensetzung der Erzeugnisse darstellt.

Green Logistic
Sie wird nötig, wenn durch wachsende Globalisierung umweltpolitische Themen verstärkt in den Fokus der Gesellschaft und der Unternehmen selbst gelangen. Die ökologischen Probleme bestimmen, wie stark die Logistik bzw. die **Supply Chain** eines Unternehmens mit dem Thema Umwelt und Ressourcenschutz konfrontiert ist und Lösungen erarbeitet werden müssen.

Grunddatenverwaltung
Sie stellt zur Verfügung:

- die für die Materialwirtschaft und Zeitwirtschaft benötigten Stammdaten

- die für einen konkreten Fertigungsauftrag benötigten Daten des Fertigungsplanes.

Hilfsstoffe
Sie gehen zwar unmittelbar in das zu fertigende Erzeugnis ein, aber im Vergleich zu den Rohstoffen erfüllen sie lediglich eine **Hilfsfunktion**, da ihr mengen- und wertmäßiger Anteil gering ist.

Höchstbestand
Er gibt an, welche Materialmenge maximal am Lager vorhanden sein darf. Mit seiner Hilfe sollen ein überhöhter Lagervorrat und damit eine zu hohe Kapitalbindung am Lager vermieden werden.

Hol-Bringprinzip
Bringsysteme (auch Push-Prinzip genannt) produzieren auf Vorrat. Dies bedingt Lagerbestände vor der Produktion als auch Bestände an Fertigprodukten. **Holsysteme** (auch Pull-Prinzip genannt) ziehen nur bei Bedarf Produkte aus der Produktion. Dies hat den Vorteil, dass der Kunde den Zeitpunkt der Endmontage bestimmt und damit die Lagerbestände abgebaut werden.

Inventory
Dabei geht es um die Bestandsführung. Sie ist heute nicht mehr ohne Weiteres notwendig, da Lieferanten inzwischen durch **VMI** diese Verantwortung übernehmen. Dabei sind der Einsatz von Technologien der Beschaffung und Bestandsführung notwendig. Häufig übertragen Unternehmen den Lieferanten ihre Informationen über aktuelle Verkaufszahlen, Mengen und sonstige Daten, um daraus konkrete Bestellungen zu kreieren.

Inventur
Mit ihr wird der tatsächliche Bestand des Vermögens und der Schulden für einen bestimmten Zeitpunkt durch **körperliche Bestandsaufnahme** mengenmäßig und wertmäßig erfasst. Die Inventur dient dazu, die tatsächlich vorhandenen Bestände aufzunehmen und sie den Buchbeständen gegenüberzustellen. Sie kann erfolgen als:

- Stichtagsinventur

- permanente Inventur

- verlegte Inventur

- Stichprobeninventur.

Inventur, *permanente*
Sie ist durch eine **Zweiteilung des Aufnahmeaktes** in eine körperliche Bestandsaufnahme und eine buchmäßige Bestandsaufnahme gekennzeichnet:

- Die körperliche **Bestandsaufnahme** kann an einem beliebigen Zeitpunkt des Geschäftsjahres vorgenommen werden.
- Die **Fortschreibung** erfolgt bis zum Bilanzstichtag hinsichtlich Art, Menge und Wert der einzelnen Vermögensgegenstände.

Voraussetzung für die permanente Inventur ist eine ordnungsgemäße Lagerbuchführung.

Inventur, *verlegte*

Eine Inventur zum Bilanzstichtag ist nach § 241 Abs. 3 HGB dann nicht erforderlich, wenn eine körperliche Bestandsaufnahme für einen Tag innerhalb der letzten drei Monate vor oder der beiden ersten Monate nach dem Schluss des Geschäftsjahres aufgestellt wurde oder wird. Entsprechend muss eine wertmäßige **Fortschreibung** oder **Rückrechnung** auf den Bilanzstichtag vorgenommen werden.

Inventurmethode

Bei ihr sind keine Lagerbuchhaltung und kein Belegwesen erforderlich. Der Materialbestand ergibt sich lediglich durch eine Inventur als Endbestand.

Der Zugang der Materialien ist dabei zu berücksichtigen:

	Anfangsbestand
+	Zugang
-	Endbestand
=	**Verbrauch**

Die Inventurmethode wird auch **Befundrechnung** oder **Bestandsdifferenzierung** genannt.

Isteindeckungszeit

Dabei handelt es sich um die Zeit, bis zu welcher der verfügbare Bestand unter Zugrundelegung des zu erwartenden Bedarfes ausreicht. Der erste Tag der Periode, deren Bedarf nicht mehr gedeckt werden kann, liegt außerhalb der Isteindeckungszeit.

Just-In-Time-Beschaffung

Dabei handelt es sich um die Versorgung nach dem „**Supermarktprinzip**", d. h. die Lagereinheiten werden ergänzt, wenn ein Bedarf gegeben ist.

Kataloge, *elektronische*

Elektronische Produktkataloge werden von Lieferanten angeboten. Sowohl eine **Beschleunigung der Anbahnungs-** und **Aushandlungsphase** als auch eine Online-Abfrage aktueller Preise und Verfügbarkeiten werden dadurch ermöglicht (z. B. Amazon).

Kapazitätsmanagement

Bei ihm wird zwischen strategischen und operativen Aufgaben unterschieden. Entsprechend kann **langfristig** auf die betriebliche Kapazität durch Vergrößerung oder Verkleinerung von Produktionsmaschinen eingewirkt werden. Im **operativen** Bereich müssen Kapazitätsengpässe erkannt und durch Planungen im PPS behoben werden. Dies erfordert entsprechende Maßnahmen wie Erkennung von Engpässen oder Überkapazitäten sowie die Abstimmung mit den Zulieferern.

Kauf

Ein Kauf kann sein:

- **Kauf nach Probe** als fester Kauf nach einer Warenprobe, einem Muster oder nach früheren Lieferungen
- **Kauf zur Probe** als fester Kauf einer kleinen Warenmenge zum Stückpreis, der für eine große Warenmenge zu zahlen wäre
- **Kauf auf Probe**, bei dem sich das Unternehmen das Recht vorbehält, das Material innerhalb einer Frist zurück zu geben

- **Kauf auf Basis einer bestimmten Qualität**, wobei eine bestimmte Qualitäts-Preis-Relation vereinbart wird

- **Kauf en bloc** als Kauf größerer Partien oder ganzer Warenläger ohne Zusicherung einer bestimmten Güte zum Pauschalpreis.

Kommissionierung

Die Aufgabe einer reibungslosen Versorgung mit benötigten Materialien obliegt heute meist **Logistikunternehmen**. Diese stellen die einzelnen Bedarfspositionen zusammen, um diese dem Kunden weiterzuleiten. Hier holen die Lagerarbeiter die Materialien nicht persönlich aus den Regalen, sondern Fördereinrichtungen bringen diese an einen Kommissionierpunkt. Eine hohe Mechanisierung bei geringem Personaleinsatz ist die Folge.

Kundenauftrag

Bei ihm besteht ein **direkter Bezug** des Unternehmens **zu den Abnehmern** der Erzeugnisse, für die unmittelbar gefertigt wird. Häufig werden dabei Materialien verwendet, die speziell hierfür beschafft oder gefertigt werden müssen. Der **Primärbedarf** ergibt sich aus den Auftragseingängen der einzelnen Kunden.

Lagerauftrag

Er stellt die Grundlage der industriellen Leistungserstellung dar, wenn dem Unternehmen ein **anonymer Markt** gegenübersteht. Die Gesamtheit der Lageraufträge einer Periode bildet das Fertigungsprogramm, das i. d. R. auf den Erkenntnissen der Marktforschung beruht. Mit ihrer Hilfe wird der **Primärbedarf** prognostiziert.

Lagerbestand

Das ist der Bestand, der sich körperlich zum Planungs- und Überprüfungszeitpunkt im Lager befindet. Seine Höhe hängt vom Umfang der Lagerzugänge und Lagerabgänge ab.

Als **Kennzahl** des Lagerbestandes wird vielfach verwendet:

$$B_D = \frac{\text{Anfangsbestand} + \text{Endbestand}}{2}$$

B_D = Durchschnittlicher Bestand

Der Lagerbestand kann sein:

- verfügbarer Bestand
- disponierter Bestand.

Lagerbewegungen

Sie führen zu **Bestandsveränderungen** und werden von verschiedenen betrieblichen Abteilungen veranlasst, insbesondere als:

- **Abgänge**, die zu einer Verminderung der Bestände führen

- **Zugänge**, die sich aus Lieferungen sowie aus Auftragsfertigungsmeldungen ergeben.

Lagerbuchhaltung

Mit ihr werden sämtliche **Zugänge** und **Abgänge** erfasst, die aufgrund von Lieferscheinen bzw. Materialentnahmescheinen erfolgen. Sie kann, je nach Rationalisierungsgrad, unterschiedlich organisiert sein.

Lagerführung

Sie hat sicher zu stellen, dass ausreichende Lagerbestände verfügbar sind. Bei der Lagerführung sind zu unterscheiden:

- **Erzeugnisläger**, die zur Aufnahme aller verkaufsfähigen Erzeugnisse, Ersatzteile und Waren dienen. Darin sind die hauptsächlich nachgefragten Güter in ausreichender Menge bereitzuhalten.

- **Außenläger**, die vielfach zwischen der Fertigungsstätte und den Kunden aufgebaut werden.

Lagerhaltungskosten

Sie umfassen alle Kosten, die durch die Lagerung von Material verursacht werden und werden ermittelt:

pro Einheit

$$L_{HK} = E \cdot L_{HS}$$

insgesamt

$$L_{HK} = B_P \cdot L_{HS}$$

wobei

$$L_{HS} = p \cdot L_S$$

L_{HK} = Lagerhaltungskosten
L_{HS} = Lagerhaltungskostensatz
L_S = Lagerkostensatz
p = Zinssatz
E = Einstandspreis
B_D = Durchschnittlich im Lager gebundenes Kapital

Lagerhaltungskostensatz

Er setzt sich zusammen aus:

► dem **Zinssatz**, der meist als kalkulatorischer Zinssatz des Unternehmens angesetzt wird

► dem **Lagerkostensatz**, der sich ergibt:

$$L_S = \frac{K_L \cdot 100 \cdot 2}{B_L \cdot E}$$

oder

$$L_S = \frac{K_L \cdot 100}{B_D}$$

L_S = Lagerkostensatz
K_L = Lagerkosten
B_L = Lagerbestand
B_D = Durchschnittlich im Lager gebundenes Kapital
E = Einstandspreis

Lager-Logistik

In Lägern werden eigene und fremde Materialien (Waren) aufbewahrt und verwaltet. Die Lager-Logistik dient der Bestimmung, wie der Materialeingang in die Läger, der Materialtransport, die Art der Lagerung und der Materialausgang zu erfolgen haben.

Lagerstatistik

Sie wird als **Ergebnis der Bestandsführung** erstellt und kann sein:

► Bestandsstatistik

► Bewegungsstatistik.

Läger, *funktionsbezogene*

Als funktionsbezogene Läger sind zu unterscheiden:

► **Hauptläger**, die Läger darstellen, welche die von ihnen aufgenommenen Güter aus werksexternen Quellen erhalten oder an werksexterne Bezieher abgeben. Meist werden sie als **Zentralläger** geführt.

► **Nebenläger**, die keine Kontakte mit werksfremden Wirtschaftseinheiten haben, sondern das Material von werksinternen Quellen beziehen oder es an werksinterne Bezieher abgeben.

Außerdem können **Hilfsläger** genannt werden. Das sind Läger, welche Güter aufnehmen, die aus raumtechnischen Gründen nicht oder nur unter Gefährdung der Ordnung in Haupt- oder Nebenlägern aufgenommen werden können.

Läger, *gestaltungsbezogene*

Je nach Unternehmensgröße, Materialien und Organisationsstruktur gibt es:

► **Eingeschossläger**, die sich anbieten, wenn keine Notwendigkeit besteht, die Läger wegen einer Beschränkung der verfügbaren Lagerfläche über mehrere Geschosse zu verteilen. Nach ihrer Bauart gibt es:

- offene Läger

- halboffene Läger

- geschlossene Läger

- Spezialläger.

▶ **Mehrgeschossläger**, die Läger sind, welche die einzulagernden Materialien auf verschiedenen Ebenen aufbewahren. Sie ergeben sich häufig aus der Forderung nach einem reibungslosen und wirtschaftlichen Materialfluss.

▶ **Hochregalläger**, die automatisiert sind und mit einer großen Zahl spezialisierter Hebe- und Förderzeuge arbeiten. Über Steigfördersys-teme werden die Materialien zu ihnen gefördert. Dem Abtransport dienen Abfördersysteme.

Läger, *standortbezogene*
Die Standorte der Läger sollen sicherstellen, dass die Fertigungsstellen fortlaufend mit den benötigten Materialien versorgt werden können. Dabei stellt sich auch die Frage:

▶ der **Zentralisierung**, die sich dort anbietet, wo mehrere Lagerstellen verschiedener Unternehmensteile zentral zusammengefasst und wegen der Konzentrierung der Lageraufgaben größere Lagereinheiten gebildet werden können

▶ der **Dezentralisierung**, die zweckmäßig sein kann, wenn verschiedenartige Rohstoffe und schwere, sperrige Güter zu lagern sind.

Läger, *stufenbezogene*
Sie können unterteilt werden in:

▶ **Eingangsläger**, die nach außen gerichtete Läger sind, welche der Fertigung als Puffer zwischen Beschaffungsrhythmus und Fertigungsrhythmus dienen

▶ **Werkstattläger**, die Zwischenläger darstellen, welche im Fertigungsbereich die Materialien aufnehmen, wenn sie bereits eine oder mehrere Fertigungsstufen durchlaufen haben, aber noch weitere Bearbeitungen erfahren sollen

▶ die **Erzeugnisläger**, die Erzeugnisse, Halbfabrikate, Ersatzteile und Waren aufnehmen.

Lean Management
Lean Management führt zu einer Verschlankung der Unternehmenshierarchie und bewirkt, dass Entscheidungen auf der operativen Ebene bewirkt werden. Dies führt zu einer Delegation von Verantwortung auf die ausführende Ebene.

Lieferbedingungen
Sie umfassen verschiedene **Regelungen**, insbesondere:

▶ Lieferbereitschaft

▶ Lieferzeit

▶ Lieferart

▶ Umtauschmöglichkeiten

▶ Rücktrittsmöglichkeiten

▶ Verpackungskosten-Berechnung

▶ Frachtkosten-Berechnung

▶ Versicherungskosten-Berechnung.

Lieferbereitschaftsgrad
Er wird als Prozentsatz der Bedarfsanforderungen ermittelt, die in der Planperiode durch den Lagervorrat gedeckt werden:

▶ Lieferbereitschaftsgrad als **Bedarfsservice L$_B$**

$$L_B = \frac{\text{Anzahl der bedienten Bedarfspositionen}}{\text{Anzahl aller Bedarfspositionen}} \cdot 100$$

▶ Lieferbereitschaft als **Stückservice L$_S$**

$$L_B = \frac{\text{Anzahl sofort bedienter Menge}}{\text{Gesamtmenge der Nachfrage}} \cdot 100$$

Lieferservice

Er ist ein Maß für die Wettbewerbsfähigkeit des Unternehmens. Einflussfaktoren, die auf den Lieferservice wirken, sind:

▶ Die **Lieferzeit**, die möglichst kurz sein sollte, was durch eine schnelle Bearbeitung der einzelnen damit verbundenen Arbeitsschritte möglich ist.

▶ Die **Lieferbereitschaft**, welche die Verfügbarkeit der Güter darstellt. Ihre Erhöhung ist z. B. durch mehr Außenläger möglich.

▶ Die **Lieferzuverlässigkeit**, wofür i. d. R. ein Sicherheitsbestand für Lagerartikel zu halten ist.

Logistik

Sie stellt die Summe aller Tätigkeiten dar, die sich mit der Planung, Steuerung und Kontrolle des gesamten Flusses innerhalb und zwischen Wirtschaftseinheiten befasst, und sich bezieht auf:

▶ Materialien

▶ Personen

▶ Energie

▶ Informationen.

Dementsprechend ist ihr auch die **Material-Logistik** zuzurechnen, deren Teilgebiete unterschieden werden können:

▶ Beschaffungslogistik

▶ Produktions-Logistik

▶ Absatzlogistik

▶ Entsorgungs-Logistik.

Logistik-Controlling

Es umfasst Zielsetzung, Planung, Entscheidung und Kontrolle. Mit seiner Hilfe wird festgestellt, inwieweit die vorgegebenen Ziele erreicht wurden oder ob sich Änderungen in den Zielgrößen ergeben haben. In der Planungsphase vorgegebene Soll-Daten werden im Produktionsablauf durch konkrete Ist-Zahlen einer **Soll-Ist-Analyse** unterzogen, welche die Basis für ein effektives Logistik-Controlling darstellt.

Logistik-Dienstleister

Sie sollen Unternehmen dabei unterstützen, die Logistikkosten in Bezug auf Handling, Transport, Bestandsführung und Lagerung zu minimieren, gleichzeitig sind **Partnerschaften** im Hinblick auf die Lieferzeiten durch Übertragung der Aufgaben an Logistik-Dienstleister zu entwickeln.

Logistikzentren

Mit ihrer Hilfe wird versucht, die Anzahl an Lageraktivitäten zu minimieren. Zielsetzung ist die Zusammenarbeit aller Träger von Transporten und deren Lagerung. Besondere Bedeutung haben dabei Warenverteilzentren. Sie sorgen über die Teilprozesse Wareneingang, Transport, Auftragsbearbeitung und Distribution für den gewünschten Lieferservice.

Markt

Er ist die wirtschaftlich bedeutsame Umwelt eines Unternehmens, mit der es durch bestimmte Beziehungen verbunden ist oder Beziehungen anstrebt.

Marktanalyse

Sie wird einmalig oder in bestimmten Intervallen durchgeführt und dient der Erforschung von Beschaffungsmarktdaten zu einem bestimmten Zeitpunkt. Damit ermöglicht sie Aussagen über marktbezogene Grundstrukturen.

Marktbeobachtung

Sie befasst sich mit der Entwicklung der Beschaffungsmärkte im Zeitablauf und dient dazu, die Veränderungen der Beschaffungsmarktdaten offen zu legen.

Material
Zum Material werden gerechnet:

- Rohstoffe
- Hilfsstoffe
- Betriebsstoffe
- Zulieferteile
- Erzeugnisse
- Waren
- Verschleißwerkzeuge.

Materialbedarf
Er kann sein:

- Primärbedarf
- Sekundärbedarf
- Tertiärbedarf.

Materialbeschaffung
Sie hat die für die Fertigung erforderlichen Materialien und zum Verkauf bestimmten Waren im Unternehmen zur Verfügung zu stellen, wobei die Materialien

- in der erforderlichen Menge, Art und Qualität bereitzustellen sind
- unter Beachtung des Prinzips der Wirtschaftlichkeit, also kostenoptimal.

Materialentsorgung
Darunter werden folgende **Maßnahmen** verstanden:

- Erfassen, Sammeln, Selektieren, Separieren, Einstufen der Rückstände nach ihrer Verwertbarkeit, Gefährlichkeit und Umweltbelastungswirkung
- Aufbereiten, Umformen, Regenerieren, Bearbeiten, Sichern der Materialien
- Suche nach Abnehmern sowie der Verkauf oder die Abgabe der zu entsorgenden Materialien an Dritte.

Materiallagerung
Sie erfasst die Vorgänge des Materialeinganges, des Materialeinlagerns, der Materialentnahme und bietet in Verbindung mit der Bestandsführung, bei der die Bestände mengen- und wertmäßig erfasst werden, die Grundlage für eine umfassende Planung und Steuerung des Bestandes.

Material-Logistik
In ihr werden logistische und materialwirtschaftliche Gestaltungselemente zusammengeführt, d. h. sie stellt eine konsequent unter logistischen Aspekten gestaltete Materialwirtschaft dar.

Material-Management
Bei ihm geht es um Fragen des Materialflusses. Dem Material-Management muss besondere Aufmerksamkeit gewidmet werden, da zwischen 10 % und 20 % der Personalkosten im Fertigungsbereich auf Tätigkeiten des Materialtransports entfallen.

Materialprüfung
Sie erfolgt im Verlaufe oder unmittelbar nach der Materialannahme und besteht aus:

- Belegprüfung
- Mengenprüfung
- Zeitprüfung
- Qualitätsprüfung.

Materialverteilung
Sie ist die zusammenfassende Bezeichnung für sämtliche Aktivitäten, die den **Materialfluss** zum, im und vom Unternehmen betreffen und soll den Materialfluss vom Rohstofflieferanten bis zum Verbraucher oder Verwender wirtschaftlich gestalten.

Materialwirtschaft
Sie umfasst alle unternehmenspolitischen Maßnahmen der Planung,

Durchführung und Kontrolle der Materialbeschaffung, Materiallagerung, Materialverteilung und Materialentsorgung.

Matrix-Organisation

Bei ihr werden die verschiedenen Funktionen eines Unternehmens in einer zweidimensionalen Anordnung vertikal und horizontal gegeneinander angeordnet und miteinander verbunden.

Dabei werden die einzelnen Abteilungen eines Unternehmens horizontal angeordnet, während vertikal die Funktionen aufgetragen werden, die zentral von der Unternehmensleitung ausgeübt und häufig mit Richtlinienkompetenzen ausgestattet sind.

Meldebestand

Er wird auch **Bestellpunkt** genannt und ist der Bestand, bei dessen Unterschreiten eine Bestellung ausgelöst wird. Der Zeitpunkt der Bestellung muss so frühzeitig liegen, dass der Sicherheitsbestand im Verlaufe der Beschaffungsdauer nach Möglichkeit nicht angegriffen wird.

Der Meldebestand kann auf unterschiedliche Weise berechnet werden, z. B.:

$$B_M = 2 \cdot \text{Sicherheitsbestand}$$

B_M = Meldebestand

Mengenprüfung

Sie erfolgt, um Unterlieferungen oder Überlieferungen feststellen zu können, durch den **Vergleich:**

▶ gelieferter Materialmengen und Mengen der Begleitpapiere

▶ gelieferter Materialmengen und Mengen des Bestellsatzes

▶ gelieferter Materialmengen und nach Fertigungsplan erforderlichen Mengen.

Mengenstandardisierung

Bei ihr handelt es sich um die **„Normung"** **des Materialverbrauches**, indem der Materialbedarf sorgfältig ermittelt und die prognostizierte Menge nach Beendigung des Leistungsprozesses mit der tatsächlich benötigten Menge verglichen wird.

Mengenstückliste

Sie ist eine unstrukturierte Stückliste, die lediglich dokumentiert, welche Bestandteile mengenmäßig in den Erzeugnissen enthalten sind. Die Mengenstückliste wird auch Mengen**übersicht**sstückliste genannt.

Methode, *retrograde*

Bei ihr kann der Stoffverbrauch aus den erstellten Halb- und Fertigerzeugnissen abgeleitet werden. Sie wird auch als **Rückrechnung** bezeichnet.

Von einem hergestellten Erzeugnis ausgehend wird zurückgerechnet, welches Material in welchen Mengen in das Erzeugnis eingegangen ist, wobei auch die Abfälle in der Rechnung berücksichtigt werden, die bei der Fertigung notwendigerweise angefallen sind. Der **Soll-Verbrauch** ergibt sich:

Soll-Verbrauch	=	Hergestellte Stückzahl	·	Soll-Verbrauchsmenge pro Stück

Milk Run

Das Konzept trägt zur optimalen Beschaffung und Belieferung bei und sichert so die Verknüpfung zwischen Zulieferer und Endabnehmer. Zwischen den Beteiligten sind die notwendigen Informationen bekannt, z. B. der Umfang der Sendung, die Route und die Destinationen, Leergut, Zeit und Menge. Gelingt es, normierte Behälter einzusetzen, fallen Aktivitäten wie Rücklauf des Leerguts sowie Reinigung des Fördergutes weg.

Mittelwert-Verfahren

Der Mittelwert ist für eine Bedarfsvorhersage geeignet, wenn der Bedarfsverlauf der Materialien konstant ist. Zu unterscheiden sind:

▸ Der **gleitende Mittelwert** als einfachste Methode der Bedarfsvorhersage, bei der die Verbrauchszahlen der Vergangenheit zu Grunde gelegt werden:

$$V = \frac{T_1 + T_2 + \dots + T_n}{n}$$

V = Vorhersagewert für die nächste Periode
T_i = Materialbedarf der Periode i
n = Anzahl der betrachteten Perioden

▸ Der **gewogene gleitende Mittelwert**, der es ermöglicht, die einzelnen Perioden zu gewichten. Dabei wird jüngeren Perioden i. d. R. ein größeres Gewicht zugemessen als älteren Perioden, um trendmäßige Entwicklungen besser erkennen zu können.

$$V = \frac{T_1G_1 + T_2G_2 + T_3G_3 + \dots + T_nG_n}{G_1 + G_2 + G_3 + \dots + G_n}$$

G = Gewicht der Periode i

MRO-Produkte

Diese indirekten Produkte stehen für **Maintenance-Repair-Operating**. Sie sind **Verbrauchsmaterial** und gehen damit nicht in das Endprodukt ein. Die Beschaffung dieser Produkte verursacht einen hohen Bestellaufwand, der durch seinen geringen Wert nicht gerechtfertigt ist.

MRP I/MRP II

Die ursprüngliche Aufgabe im Produktionsprozess bestand in der **Ermittlung des Bedarfs**. Dieser Ansatz wurde später erweitert durch die Einbindung von Kapazitätsüberlegungen, um dabei die **zeitliche Komponente** in der Produktion zu berücksichtigen. Hier werden heute ausschließlich Softwareprogramme eingesetzt.

Nettobedarf

Er wird als programmorientierter Bedarf ermittelt:

	Sekundärbedarf
+	Zusatzbedarf
=	**Bruttobedarf**
-	Lagerbestände als tatsächlich im Lager vorhandene Bestände
-	Bestellbestände als nächstes im Lager eintreffende Bestände
+	Vormerkbestände als für andere Aufträge reservierte Bestände
=	**Nettobedarf**

Normung

Sie stellt eine Vereinheitlichung von **Einzelteilen** durch das Festlegen von Merkmalen der Materialien dar, z. B.:

▸ Größe

▸ Form

▸ Qualität

▸ Abmessung

▸ Farbe.

Die Normung umfasst:

▸ internationale Normen (ISO-Normen)

▸ Verbandsnormen (VDI, VDE)

▸ deutsche Normen (DIN-Normen)

▸ Werksnormen.

Nummernschlüssel

Als Nummernschlüssel gibt es:

▸ **Systematische Nummernschlüsssel**, deren Ordnungsprinzip auf einer strengen Logik beruht. Sie können sein:

- klassifizierende Nummernschlüssel

- Verbundschlüssel.

- **Systemfreie Nummernschlüssel**, bei denen jedem Gegenstand eine systemfreie Zahl-Nummer oder Ident-Nummer zugeteilt und die Klassifizierungsmerkmale in einem ergänzenden, nebengeordneten Klassifizierungsschlüssel erfasst werden.

Nummernschlüssel, *klassifizierende*

Bei ihnen hängen die Klassifizierungsmerkmale hierarchisch voneinander ab. Jeder Gegenstand lässt sich aufgrund der aneinander gereihten Klassifizierungsschlüssel und Informationsschlüssel eindeutiger erkennen bzw. benennen. Sie werden auch als **sprechende Nummernschlüssel** bezeichnet.

Nummerung

Sie wird auch **Verschlüsselung** genannt und hat die Aufgabe, Gegenstände einem einheitlichen Ordnungsprinzip zu unterwerfen, die sachlich zusammengehören, und dient folgenden **Zwecken**:

- Identifikation
- Klassifizierung
- Information.

Dazu werden verschiedene Arten bzw. Systeme von Nummernschlüsseln genutzt.

Operations Management

Dies ist der Kernbereich der Leistungserstellung und beinhaltet Auftragsplanung, Einkaufs- und Bestandsführung, Produktionsplanung und Produktionsgestaltung. Qualitätsmanagement, Logistikmanagement und Produktions-Controlling sind damit selbstverständliche Teilgebiete des Operations Management.

Organisationsprinzipien

Der Aufbau der betrieblichen Funktionsbereiche kann sich an zwei Prinzipien orientieren, die sich auch kombinieren lassen:

- dem **Verrichtungsprinzip**, bei dem die einzelnen Einheiten in den Funktionsbereichen nach dem organisatorischen Ablauf gegliedert werden
- dem **Objektprinzip**, das durch eine Gliederung gekennzeichnet ist, die sich an den Materialgruppen bzw. Erzeugnisgruppen orientiert.

Packmittel

Sie dienen dazu, Materialien zu transportieren, zu lagern und zu schützen. Die Nutzung genormter Behälter senkt die Verpackungs- und Transportkosten dabei merklich.

Packmittel können sein:

- **Container**, die Behälter darstellen, deren Größe genormt ist und sich wechselweise auf verschiedenen Transportmitteln einsetzen lassen
- **Collico-Behälter**, die sich durch einen stabilen Behälteraufbau auszeichnen, der einen hohen Schutz gewährleistet
- **Paletten**, die tragbare Plattformen mit oder ohne Aufbau zu einer Ladeeinheit sind.

Physical Distribution

Darunter kann verstanden werden:

- **im weiteren Sinne** die Logistik, welche die Aufgaben der Steuerung, Lagerung und Bewegung aller Materialien innerhalb des Unternehmens und zwischen dem Unternehmen und seinen Kunden umfasst
- **im engeren Sinne** die Gestaltung des Flusses der verkaufsfähigen Erzeugnisse von dem Abschluss der Fertigung bis zum Empfang bei den Abnehmern.

Poka Joke

Es ist die Gestaltung und Abfolge von Prozessen. Mit seiner Hilfe soll verhindert werden, dass falsche Teile zusammengeführt werden. Die Prozesse sind so abzusichern, dass (in Anlehnung an REFA) Fehler ausgeschlossen werden.

PPS-System
Es ist ein rechnerunterstütztes System zur mengen-, termin- und kapazitätsgerechten Planung, Veranlassung und Überwachung der Fertigungsabläufe.

Preis
Der Preis für das zu beschaffende Material kann sein:

- **fester Preis**, der vertraglich genau festgelegt ist
- **fester Ausgangspreis**, der sich aufgrund äußerer Einflüsse ändern kann
- **Tagespreis als Preis**, der an einem bestimmten Tag gültig ist
- **unbestimmter Preis**, der mit Ungewissheit verbunden ist.

Primärbedarf
Das ist der Bedarf des Marktes an:

- Erzeugnissen
- verkaufsfähigen Gruppenteilen
- Ersatzteilen
- Waren.

Primärforschung
Sie umfasst Untersuchungen, die speziell für die Zwecke der Beschaffungsmarktforschung durchgeführt werden und sollte sich grundsätzlich an die Sekundärforschung bei Bedarf anschließen, da ihre Kosten beträchtlich sind.

Produktions-Logistik
Sie stellt die Planung, Steuerung und Kontrolle von innerbetrieblichen Transport-, Umschlags- und Lagerprozessen dar.

Als solche beschäftigt sie sich mit Entscheidungen, die in Zusammenhang mit der Durchführung der Produktion stehen. Dabei soll sie zu Verbesserungen, Vereinfachungen und Einsparungen beitragen.

Prozess
Dabei handelt es sich um eine Abfolge von Aufgaben, zu deren Erfüllung bestimmte Eingaben (Inputs) benötigt werden, die durch den Einsatz von Methoden (Throughput) zu einem Ergebnis (Output) führen, das zur Wertschöpfung beiträgt.

QFD
Das Konzept **„Quality Function Deployment"** ist dem KAIZEN zuzuordnen, wobei Techniken genutzt werden, die Probleme und Fehler am Produkt lösen sollen. Um festzustellen, welche Funktionen am Produkt kritisch oder fehlerhaft sind, stehen die Unternehmen vor der Frage:

- Was **will** der Kunde und wie können wir dies einer **Lösung** zuführen?

Um dem Kundenwunsch gerecht zu werden, resultieren daraus für das Produkt erforderliche Änderungen, Ergänzungen oder ein Weglassen von Funktionen.

Qualität
Darunter wird die Summe aller Aktivitäten verstanden, die innerhalb eines Unternehmens und seiner Außenbeziehungen zu Kunden und Lieferanten darauf ausgerichtet ist, die an das Unternehmen gestellten Erwartungen zu erfüllen.

DIN ISO 8402 beschreibt die Qualität im Sinne der Beschaffenheit eines Gegenstandes als *„die Gesamtheit von Merkmalen einer Einheit bezüglich ihrer Eignung, festgelegte und vorausgesetzte Erfordernisse zu erfüllen"*.

Qualitätsmanagement
Es hat die Aufgabe, Ziele zu formulieren und diese durch aufbau- und prozessorganisatorische Regelungen zu realisieren.

Qualitätsprüfung

Sie hat den Zweck, nur solche Materialien einzulagern, welche die geforderte Qualität hinreichend erfüllen.

Nach ihrem Umfang sind zu unterscheiden:

► Die **Hundertprozentprüfung**, bei der jedes Stück einer Lieferung der Prüfung unterzogen wird. Sie garantiert am sichersten die Einhaltung des geforderten Prüfstandards.

► Das **Stichprobenverfahren** bei dem zufällig aus der Grundgesamtheit der jeweiligen Lieferung eine repräsentative Stichprobe genommen wird, deren Umfang sich aus der Risikohöhe und der Wahrscheinlichkeit, mit der ein Fehlerereignis eintreten kann, bestimmt.

Rechnungsprüfung

Sie erstreckt sich auf einen Vergleich der Lieferantenrechnung mit der Auftragsbestätigung, der Bestellung, den Materialbegleitpapieren und dem Prüfbericht. Dabei findet eine **Prüfung** in dreifacher Hinsicht statt:

► sachlich

► preislich

► rechnerisch.

Recycling

Mit ihm werden Abfälle, die an sich für den Leistungsprozess des Unternehmens nicht mehr verwertbar sind, durch geeignete Prozesse für diesen oder einen anderen Leistungsprozess wieder verwendbar gemacht.

Recyclingstrategien sind:

► die **Wiederverwertung**, wobei der Abfall unter teilweiser oder völliger Gestaltungsauflösung als Erzeugnisstoff in dem gleichen, bereits durchlaufenen Transformationsprozess bzw. Einsatzbereich wiederholt eingesetzt wird

► die **Weiterverwertung und Weiterverarbeitung**, indem Produktionsrückstände oder „verbrauchte" Produkte bzw. Altstoffe nicht in dem für sie ursprünglich vorgesehenen Fertigungsprozess eingesetzt werden

► die **Wiederverwendung**, bei der das gebrauchte oder schon einmal eingesetzte Produkt für den gleichen oder ähnlichen Verwendungszweck, für den es ursprünglich hergestellt wurde, wiederholt benutzt wird

► Die **Weiterverwendung**, die eine Alternative der Reststoffverwendung darstellt, bei der das gebrauchte Produkt für einen Verwendungszweck benutzt wird, für den es ursprünglich nicht hergestellt wurde.

Regale

Sie werden in verschiedenen Formen und Materialien angeboten und stellen die traditionellen Einrichtungen der Läger dar. Als **Regalsysteme** werden z. B. unterschieden:

► **Durchlaufregale**, bei denen von der einen Seite beschickt und von der anderen Seite entnommen werden kann

► **Compactregale**, die so zusammengestellt werden, dass Zwischengänge entfallen bzw. nur bei Entnahme aufgeschoben werden

► **Paternosterregale**, die so angeordnet sind, dass vertikale Bewegungen ermöglicht werden

► **Palettenregale**, die zur Aufnahme genormter Paletten dienen, z. B. der häufig genutzten Euro-Paletten.

Reihenfolge-Verfahren

Bei ihm werden die einzelnen Vorratsbehälter, in denen sich das Material befindet, so hintereinander angeordnet, dass ein Abgang stets auf das älteste Stück zugreift. Neue Zugänge werden hinter den zeitlich letzten Zugängen angefügt. Als

Kontrollgröße für die Bestellauslösung dient der Mindestbestand, bei dessen Erreichen eine Meldung erfolgt.

Renetting-Verfahren
Es ist in der Lage, einen Mehrfachbedarf in verschiedenen Erzeugnissen und/oder Fertigungsstufen zu berücksichtigen. Dabei erfolgt die Bedarfsermittlung für ein Mehrfachteil entsprechend oft, wobei jeweils der bis dahin entstandene Bedarf zu berücksichtigen ist.

Rohstoffe
Das sind Stoffe, die unmittelbar in das zu fertigende Erzeugnis eingehen und dessen **Hauptbestandteil** bilden.

SCOR
Bei ihm werden die Prozesse in Kategorien eingeteilt, die im Rahmen von **Supply Chain** Aufgaben zuordnen. So finden sich Hauptkategorien für verschiedene Auftragsarten wie „to stock" = auf Lager fertigen bzw. „to order" = Kundenaufträge fertigen. Entsprechend werden jeweils die Prozesse **Plan to Stock** bzw. **Plan to Order** unterschieden, um verschiedene Produktionsarten zu charakterisieren. Auch die anderen Prozesse wie Source, Make and Deliver werden in gleicher Weise unterteilt.

Sekundärbedarf
Dabei handelt es sich um den Bedarf an:

► Rohstoffen

► Einzelteilen

► Baugruppen.

Sekundärforschung
Sie ist dadurch gekennzeichnet, dass zu anderen Zwecken dienendes Informationsmaterial ausgewertet wird. Grundsätzlich empfiehlt es sich bei jedem Beschaffungsmarktproblem, zunächst vorhandenes oder leicht beschaffbares „Sekundärmaterial" zu nutzen, weil die Fragestellungen der Marktforschung möglicherweise bereits hiermit ganz oder teilweise beantwortet werden können.

Seven New Tools
Als Weiterentwicklung der **„7 Tools"** bringt das Konzept mehrere Methoden ein, die aus Ablaufdiagrammen resultieren, sowie statistische Verfahren, die aus dem Betriebsgeschehen gewonnen werden. Sie werden als strukturiertes Modell aufgefasst.

Sicherheit
Sie umfasst Arbeitssicherheit, Unfallverhütung und Gesundheitsschutz. In der Vergangenheit lag das Hauptaugenmerk auf dem technischen Arbeitsschutz. Inzwischen gehen die Sicherheitsbestrebungen weiter, indem sie sich von der Fertigung über die Nutzung der Produkte durch die Käufer bis hin zu ihrer Außerbetriebnahme erstrecken.

Sicherheitsbestand
Das ist der Bestand an Materialien, der normalerweise nicht zur Fertigung herangezogen wird. Er wird auch **eiserner Bestand, Mindestbestand** bzw. **Reserve** genannt und stellt einen Puffer dar, der die Leistungsbereitschaft des Unternehmens bei Lieferschwierigkeiten oder sonstigen Ausfällen gewährleisten soll.

Die Ermittlung des Sicherheitsbestandes kann erfolgen:

$$B_S = \frac{\text{Durch-}}{\text{schnittlicher}} \cdot \frac{\text{Beschaf-}}{\text{fungs-}}$$
$$B_S = \text{Durchschnittlicher Verbrauch pro Periode} \cdot \text{Beschaffungsdauer}$$

B_S = Sicherheitsbestand

Skontrationsmethode

Sie setzt das Vorhandensein einer Lagerbuchhaltung voraus und wird auch als **Fortschreibungsmethode** bezeichnet. In der Lagerbuchhaltung wird eine **Lagerkartei** bzw. **Lagerdatei** geführt, mit deren Hilfe die Veränderungen im Lager genau erfasst werden.

Um den buchmäßigen **Endbestand** zu ermitteln, sind neben den Zugängen und Abgängen auch die Bestände an Materialien zu Beginn der Rechnungsperiode zu berücksichtigen:

```
  Anfangsbestand
+ Zugang
- Abgang
= Endbestand
```

Solleindeckungszeit

Sie gibt die Zeit an, bis zu welcher der Lagerbestand und Bestellbestand ausreichen sollte. Um Leistungsunterbrechungen zu vermeiden, müssen – vom Tag der Bestellung (T_X) ausgehend – abgedeckt sein:

- ▶ Wiederbeschaffungszeit (TW)
- ▶ Überprüfungszeit (T_U)
- ▶ Sicherheitszeit (T_S)
- ▶ Länge der Planperiode (T_P).

Entsprechend ergibt sich die Solleindeckungszeit (T_{Soll}):

$$T_{Soll} = T_X + T_W + T_U + T_P + T_S$$

Sourcing

Sourcing-Strategien beschreiben die **Zusammenarbeit mit Lieferanten**. Neben der Möglichkeit jeweils nur Rohmaterialien zu beziehen, gehen die Unternehmen dazu über, eine Verringerung der Lieferantenzahl und der Fertigungstiefe herbeizuführen (**Single Sourcing**). Werden Lieferanten zu Entwicklungspartnern (**Modular Sourcing**), dann spricht man von Systemlieferanten. Wird der Standort der Lieferanten weltweit gewählt, spricht man von **Global Sourcing**.

Sparten-Organisation

Sie findet sich hauptsächlich in Großunternehmen mit völlig verschiedenartigen Erzeugnissen oder Erzeugnisgruppen. Für diese werden selbstständige Unternehmensbereiche – die Sparten oder Divisions – gebildet, die in eigener Verantwortung die Funktionen des Unternehmens wahrnehmen.

Funktionen, die das Gesamtunternehmen betreffen, werden meist zentral geführt, wobei die zentralen Bereiche als Stabsstellen mit **funktionalem Weisungsrecht** ausgestattet sind.

Die Sparten-Organisation wird auch **Divisional-Organisation** genannt.

Stab-Linien-Organisation

Bei ihr wird das Liniensystem mit dem Stabsprinzip verbunden. Dabei lässt sich die Unternehmensleitung von Fachkräften unterstützen, die als Stäbe tätig sind. Obgleich Stäbe grundsätzlich kein unmittelbares Weisungsrecht haben, wird ihnen in der Materialwirtschaft häufig ein **begrenztes funktionales Weisungsrecht** übertragen.

Standardisierung

Bei der Standardisierung des Materials handelt es sich um die **Vereinheitlichung von Gütern**, die sich auf bestimmte Eigenschaften und/oder Mengen bezieht. Dabei sind zu unterscheiden:

- ▶ Normung
- ▶ Mengenstandardisierung
- ▶ Typung
- ▶ Modularisierung.

Stichprobeninventur

Sie ist eine Inventurmethode, bei der unter Anwendung der Stichproben-Theorie der Inventurwert eines Lagers in der Weise ermittelt wird, dass – vom Wert der entnommenen Stichproben ausgehend – durch Hochrechnung auf den Wert des gesamten Lagers geschlossen wird. Lediglich hochwertige Güter sollen vollständig aufgenommen und bewertet werden.

Die Stichprobeninventur darf angewendet werden, wenn sie den Grundsätzen ordnungsmäßiger Buchführung entspricht. Der Aussagewert des auf diese Weise aufgestellten Inventars muss dem eines aufgrund einer körperlichen Bestandsaufnahme aufgestellten Inventars entsprechen (§ 241 Abs. 1 HGB).

Stichtagsinventur

Sie ist eine körperliche Bestandsaufnahme durch Zählen, Messen, Wiegen, die zeitnah zum Bilanzstichtag – innerhalb von zehn Tagen vor oder nach dem Bilanzstichtag – durchzuführen ist. Bestandsveränderungen bis zum bzw. vom Bilanzstichtag an sind durch **Wertfortschreibung** oder **Wertrückrechnung** zu berücksichtigen.

Strukturstückliste

Sie ist eine nach fertigungstechnischen Strukturmerkmalen gegliederte Stückliste, die bei **mehrstufiger Fertigung** verwendet wird, und zeigt, in welcher Fertigungsstufe eine Baugruppe oder ein Einzelteil verwendet wird.

Stückliste

Dabei handelt es sich um ein Verzeichnis der Rohstoffe, Teil- und Baugruppen eines Erzeugnisses unter Angabe verschiedener Daten. Sie gibt Auskunft über den qualitativen und quantitativen Aufbau der Erzeugnisse.

Nach den **Verwendungszwecken** von Stücklisten sind zu unterscheiden:

► Gesamtstückliste
► Bereitstellungsstückliste
► Konstruktionsstückliste
► Ersatzteilstückliste
► Dispositionsstückliste
► Kalkulationsstückliste
► Einkaufsstückliste.

Ihrem **Aufbau** entsprechend gibt es:

► Mengenstückliste
► Baukastenstückliste
► Strukturstückliste
► Variantenstückliste.

Supply Chain Management

Der Gesamtprozess der Beschaffung wird als Wertschöpfungskette betrachtet. Es wird dabei die **Lieferkette unternehmensübergreifend** gesehen und ein Ausgleich der Bedarfe innerhalb der Lieferkette herbeigeführt. Aus der Produktionsplanung des Abnehmers werden zwischen Handelsunternehmen und ihren Lieferanten bei kooperativer Disposition Bestands- und Kapazitätsdaten ausgetauscht und Produktions-, Distributions- und Materialbedarfsplanung abgestimmt.

Tageswert

Er wird bei der Bewertung der Verbrauchsmenge angesetzt, weil ein Wiederbeschaffungswert vielfach nicht ohne weiteres ermittelt werden kann. Der Tageswert kann sich beziehen auf den:

► Tag des Angebotes
► Tag der Lagerentnahme
► Tag des Umsatzes
► Tag des Zahlungseinganges.

Tertiärbedarf
Das ist der meist aufgrund von Nachfragestatistiken oder Kennziffern festgestellte Bedarf an:

- Hilfsstoffen
- Betriebsstoffen
- Verschleißwerkzeugen.

Transport
Ihm liegt eine Belastungsplanung der Transportmittel zu Grunde. Deren Belastung hängt davon ab, ob große Strecken zu überbrücken sind oder kleinere Lieferungen in den umliegenden Orten zu erfolgen haben.

Nach Art der **Transportwege** lassen sich unterscheiden:

- **feste Transportwege**, die i. d. R. dort erfolgen, wo die Transporte in einer fest vorgegebenen Reihenfolge zu erfolgen haben
- **variable Transportwege**, bei denen die Lieferungen nach dem Umfang der Aufträge der gewünschten Lieferfähigkeit gegenüber den Kunden sowie der Fahrzeit gegenübergestellt werden, wodurch unterschiedliche Auslieferungstouren entstehen können.

Typung
Sie stellt die Vereinheitlichung ganzer **Erzeugnisse** oder **Aggregate** dar, z. B. hinsichtlich:

- Art
- Größe
- Ausführungen
- Form.

Die Typung kann erfolgen:

- **überbetrieblich**, indem z. B. branchengleiche Unternehmen kooperieren oder Verbände zusammenarbeiten

- **innerbetrieblich** durch Standardisierung der von Unternehmen erstellten Erzeugnisse, z. B. mithilfe von Baukästen.

Variantenmanagement
Es versucht, die Produktvielfalt zu regulieren, da durch Varianten hohe Kosten entstehen. Dies ist durch den Übergang der Fertigung zu mehr **System-Sourcing** (auch Modular-Sourcing) möglich, das eine Auslagerung ganzer Komponenten an Zulieferer bedeutet. Damit werden auch sämtliche Aktivitäten in der Datenhaltung an vorgelagerte Lieferanten übertragen. Weitere Wege sind Mass Customization, Push- und Pull-Techniken.

Variantenstückliste
Sie wird benutzt, um mehrere, jedoch nur mit geringfügigen Unterschieden versehene Erzeugnisse listenmäßig auf wirtschaftliche Weise zu beschreiben. Mit ihr ist es möglich, verschiedene Erzeugnisse in einer Stückliste zusammenzufassen.

Varianten sind Veränderungen der Grundausführung eines Erzeugnisses, die durch Weglassen oder Hinzufügen von Einzelteilen entstehen und sich auf Gestalt, Beschaffenheit und Eigenschaften beziehen können.

Verbundschlüssel
Bei ihnen werden Informationsschlüssel und/oder Klassifizierungsschlüssel mit dem Identifizierungsschlüssel verschmolzen. Die Auswahlmöglichkeiten werden dadurch auf eine einzige Ordnungsdimension eingeengt. Sie stellen **halbsprechende Nummernschlüssel** dar.

Verpackung
Zu unterscheiden sind als Verpackungen:

- Die **Aufmachungsverpackung** oder **Verkaufsverpackung**, die als Bestandteil des Materials angesehen werden kann, weshalb ihre Kosten i. d. R. im Preis enthalten sind.

▸ Dies gilt mitunter nicht für die Kosten, die für eine **Versandverpackung** oder **Schutzverpackung** anfallen. Sie können gesondert berechnet werden.

Bei einer Vereinbarung **„brutto für netto"** wird die Verpackung als Material mitgewogen und mitberechnet.

Verrechnungswert
Er ist ein über einen längeren Zeitraum festgelegter Wert, der künftige Preiserwartungen berücksichtigt. Der Verrechnungswert wird nach unternehmensspezifischen Gesichtspunkten gebildet und **nur** in der **Betriebsbuchhaltung** verwendet.

Versand
Dafür sind im Auslieferungslager entsprechende Pläne aufzustellen, welche die Arbeitsbelastung des Versandpersonals und die Kapazität der Transportmittel berücksichtigen. Der Versand erfolgt unter Beachtung:

▸ Der bei Auftragsannahme festgelegten **Lieferanweisungen**, die sich auf Verpackung, Verladung und Auslieferung beziehen können.

▸ Außerdem müssen auch geäußerte **Kundenwünsche** hinreichend berücksichtigt werden.

Verschleißwerkzeuge
Sie stellen Werkzeuge dar, die nicht der ständigen Betriebsbereitschaft zuzurechnen sind. Es handelt sich um **Verbrauchsteile**, die ähnlich den Betriebsstoffen ständig neu zu ergänzen sind oder um Werkzeuge, die speziell für einen Auftrag angefertigt oder angeschafft und anschließend verschrottet werden.

Verwendungsnachweis
Mit ihrer Hilfe wird offen gelegt, in welchen Erzeugnissen einzelne Bestandteile enthalten sind. Ihre Gliederung stellt sich **synthetisch** dar. Wie bei den Stücklisten lassen sich unterscheiden:

▸ Mengenverwendungsnachweis

▸ Strukturverwendungsnachweis

▸ Baukastenverwendungsnachweis.

VMI
Hier wird die gesamte Lagerhaltung und Bevorratung (= **Vendor Managed Inventory**) vom Unternehmen auf den Lieferanten übertragen. Dies hat bedeutende Auswirkungen für beide Partner. So hat der Lieferant die zusätzliche Aufgabe, die Waren bereitzustellen, Mindestbestände zu halten und für Qualität zu sorgen. Dafür werden ihm auch sämtliche Informationen zur Verfügung gestellt.

Vorhersagehäufigkeit
Bei der verbrauchsorientierten Ermittlung des Materialbedarfes hängt die Vorhersagehäufigkeit vor allem davon ab, in welcher Weise die Bestellmengen und Bestellzeitpunkte geplant werden. Hierfür gibt es Modelle, die sich mit **optimalen Bestandsstrategien** befassen.

Vorhersagemethoden
Zur verbrauchsbedingten Ermittlung des Materialbedarfes werden **stochastische Methoden** verwendet. Sie gehen von der Wahrscheinlichkeitstheorie aus und bedienen sich direkt oder indirekt messbarer Daten oder geschätzter Werte als:

▸ Mittelwert-Verfahren

▸ exponentielle Glättung

▸ Regressionsanalyse.

Vorhersagezeitraum

Für seine Größe sind bei der verbrauchsorientierten Bedarfsermittlung vor allem von Bedeutung:

- die **Basislänge** als zu betrachtender Zeitraum der Vergangenheit
- die **Beschaffungszeit** der Materialien als seine Untergrenze.

Vorlaufzeit

Von besonderer Bedeutung für die termingerechte Materialbeschaffung ist die **Vorlaufverschiebung**, wenn die Fertigung mehrstufig durchgeführt wird, und es dadurch erforderlich wird, dass Teile unterer Fertigungsstufen zunächst gefertigt werden müssen, um sie für nächsthöhere Fertigungsstufen verfügbar zu machen.

Vorratsbehälter-Verfahren

Bei ihm werden nur die verbrauchten Mengen registriert. Das Auslösen einer Bestellung geschieht durch **Sichtkontrolle**. Wenn Behälter leer sind, wird eine Bestellung in der Höhe des leeren Behälters ausgelöst.

Vorratsbeschaffung

Bei ihr besteht keine Übereinstimmung von Beschaffungsmengen und Verbrauchsmengen zu einem bestimmten Zeitpunkt. Es wird eine relativ **große Materialmenge** in Zeitabständen beschafft, die periodisch, verbrauchsorientiert oder spekulativ sein können, und auf Lager genommen.

Waren

Das sind gekaufte Vorräte, die das Produktionsprogramm ergänzen und neben den selbst gefertigten Gütern – den Erzeugnissen – im Verkaufsprogramm des Unternehmens enthalten sind. Sie werden im Unternehmen weder bearbeitet noch verarbeitet.

Werkstoffe

Als Werkstoffe werden bezeichnet:

- Rohstoffe
- Hilfsstoffe
- Betriebsstoffe.

Wertanalyse

Ihre Zielsetzung ist es, den vom Kunden erwarteten Nutzen kostenminimal zu stiften. Dabei sollen Kostensenkungspotenziale beim Produkt bzw. dessen einzelnen Funktionen herausgefunden werden, ohne dass der angestrebte Nutzen vermindert wird.

Der **Ablauf** der Wertanalyse erfolgt in mehreren festgelegten Schritten:

- Ermittlung des Ist-Zustandes
- Prüfung des Ist-Zustandes
- Ermittlung von Lösungen
- Prüfung der Lösungen
- Vorschlag und Einführung.

Wiederbeschaffungswert

Mit seinem Ansatz wird die Substanz des Unternehmens erhalten, indem in der Kostenrechnung der Wert angesetzt wird, der erforderlich ist, um das vorhandene Material zu einem späteren Zeitpunkt wieder zu beschaffen. Der Wiederbeschaffungswert wird auch als **Ersatzwert** bezeichnet.

Zahlungsbedingungen

Dazu zählen insbesondere folgende vertragliche **Festlegungen**:

- der Zahlungsort als vertraglicher, ersatzweise gesetzlicher Ort
- der Zahlungszeitpunkt, der unterschiedlich geregelt sein kann
- ein Rabatt, der den Einstandspreis mindert.

Zeitprüfung

Sie wird durchgeführt als **Vergleich** zwischen:

- Liefertermin des Materials und dem im Bestellsatz festgelegten Termin
- Fertigstellungstermin und dem geplanten Termin bei Eigenfertigung.

Zulieferteile

Dabei handelt es sich um Güter, die einen hohen Reifegrad aufweisen und in die zu fertigenden Erzeugnisse eingehen. Sie können auch den **Rohstoffen** zugerechnet werden, was in der Praxis häufig der Fall ist.

Zusatzbedarf

Er ist der **ungeplante Bedarf**, der zusätzlich von einem Teil benötigt wird, z. B. als Mehrbedarf für Reparaturen oder als ausschussbedingter Mehrbedarf.

A. Grundlagen

Abele/Kluge/Näher, Handbuch Globale Produktion, München 2006

Arnold/Isermann/Kuhn/Tempelmeier (Hrsg.), Handbuch Logistik, Berlin/Heidelberg/New York 2004

Arnolds/Heege/Tussing, Materialwirtschaft und Einkauf, 11. Auflage, Wiesbaden 2008

Arnold/Knoblich/Treis, Lexikon der Beschaffung und Materialwirtschaft, München 1996

Baumgarten/Walter, Trends und Strategien in der Logistik 2000+, Berlin 2000

Baumgarten/Thoms, Trends und Strategien in der Logistik, Supply Chains im Wandel, Berlin 2002

Bichler, K., Beschaffungs- und Materialwirtschaft, 8. Auflage, Wiesbaden 2001

Boutellier/Locker, Beschaffungslogistik, München 1998

Brecht, U., Die Materialwirtschaft industrieller Unternehmen, 2. Auflage, Berlin 1993

Cordts/Lensing, ABC-Analyse, Preisanalyse für Einkäufer, 3. Auflage, Wiesbaden 1992

Darkow, I., Logistik-Controlling in der Versorgung, Wiesbaden 2003

Deming, W. E., Out of the crisis. Massachusetts Institute of Technology, Massachusetts, USA 1986

Deming, W. E., Quality, Productivity, and Competetive Position. MIT, Massachusetts, USA 1982

Dück, O., Materialwirtschaft und Logistik in der Praxis, Augsburg 2000

Ebel, B., Produktionswirtschaft, 9. Auflage, Ludwigshafen/Rhein 2009

Ebel, B., Kompakt-Training Produktionswirtschaft, 3. Auflage, Herne 2013

Ehrmann, H., Logistik, 8. Auflage, Herne 2014

Ehrmann, H., Kompakt-Training Logistik, 6. Auflage, Herne 2013

Eschenbach, R., Erfolgspotenzial Materialwirtschaft, Wien/München 1990

Esser, W.-M., Die Wertkette als Instrument der Strategischen Analyse, Stuttgart 1994

Europäische Kommission, Mitteilung der Europäischen Kommission: Fortschritte bei der Umsetzung der Ziele von Kyoto, Brüssel 2008

Fischer/Dittrich, Materialfluß und Logistik, Berlin/Heidelberg 1997

Freitag/Weidner, Organisation in der Unternehmung, 6. Auflage, München/Wien 1998

Gausenmeier, J., Produktinnovation – Strategische Planung und Entwicklung der Produkte von morgen, München 2001

Gleissner/Femerling, Logistik, Grundlagen – Übungen – Fallbeispiele, Wiesbaden 2008

Goldratt/Cox, The Goal – Excellence in Manufacturing, New York 1984, in: Goldratt/Cox, Das Ziel. Ein Roman über Prozessoptimierung, Frankfurt 2002

Grochla, E., Grundlagen der Materialwirtschaft, 3. Auflage, Wiesbaden 1992

Grothe/Weber, Operations Management, in: Handwörterbuch der Produktionswirtschaft, 2. Auflage, Stuttgart 1996

Grupp, B., Materialwirtschaft mit EDV, 5. Auflage, Grafenau 1997

Grupp, B., Materialwirtschaft mit EDV im Mittel- und Kleinbetrieb, 5. Auflage, Grafenau 1997

Gudehus, T., Logistik, Grundlagen – Strategien – Anwendungen, Berlin/Heidelberg 1999

Hahn/Lassmann, Produktionswirtschaft-Controlling industrieller Produktion, 3. Auflage, Heidelberg 1999

Härdler, J., Material-Management, München 1999

Hartmann, H., Materialwirtschaft, 8. Auflage, Gernsbach 2002

Hauschild/Salomo, Innovationsmanagement, 4. Auflage, München 2007

Heinen, C., Die Geschichte der Logistik, Aachen 2004

Heiserich, O.-E., Logistik, Eine praxisorientierte Einführung, 2. Auflage, Wiesbaden 2000

Hertel/Zentes/Schramm-Klein, Supply-Chain-Management und Warenwirtschaftssysteme im Handel, Berlin u. a. 2005

Heydt, von der A., (Hrsg.), Handbuch Efficient Consumer Response, München 2000

Ihde, G. B., Transport, Verkehr, Logistik, 3. Auflage, München 2001

Imai, M., Gemba Kaizen von Masaaki Imai, München 1997

Imai, M., Kaizen, 11. Auflage, München 1993

Imai/Nitsch, Kaizen. Der Schlüssel zum Erfolg der Japaner im Wettbewerb, München 1992

Jünemann, R., Steuerung von Materialflußsystemen und Logistiksystemen, 2. Auflage, Berlin/Heidelberg u. a., 1998

Juran, J. M., Der neue Juran, Qualität von Anfang an, Landsberg/Lech 1993

Juran, J. M., Upper Management and Quality, New York 1980

Kaluza/Trefz/Barth, Herausforderung Materialwirtschaft, Berlin 1997

Kluck, D., Materialwirtschaft und Logistik, 3. Auflage, Stuttgart 2008

Kopsidis, R. M., Materialwirtschaft, 3. Auflage, München/Wien 1997

Lensing/Sonnemann, Materialwirtschaft und Einkauf, Wiesbaden 1995

Lunau, S. (Hrsg.), Six Sigma + Lean Toolset. Verbesserungsprojekte erfolgreich durchführen, 2. Auflage, Berlin 2006

Martin, H., Transportlogistik und Lagerlogistik, 3. Auflage, 2000

Mertens, P., Integrierte Informationsverarbeitung, Administrations- und Dispositionssysteme, 2. Auflage, Wiesbaden 2000

Ohno, T., Das Toyota-Produktionssystem, Frankfurt/Main 2005

Oeldorf/Olfert, Material-Logistik, 13. Auflage, Herne 2013

Olfert, K., Kompakt-Training Kostenrechnung, 7. Auflage, Herne 2013

Olfert, K., Kostenrechnung, 17. Auflage, Herne 2013

Olfert, K., Investition, 12. Auflage, Herne 2012

Olfert, K., Organisation, 16. Auflage, Herne 2012

Olfert/Rahn, Kompakt-Training Organisation, 6. Auflage, Herne 2012

Olfert, K., Kompakt-Training Investition, 6. Auflage, Herne 2012

Pahlitzsch, W., Aufgaben der Materialwirtschaft, 2. Auflage, Wiesbaden 1997

Pfaff, D., Praxishandbuch Marketing, Frankfurt am Main 2004

Pfohl, H. C., Logistiksysteme, 6. Auflage, Berlin/Heidelberg u. a. 2000

Pfohl, H. C., Logistikmanagement, Berlin/Heidelberg u. a. 1994

Porter, M., Wettbewerbsstrategie (Competitive Strategy), München 1999

Porter, M., Wettbewerbsvorteile (Competitive Advantage), Spitzenleistungen erreichen und behaupten, München 2002

Rahn, H. J., Unternehmensführung, 8. Auflage, Herne 2012

Scheer, A. W., Wirtschaftsinformatik, Berlin/Heidelberg u. a. 1995

Schnedlitz, M., Die Geschichte der Logistik, Norderstedt 2008

Schulte, C., Logistik, 3. Auflage, München 1999

Specht/Ahrens/Wolter, Material + Fertigungswirtschaft, 2. Auflage, Ludwigshafen/Rhein 1996

Spohrer, H., Controlling in Einkauf und Logistik, Gernsbach 1995

Steinbeck, H.-H., Das neue Total Quality Management, Landsberg/Lech 1995

Tempelmeier, H., Material-Logistik, 4. Auflage, Berlin/Heidelberg 1999

Tempelmeier, H., Bestandsmanagement in Supply Chains, 2. Auflage, Norderstedt 2006

Tempelmeier/Günther, Produktion und Logistik, 7. Auflage, Berlin 2007

Thonemann, U., Operations Management, München 2005

Ulrich/Fluri, Management, 6. Auflage, Bern/Stuttgart 1992

Weber, J., Logistik-Controlling, 4. Auflage, München 1995

Westkämper/Schraft, Fraunhofer-Institut für Produktionstechnik und Automatisierung – IPA –, TQM im Mittelstand, Wie kleine und mittlere Unternehmen (KMU) ihre Prozesse fit für das nächste Jahrtausend machen, Stuttgart 1999

Wildemann, H., Entwicklungspfade der Logistik, In: Das Beste der Logistik (Hrsg.: Baumgarten, H.), Berlin/Heidelberg 2008

Wildemann, H., Lean Management, 2. Auflage, München 1995

Wildemann, H., Kontinuierliche Verbesserung, 12. Auflage, München 2004

Womack/Jones/Roos/Stotko, Die zweite Revolution in der Autoindustrie, 8. Auflage, Frankfurt am Main 1994

Zentrum Wertanalyse (Hrsg.), Wertanalyse, 5. Auflage, Berlin/Heidelberg 1995

Ziegenbein, K., Controlling, 10. Auflage, Herne 2012

Zollondz, H., Grundlagen Qualitätsmanagement. Einführung in Geschichte, Begriffe, Systeme und Konzepte, 2. Auflage, München 2006

B. Bedarfs-Logistik

Abele/Kluge/Näher, Handbuch Globale Produktion, München 2006

Arndt, H., Supply Chain Management, 2. Auflage, Wiesbaden 2005

Arnolds/Heege/Tussing, Materialwirtschaft und Einkauf, 11. Auflage, Wiesbaden 2008

Arnold/Knoblich/Treis, Lexikon der Beschaffung und Materialwirtschaft, München 1996

Baumgarten/Darkow/Zadek, Supply Chain Steuerung und Services, Logistik-Dienstleister managen globale Netzwerke – Best Practices, Berlin 2004

Bleymüller/Gehlert/Gülicher, Statistik für Wirtschaftswissenschaften, 15. Auflage, München 2008

Binner, H., Prozeßorientierte Arbeitsvorbereitung, München/Wien 1999

Bücker, R., Statistik für Wirtschaftswissenschaftler, 4. Auflage, München/Wien 1999

Corsten/Gössinger, Einführung in das Supply Chain Management, Fallstudien Oldenburg 2001

Ebel, B., Produktionswirtschaft, 9. Auflage, Ludwigshafen/Rhein 2009

Ebel, B., Kompakt-Training Produktionswirtschaft, 3. Auflage, Herne 2013

Eschenbach, R., Erfolgspotenzial Materialwirtschaft, Wien/München 1990

Grochla, E., Grundlagen der Materialwirtschaft, 3. Auflage, Wiesbaden 1992

Grupp, B., Aufbau einer optimalen Stücklistenorganisation, Renningen 1995

Grupp, B., Materialwirtschaft mit EDV im Mittelbetrieb und Kleinbetrieb, 4. Auflage, Grafenau 1997

Hartmann, H., Materialwirtschaft, 8. Auflage, Gernsbach 2002

Jacob, H. (Hrsg.), Industriebetriebslehre II, 4. Auflage, Wiesbaden 1990

Kopsidis, R. M., Materialwirtschaft, 3. Auflage, München/Wien 1997

Lensing/Sonnemann, Materialwirtschaft und Einkauf, Wiesbaden 1995

Melzer-Ridinger, R., Materialwirtschaft und Einkauf, Bd. 1, 5. Auflage, München/Wien 2008

Mertens, P. (Hrsg.), Prognoserechnung, 5. Auflage, Würzburg 1994

Mertens, P., Integrierte Informationsverarbeitung, Administrations- und Dispositionssysteme, 12. Auflage, Wiesbaden 2000

Oeldorf/Olfert, Material-Logistik, 13. Auflage, Herne 2013

Pepels, W., E-Business-Anwendungen in der Betriebswirtschaft, Herne/Berlin 2002

Roth, M., Materialbedarf und Bestellmenge, 2. Auflage, Wiesbaden 1993

Schneeweiss, C., Einführung in die Produktionswirtschaft, 8. Auflage, Berlin 2002

Schwarze/Schwarze, Electronic Commerce, Herne/Berlin 2002

Specht/Ahrens/Wolter, Material + Fertigungswirtschaft, 2. Auflage, Ludwigshafen/Rhein 1996

Wildemann, H., Kontinuierliche Verbesserung, Leitfaden zur Innovation und Verbesserung im Unternehmen, München 1995

C. Bestands-Logistik

Arndt, H., Supply Chain Management, 2. Auflage, Wiesbaden 2005

Arnolds/Heege/Tussig, Materialwirtschaft und Einkauf, 11. Auflage, Wiesbaden 2008

Arnold/Knoblich/Treis, Lexikon der Beschaffung und Materialwirtschaft, München 1996

Bauer/Hayessen, Controlling für Industrieunternehmen, Wiesbaden 2006

Baumgarten/Darkow/Zadek, Supply Chain Steuerung und Services, Logistik-Dienstleister managen globale Netzwerke – Best Practices, Berlin 2004

Bornemann, H., Bestände Controlling, Wiesbaden 1998

Corsten/Gössinger, Einführung in das Supply Chain Management, Fallstudien Oldenburg 2001

Eschenbach, R., Erfolgspotenzial Materialwirtschaft, Wien/München 1990

Grefe, Kompakt-Training Bilanzen, 8. Auflage, Herne 2014

Grochla, E., Grundlagen der Materialwirtschaft, 3. Auflage, Wiesbaden 1992

Grupp, B., Materialwirtschaft mit EDV, 5. Auflage, Grafenau 1997

Hartmann, H., Materialwirtschaft, 8. Auflage, Gernsbach 2002

Kopsidis, R. M., Materialwirtschaft, 3. Auflage, München/Wien 1997

Lensing/Sonnemann, Materialwirtschaft und Einkauf, Wiesbaden 1995

Melzer-Ridinger, R., Materialwirtschaft und Einkauf, Bd. 1, 4. Auflage, München/Wien 1994

Mertens, P., Integrierte Informationsverarbeitung, Administrations- und Dispositionssysteme, 12. Auflage, Wiesbaden 2000

Oeldorf/Olfert, Material-Logistik, 13. Auflage, Herne 2013

Olfert, K., Kompakt-Training Kostenrechnung, 7. Auflage, Herne 2013

Olfert, K., Kostenrechnung, 17. Auflage, Herne 2013

Radke, M., Die große betriebswirtschaftliche Formelsammlung, 10. Auflage, München 1999

Rinker/Ditges/Arendt, Bilanzen, 14. Auflage, Herne 2012

Schulte, G., Material-und Logistikmanagement, München 1996

Specht/Ahrens/Wolter, Material + Fertigungswirtschaft, 2. Auflage, Ludwigshafen/Rhein 1996

Tempelmeier, H., Materiallogistik: Modelle und Algorithmen für die Produktionsplanung und -steuerung in Advanced Planning-Systemen, 6. Auflage, Berlin/Heidelberg 2006

Wannenwetsch, H., Intergrierte Materialwirtschaft und Logisitk, 2. Auflage, Berlin 2003

Zschenderlein, O., Kompakt-Training Buchführung 1 – Grundlagen, 7. Auflage, Herne 2013

D. Beschaffungs-Logistik

Alicke, K., Planung und Betrieb von Logistik-Netzwerken, 14. Auflage, Berlin 2003

Arcache, A., Einsatz von E-Procurement-Systemen im Beschaffungsprozess der Abnehmer-Zulieferer-Kooperation, Düsseldorf 2003

Arnold/Kasulke, Praxishandbuch Einkauf, Köln 2003

Arnold/Knoblich/Treis, Lexikon der Beschaffung und Materialwirtschaft, München 1996

Arnolds/Heege/Tussing, Materialwirtschaft und Einkauf, 11. Auflage, Wiesbaden 2009

Bichler, K., Beschaffungs- und Lagerwirtschaft, 6. Auflage, Wiesbaden 1992

Bichler/Krohn, Beschaffungs- und Lagerwirtschaft. Praxisorientierte Darstellung mit Aufgaben und Lösungen, 8. Auflage, Wiesbaden 2001

Binner, H. F., Unternehmensübergreifendes Logistikmanagement, München/Wien 2002

Bösenberg/Metzen, Lean Management, Vorsprung durch schlanke Konzepte, 4. Auflage, Landsberg/Lech 1993

Boutellier/Corsten, Basiswissen Beschaffung, 2. Auflage, München 2002

Brettschneider, G., Beschaffung im Handel unter besonderer Berücksichtigung der Auswirkungen von Efficient Consumer Response, Frankfurt/M. 1999

Buck, T., Konzeption einer integrierten Beschaffungskontrolle, Wiesbaden 1998

Cordts/Lensing, ABC-Analyse, Preisanalyse für Einkäufer, 3. Auflage, Wiesbaden 1992

Dolmetsch, R., eProcurement, München 2000

Dolmetsch, R., Elektronischer Handels- und Informationsaustausch, München 2000

Ebel, B., Produktionswirtschaft, 9. Auflage, Ludwigshafen/Rhein 2009

Eichler, B., Beschaffungsmarketing und -logistik, Herne 2003

Eicke/Femerling, Modular sourcing, 2. Auflage, München 1991

Ellerkmann, F., Horizontale Kooperation in der Beschaffungs- und Distributionslogistik, Dortmund 2003

Engelhard, C., Balanced Scorecard in der Beschaffung, 2. Auflage, München 2002

Eschenbach, R., Erfolgspotenzial Materialwirtschaft, Wien/München 1990

Friedl, B., Grundlagen des Beschaffungscontrollings, 2. Auflage, Berlin 1990

Gleissner/Femerling, Logistik, Grundlagen – Übungen – Fallbeispiele, Wiesbaden 2008

Grap, E., Produktion und Beschaffung, München 1998

Grochla, E., Grundlagen der Materialwirtschaft, 3. Auflage, Wiesbaden 1992

Grossmann, M., Einkauf leicht gemacht, 3. Auflage, München 2007

Grundwald, H., Kosten senken im Einkauf, Freiburg 1994

Gudehus, T., Logistik, Grundlagen – Strategien – Anwendungen, Berlin/Heidelberg 1999

Gudehus, T., Dynamische Disposition: Strategien und Algorithmen zur optimalen Auftrags- und Bestandsdisposition, 2. Auflage, Berlin/Heidelberg 2006

Harlander/Blom, Beschaffungsmarketing, Einkaufsgewinne konsequent realisieren, Renningen 1997

Hartmann, H., Materialwirtschaft, 8. Auflage, Gernsbach 2002

Hartmann, H., Optimierung der Einkaufsorganisation, Gernsbach 1996

Heiserich, O.-E., Logistik, Eine praxisorientierte Einführung, 2. Auflage, Wiesbaden 2000

Hellberg, T., Einkauf mit SAP MM, Bonn 2004

Hirschsteiner, G., Beschaffungsmarketing und Marktrecherchen, München 2003

Hirschsteiner, G., Einkaufs- und Beschaffungsmanagement, Ludwigshafen/Rhein 2002

Hirschsteiner, G., Materialwirtschaft und Logistikmanagement, Ludwigshafen/Rhein 2006

Hoffmann/Barding, Supply-Management als Beschaffungsstrategie, Siegen 1997

Kastreuz, G., Management von Qualität und Zuverlässigkeit im Einkauf, Wiesbaden 1994

Kaufmann, L., Internationales Beschaffungsmanagement, 4. Auflage, Wiesbaden 2001

Kerkhoff/Michalak, Erfolgsgarantie Einkaufsorganisation, Weinheim 2007

Kluck, D., Materialwirtschaft und Logistik, 3. Auflage, Stuttgart 2008

Koppelmann/Lumbe (Hrsg.), Prozeßorientierte Beschaffung, 1994

Kopsidis, R. M., Materialwirtschaft, 3. Auflage, München/Wien 1997

Krampf, P., Strategisches Beschaffungsmanagement in industriellen Großunternehmen, Lohmar 2000

Landeka, D., Optimierung des Beschaffungsprozesses durch E-Procurement, Hamburg 2002

Large, R., Strategisches Beschaffungsmanagement, 2. Auflage, Wiesbaden 2000

Lemme, M., Erfolgsfaktor Einkauf, 2. Auflage, Berlin 2009

Lensing/Sonnemann, Materialwirtschaft und Einkauf, 2. Auflage, Wiesbaden 1995

Melzer-Ridinger, R., Materialwirtschaft und Einkauf, Bd. 2, München/Wien 1995

Melzer-Ridinger, R., Materialwirtschaft und Einkauf, Bd. 1, 4. Auflage, München/Wien 1994

Melzer-Ridinger, R., Materialwirtschaft und Einkauf: Beschaffungsmanagement, München 2008

Mertens, P., Integrierte Informationsverarbeitung, Administrations- und Dispositionssysteme, 12. Auflage, Wiesbaden 2000

Mindach, U., Qualitätsmanagement im Einkauf, Gernsbach 1997

Möhrstädt/Bogner/Paxian, Electronic Procurement planen – einführen – nutzen, Stuttgart 2001

Oeldorf/Olfert, Material-Logistik, 13. Auflage, Herne 2013

Olfert, K., Investition, 12. Auflage, Herne 2012

Olfert, K., Kompakt-Training Kostenrechnung, 7. Auflage, Herne 2013

Olfert, K., Kostenrechnung, 17. Auflage, Herne 2013

Olfert, K., Finanzierung, 16. Auflage, Herne 2013

Olfert, K., Kompakt-Training Finanzierung, 8. Auflage, Herne 2014

Pepels, W., E-Business-Anwendungen in der Betriebswirtschaft, Herne/Berlin 2002

Pfohl, H.-C., Logistiksysteme, Betriebswirtschaftliche Grundlagen, 7. Auflage, Berlin/Heidelberg 2004

Reese/Sporer, Vorteilhafte Vertragsgestaltung für erfolgreiches Einkaufen, Gernsbach 1993

Roth, M., Materialbedarf und Bestellmenge, 2. Auflage, Wiesbaden 1993

Sackstetter/Schottmüller, C-Teile-Management, Gernsbach 2001

Schulte, G., Material- und Logistikmanagement, München 1996

Schwarze/Schwarze, Electronic Commerce, Herne/Berlin 2002

Spohrer, H., Controlling in Einkauf und Logistik, Gernsbach 1995

Steckler, B., Kompakt-Training Wirtschaftsrecht, 3. Auflage, Herne 2013

Steiner, M., Beschaffungsmanagement, Altstätten 1999

Straube, F., e-Logistik, Berlin 2004

Tempelmeier, H., Bestandsmanagement in Supply Chains, 2. Auflage, Norderstedt 2006

Tempelmeier, H., Materiallogistik, 5. Auflage, Berlin 2005

Tempelmeier/Günther, Produktion und Logistik, 7. Auflage, Berlin 2007

Vry, W., Beschaffung und Lagerhaltung, 6. Auflage, Ludwigshafen/Rhein 2003

Walter/Bund, Supply Chain Management, Frankfurt 2001

Wannenwetsch, H., Intergrierte Materialwirtschaft und Logisitk, 2. Auflage, Berlin 2003

Wannenwetsch, H., E-Logistik und E-Business, Stuttgart 2002

Wannenwetsch/Nikolai, E-Supply-Chain-Management, Wiesbaden 2004

Weber, R., Kanban-Einführung, Das effiziente, kundenorientierte Logistik- und Steuerungskonzept für Produktionsbetriebe, 2. Auflage, Renningen 2003

Weber, R., Zeitgemäße Materialwirtschaft mit Lagerhaltung; Flexibilität, Lieferbereitschaft, Bestandsreduzierung, Kostensenkung – Das deutsche Kanban, 8. Auflage, Renningen 2006

Weis, H. C., Kompakt-Training Marketing, 7. Auflage, Herne 2013

Weis, H. C., Marketing, 16. Auflage, Herne 2012

Wildemann, H., Produktionssynchrone Beschaffung, 3. Auflage, München 1995

Wildemann, H., Das Just-in-Time-Konzept, 5. Auflage, München 2000

Zibell, R. M., Just-in-Time, München 1990

E. Produktions-Logistik

Blohm/Beer/Seidenberg/Silber, Produktionswirtschaft, 4. Auflage, Herne/Berlin 2008

Ebel, B., Produktionswirtschaft, 9. Auflage, Ludwigshafen/Rhein 2009

Ehrmann, H., Logistik, 8. Auflage, Herne 2014

Gleissner/Femerling, Logistik: Grundlagen – Übungen – Fallbeispiele, Wiesbaden 2008

Goldratt, E. M., Computerized Shop Floor Scheduling, in: International Journal of Production Research, 1988, S. 443 ff.

Gudehus, T., Logistik: Grundlagen – Strategien – Anwendungen, 4. Auflage, Berlin 2010

Günther/Tempelmeier, Produktionsmanagement, 2. Auflage, Berlin 1995

Günther/Tempelmeier, Produktion und Logistik, 8. Auflage, Berlin/Jerg/New York u. a. 2009

Haasis, H.-O., Produktions- und Logistikmanagement, Wiesbaden 2008

Heinen, E., Industriebetriebslehre, 9. Auflage, Wiesbaden 2002

Heiserich/Hebig/Ullmann, Logistik: Eine praxisorientierte Einführung, 4. Auflage, Wiesbaden 2011

Jünemann, R., Materialfluss und Logistik, Berlin/Heidelberg 1989

Oeldorf/Olfert, Material-Logistik, 13. Auflage, Herne 2013

Pfühl, H.-C., Logistiksysteme: Betriebswirtschaftliche Grundlagen, 8. Auflage, Berlin/Heidelberg 2009

Scheer, A.-W., Integrierte PPS-Systeme, in: Scheer, A.-W., Wirtschaftsinformatik, Informationssysteme im Industriebetrieb, 2. Auflage, Berlin/Heidelberg/New York usw. 1988, S. 262 - 280

Schulte, C., Logistik, 5. Auflage, München 2009

Seeck, St., Erfolgsfaktor Logistik – Klassische Fehler erkennen und vermeiden, Wiesbaden 2010

Steinbuch, P. A., Fertigungswirtschaft, 7. Auflage, Ludwigshafen/Rhein 2002

Tempelmeier, H., Material-Logistik. Modelle und Algorithmen für die Produktionsplanung, -steuerung und das Supply Chain-Management, 7. Auflage, Berlin 2008

Wildemann, H., Das Just-in-Time-Konzept, 5. Auflage, Frankfurt 2001

Wildemann, H., Produkionssynchrone Steuerung von Zulieferungen, in: Kreikebaur (Hrsg.): Industriebetriebslehre in Wissenschaft und Praxis, Berlin 1985, S. 179 - 195

Wildemann, H., Produktionscontrolling, 4. Auflage, München 2002

F. Lager-Logistik

Arnolds/Heege/Tussing, Materialwirtschaft und Einkauf, 11. Auflage, Wiesbaden 2008

Arnold/Knoblich/Treis, Lexikon der Beschaffung und Materialwirtschaft, München 1996

Bichler, K., Beschaffungs- und Lagerwirtschaft, 5. Auflage, Wiesbaden 1990

Bichler/Krohn, Beschaffungs- und Lagerwirtschaft. Praxisorientierte Darstellung mit Aufgaben und Lösungen, 8. Auflage, Wiesbaden 2001

Ehrmann, H., Kompakt-Training Logistik, 6. Auflage, Herne 2013

Ehrmann, H., Logistik, 8. Auflage, Herne 2014

Eichner, W., Lagerwirtschaft, Wiesbaden 2003

Eichner/Braun/König, Lagerwirtschaft, Wiesbaden, Nachdruck 2000

Eschenbach, R., Erfolgspotenzial Materialwirtschaft, Wien/München 1990

Fischer/Dittrich, Materialfluß und Logistik, Berlin/Heidelberg 1997

Grochla, E., Grundlagen der Materialwirtschaft, 3. Auflage, Wiesbaden 1992

Grupp, B., Materialwirtschaft mit EDV, 4. Auflage, Grafenau 1997

Hartmann, H., Materialwirtschaft, 8. Auflage, Gernsbach 2002

Heiserich, O.-E., Logistik, Eine praxisorientierte Einführung, 2. Auflage, Wiesbaden 2000

Hirschsteiner, G., Materialwirtschaft und Logistikmanagement, Ludwigshafen/Rhein 2006

Kluck, D., Materialwirtschaft und Logistik, 3. Auflage, Stuttgart 2008

Koether, R. (Hrsg.), Taschenbuch der Logistik, München/Wien 2006

Koether, R., Technische Logistik, München/Wien 1993

Kopsidis, R. M., Materialwirtschaft, 3. Auflage, München/Wien 1997

Isermann, H., Logistik, Landsberg/Lech 1998

Martin, H., Transportlogistik und Lagerlogistik, 3. Auflage 2000

Melzer-Ridinger, R., Materialwirtschaft und Einkauf, Bd. 1, 5. Auflage, München/Wien 2008

Mertens, P., Integrierte Informationsverarbeitung, Administrations- und Dispositionssysteme, 12. Auflage, Wiesbaden 2000

Oeldorf/Olfert, Material-Logistik, 13. Auflage, Herne 2013

Pfaff, D., Praxishandbuch Marketing, Frankfurt am Main 2005

Pfohl, H.-C., Logistiksysteme, Betriebswirtschaftliche Grundlagen, 7. Auflage, Berlin 2004

Rupper, P. (Hrsg.), Unternehmens-Logistik, Ein Handbuch für Einführung und Ausbau der Logistik im Unternehmen, 3. Auflage, Zürich 1991

Schulte, C., Logistik, 1. Auflage, München 2005

Schulte, C., Wege zur Optimierung des Material- und Informationsflusses, 4. Auflage, München 2005

Sommerer, G., Unternehmenslogistik, München/Wien, 1998

Tempelmeier, H., Bestandsmanagement in Supply Chains, 2. Auflage, Norderstedt 2006

Tempelmeier/Günther, Produktion und Logistik, 7. Auflage, Berlin 2007

Vry, W., Beschaffung und Lagerhaltung, 6. Auflage, Ludwigshafen/Rhein 2003

Wannenwetsch, H., Intergrierte Materialwirtschaft und Logisitk, 2. Auflage, Berlin 2003

Weber, R., Zeitgemäße Materialwirtschaft mit Lagerhaltung, 5. Auflage, Renningen 2000

G. Distributions-Logistik

Aberle, G., Transportwirtschaft: Einzelwirtschaftliche und gesamwirtschaftliche Grundlagen, 4. Auflage, München 2003

Arnolds/Heege/Tussing, Materialwirtschaft und Einkauf, 11. Auflage, Wiesbaden 2008

Binner, H. F., Unternehmensübergreifendes Logistikmanagement, München/Wien 2002

Dolmetsch, R., Elektronischer Handels- und Informationsaustausch, München 2000

Ehrmann, H., Kompakt-Training Logistik, 6. Auflage, Herne 2013

Ehrmann, H., Logistik, 8. Auflage, Herne 2014

Eschenbach, R., Erfolgspotenzial Materialwirtschaft, Wien/München 1990

Fischer/Dittrich, Materialfluß und Logistik, Berlin /Heidelberg 1997

Grupp, B., Materialwirtschaft mit EDV im Mittel- und Kleinbetrieb, 5. Auflage, Grafenau 1997

Hartmann, H., Materialwirtschaft, 8. Auflage, Gernsbach 2002

Ihde, G., Transport, Verkehr, Logistik, 3. Auflage, Stuttgart 2001

Isermann, H., Logistik, Landsberg/Lech 1998

Jünemann, R., Steuerung von Materialflußsystemen und Logistiksystemen, 2. Auflage, Berlin/ Heidelberg u. a. 1998

Kopsidis, R. M., Materialwirtschaft, 3. Auflage, München/Wien 1997

Kotler/Bliemel, Marketing-Management, 10. Auflage, Stuttgart 2001

Männel, W. (Hrsg.), Logistik-Controlling, Wiesbaden 1993

Martin, H., Transportlogistik und Lagerlogistik, 3. Auflage, Wiesbaden 2000

Martin, H., Transport- und Lagerlogistik, 6. Auflage, Wiesbaden 2006

Nieschlag/Dichtl/Hörschgen, Marketing, 18. Auflage, Berlin 1997

Pepels, W., E-Business-Anwendungen in der Betriebswirtschaft, Herne/Berlin 2002

Pfohl, H.-C., Logistiksysteme, 6. Auflage, Heidelberg 2000

Pfohl, H.-C., Logistikmanagement, Berlin/Heidelberg u. a. 1994

Schulte, C., Logistik, 3. Auflage, München 1999

Schulte, G., Material-und Logistikmanagement, München 1996

Sommerer, G., Unternehmenslogistik, München/Wien 1998

Tempelmaier, H., Material-Logistik, 7. Auflage, Berlin/Heidelberg 2008

Wannenwetsch, H., E-Logistik und E-Business, Stuttgart 2002

Wannenwetsch/Nikolai, E-Supply-Chain-Management, Wiesbaden 2004

Weber, J., Logistik-Controlling, 4. Auflage, München 1995

Zäpfel/Piekarz, Supply Chain Controlling, Wien 1996

H. Entsorgungs-Logistik

Abel-Lorenz/Brönneke-Schiller, Abfallvermeidung – Handlungspotentiale der Kommunen, Taunusstein 1993

Arbeitsgruppe Entsorgung BME-AK Essen, Abfallwirtschaft – eine Aufgabe der Materialwirtschaft, Frankfurt/Main 1987

Arnolds/Heege/Tussing, Materialwirtschaft und Einkauf, 11. Auflage, Wiesbaden 2008

Baumgarten/Sommer-Dietrich, Entsorgungslogistik, in: Koether, R. (Hrsg.): Taschenbuch der Logistik, München 2004, S. 471 ff.

Beck-Texte, dtv-Band 5533, 14. Auflage, München 2002

Bilitewski/Härdtle/Marek, Abfallwirtschaft: Handbuch für Praxis und Lehre, 3. Auflage, Berlin 2000

Bloech, J., Die Abfallwirtschaft im Blickpunkt des Material-Managements – Eine neue Herausforderung, in: BA, 1987

Eschenbach, R., Erfolgspotential Materialwirtschaft, Wien/München 1990

Fieten, R., Integrierte Materialwirtschaft (Hrsg.), Schriftenreihe „wissen und beraten", 3. Auflage, Frankfurt/Main 1994

Franken, R., Materialwirtschaft: Planung und Steuerung des betrieblichen Materialflusses, Stuttgart/Berlin/Köln/Mainz 1984

Hartmann, H., Materialwirtschaft, 8. Auflage, Stuttgart 2002

Ihde, G. B., Transport, Verkehr, Logistik: Gesamtwirtschaftliche Aspekte und einzelwirtschaftliche Handhabung, 3. Auflage, München 2001

Jansen/Berken/Kötter, Handbuch Entsorgungslogistik, Frankfurt am Main 1998

Kleialtenkamp, M., Recyclingstrategien, Berlin 1985

Koch, T., Ökologische Müllverwertung, 4. Auflage, Karlsruhe 1992

Kranert/Cord-Landwehr (Hrsg.), Einführung in die Abfallwirtschaft, 4. Auflage, Wiesbaden 2010

Maier-Rothe, C., Logistik als kritischer Erfolgsfaktor, in: Little, A. D., International (Hrsg.), Management der Geschäfte von Morgen, 2. Auflage, Wiesbaden 1987

Möcker, V., Was Sie schon immer über Abfall und Umwelt wissen wollten, 3. Auflage, BUNR (Hrsg.), Stuttgart/Berlin/Köln/Mainz 1993

Oeldorf/Olfert, Material-Logistik, 13. Auflage, Herne 2013

Stahlmann, V., Umweltorientierte Materialwirtschaft, Das Optimierungskonzept für Ressourcen, Recycling und Rendite, Wiesbaden 1994

Tiltmann, K. O. (Hrsg.), Handbuch Abfallwirtschaft und Recycling, Wiesbaden 1993

Warnecke, H.-J., Der Produktionsbetrieb, 3. Auflage, Berlin/Heidelberg u. a. 1995

Das Basiswissen zur modernen Logistik

Die Logistik ist ein Bereich von immenser Bedeutung in Unternehmen und ein Arbeitsfeld mit vielfältigen Herausforderungen. Mit dem „Kompakt-Training Logistik" verschaffen Sie sich einen fundierten Überblick über Theorie und Praxis der modernen Logistik. Die übersichtliche Darstellung, anschauliche Beispiele und 50 Aufgaben zur Wissenskontrolle garantieren Ihnen einen optimalen Lernerfolg in kürzester Zeit. Ob zentrale Ansätze, Instrumente oder Grundlagen der Beschaffungs-, Lager-, Produktions- und Marketinglogistik — mit dem „Kompakt-Training Logistik" legen Sie eine zuverlässige Basis für Ihren Erfolg in Studium, Weiterbildung und Beruf.

Der einfache Weg zu fundiertem Basiswissen!

Kompakt-Training Logistik
Ehrmann
6. Auflage · 2013 · 332 Seiten · 19,90 €
ISBN 978-3-470-53446-6

Material-Logistik für Studium und Weiterbildung

Dieser Band macht Sie mit den logistischen und materialwirtschaftlichen Prozessen im Unternehmen vertraut und bereitet Sie konsequent auf die aktuellen Erfordernisse der Praxis vor. Die Material-Logistik umfasst sämtliche Aufgaben, welche die räumliche, zeitliche und mengenmäßige Bereitstellung der Materialien durch die Lieferanten, ihre Zuführung zum und ihren Einsatz im Produktionsprozess sowie ihre Verteilung an die Kunden bzw. Abnehmer betreffen.

- verständlich, gut strukturiert, praxisbezogen

- 600 Kontrollfragen und 80 Übungsfälle mit Lösungen zur Prüfungsvorbereitung

- lernfreundliche Darstellung mit vielen einprägsamen Beispielen, Tabellen und Abbildungen

Material-Logistik
Oeldorf | Olfert
13., verbesserte und erweiterte Auflage · 2013 · 581 Seiten · 28,90 €
ISBN 978-3-470-54143-3

kiehl

Kiehl ist eine Marke des NWB Verlags

Bestellen Sie bitte unter: **www.kiehl.de oder per Fon 02323.141-700**
Unsere Preise verstehen sich inkl. MwSt.